"十三五"职业教育系列教材

机械制图与计算机绘图

主　编　郭　君　赵金凤
副主编　芦莹莹　王　慧
参　编　陈雪云　刘景芬　刘艳芬

本书是"十三五"职业教育规划教材,是根据高等职业院校教学计划及课程标准编写的。在编写过程中充分考虑了职业教育发展的现状以及教师教学的实际情况,在编写模式、编写内容及配套资源等方面都进行了相应的改革与创新,进一步满足教师和学生需求。书中介绍了国家标准规定的机械制图的相关内容,主要包括制图的基本知识与基本技能、正投影法及三视图、截交线与相贯线、组合体、轴测图、机械图样的表达方法、零件图、标准件与常用件、装配图。与本书配套使用的《机械制图与计算机绘制习题集》同时出版。

本书可作为职业院校相关专业的基础课教材,也可作为成人高校、本科院校举办的二级职业技术学院和民办高校相关专业的基础课教材,或作为自学用书。

为了便于教学,本书配套有电子教案、教学视频、习题集答案等教学资源,凡选择本书作为教材的教师可来电(010-88379195)索取,或登录www.cmpedu.com 网站,注册后免费下载。

图书在版编目(CIP)数据

机械制图与计算机绘图/郭君,赵金凤主编. —北京:机械工业出版社,2018.3(2024.8 重印)

"十三五"职业教育系列教材

ISBN 978-7-111-59106-1

Ⅰ.①机… Ⅱ.①郭… ②赵… Ⅲ.①机械制图-职业教育-教材②计算机制图-职业教育-教材 Ⅳ.①TH126②TP391.72

中国版本图书馆 CIP 数据核字(2018)第 021546 号

机械工业出版社(北京市百万庄大街 22 号 邮政编码 100037)
策划编辑:柳 瑛 责任编辑:柳 瑛 责任校对:肖 琳
封面设计:张 静 责任印制:邓 博
北京盛通数码印刷有限公司印刷
2024 年 8 月第 1 版第 10 次印刷
184mm×260mm·22.25 印张·537 千字
标准书号:ISBN 978-7-111-59106-1
定价:49.80 元

电话服务　　　　　　　　网络服务
客服电话:010-88361066　　机 工 官 网:www.cmpbook.com
　　　　　010-88379833　　机 工 官 博:weibo.com/cmp1952
　　　　　010-68326294　　金 书 网:www.golden-book.com
封底无防伪标均为盗版　　机工教育服务网:www.cmpedu.com

前言

随着科技的进步、制造业的发展，越来越多的新技术应运而生。同时，行业的发展需要大量的人才支撑，这又对从业人员的职业素养、知识素养和技能素养等提出了更高的要求，因此急需一批高质量、符合现代职业教育发展的新型教材。为此，我们做了多方面的调研，汇聚了全国多所高职院校教师的智慧，邀请相关职教专家进行指导，组织编写了本书。

本书参照相关的国家职业标准和行业的职业技能鉴定规范，采用基于工作过程的项目式教学的编写体例，对传统的教学内容和教学方法进行了大胆的改革，突出了职业技能教育的特色。本书的主要特点如下：

1. 在编写理念上，根据职业院校学生的培养目标及认知特点，突出"做中学，学中做"的新教育理念。

2. 在编写体例上，打破了原有的"以学科为中心"的课程体系，建立以工作过程为导向、以工作任务为引领的课程体系，力求培养学生的职业素养和职业能力，并把培养学生的职业能力放在突出位置。

3. 在内容上，理论知识和实践操作有效整合。每个课题的安排，除了纯粹的知识外，还把绘图实践操作有效地整合在一起，把传统的手工绘图和计算机绘图相整合，真正实现了理论和实践的双丰收。同时，课题突出层次性。制订课题时，既要使课题相对独立，又要有一定的梯度，编排顺序从基础到一般、从简单到复杂，层次分明。

4. 满足企业岗位的需要。本书对机械制图和计算机绘图课程进行了有机整合，避免了重复教学，满足了社会企业对人才的技能要求，适应学生在校学习和企业工作的需要。

本书教学过程建议采用理实一体化教学方法，建议教学学时为128学时，学时分配建议见下表，仅供参考。

模 块	学 时	模 块	学 时
模块一 制图的基本知识与基本技能	20	模块六 机械图样的表达方法	18
模块二 正投影法及三视图	16	模块七 零件图	22
模块三 截交线与相贯线	8	模块八 标准件与常用件	12
模块四 组合体	10	模块九 装配图	16
模块五 轴测图	6	合计	128

全书由德州职业技术学院郭君、赵金凤主编，具体分工如下：德州职业技术学院郭君编写模块一、模块二、赵金凤编写模块三、模块四，陈雪云编写模块五，芦萤萤编写模块六，山东工业职业学院刘景芬与临邑县成人职业教育中心刘艳芬编写模块七，河南职业技术学院王慧编写模块八、模块九。

在本书编写过程中得到了许多同志的帮助，在此一并表示衷心感谢！

由于编者水平有限，书中不妥之处在所难免，恳请读者批评指正。

编 者

二维码清单

资源名称	二维码	资源名称	二维码
创建 A4 样板文件		标注几何公差、输入技术要求、填写标题栏	
用 AutoCAD 绘制吊钩平面图		用 AutoCAD 绘制平面图形	
用 AutoCAD 绘制支座三视图—尺寸标注		用 AutoCAD 绘制支座三视图—绘制圆柱筒、凸台	
用 AutoCAD 绘制支座三视图—绘制底板		用 AutoCAD 绘制支座三视图—绘制耳板	
用 AutoCAD 绘制支座三视图—绘制肋板		用 AutoCAD 绘制支座三视图—设置图形样板	
用 AutoCAD 绘制支座轴测图		用 AutoCAD 绘制支架平面图	
用 AutoCAD 绘制斜齿圆柱齿轮主视图		用 AutoCAD 绘制斜齿圆柱齿轮左视图	
用 AutoCAD 绘制机件的局部剖视图主视图		用 AutoCAD 绘制机件的局部剖视图俯视图	

(续)

资源名称	二维码	资源名称	二维码
用 AutoCAD 绘制正六棱柱的三视图		用 AutoCAD 绘制滑动轴承装配图	
用 AutoCAD 绘制相贯线		用 AutoCAD 绘制端盖零件图主视图	
用 AutoCAD 绘制端盖零件图左视图		用 AutoCAD 绘制蜗轮轴零件图主视图	
用 AutoCAD 绘制蜗轮轴零件图图框和标题栏		用 AutoCAD 绘制蜗轮轴零件图断面图	
用 AutoCAD 绘制蜗轮轴零件图标注尺寸		用 AutoCAD 绘制蜗轮轴零件图标注表面粗糙度	

目　录

前言
二维码清单

模块一　制图的基本知识与基本技能 … 1
项目一　机械制图标准 … 1
任务一　绘制支承座平面图 … 2
任务二　标注平面图形的尺寸 … 7
任务三　绘制小轴平面图 … 13
项目二　绘制较复杂的平面图形 … 15
任务一　绘制六角开槽螺母平面图 … 15
任务二　绘制支架平面图 … 18
任务三　绘制拉楔平面图 … 22
任务四　绘制吊钩平面图 … 25
项目三　用 AutoCAD 绘制平面图形 … 30
任务一　创建 A4 样板文件 … 30
任务二　用 AutoCAD 绘制支架平面图 … 36
任务三　用 AutoCAD 绘制吊钩平面图 … 44
任务四　用 AutoCAD 绘制平面图形 … 48

模块二　正投影法及三视图 … 57
项目一　绘制简单形体的三视图 … 57
任务一　绘制物体的正投影图 … 57
任务二　绘制物体的三视图 … 60
项目二　绘制点、直线、平面的投影 … 63
任务一　根据立体图作点的三面投影 … 63
任务二　绘制直线的三视图 … 66
任务三　绘制平面的三视图 … 70
项目三　绘制基本几何体的三视图 … 73
任务一　绘制正六棱柱的三视图 … 74
任务二　绘制正三棱锥的三视图 … 76
任务三　绘制圆柱的三视图 … 78
任务四　绘制圆锥的三视图 … 80
任务五　绘制圆球的三视图 … 82
任务六　绘制圆环的三视图 … 84

项目四　用 AutoCAD 绘制基本几何体的三视图 ………………………… 86
　　　　任务　用 AutoCAD 绘制正六棱柱的三视图 ………………………… 86

模块三　截交线与相贯线 ……………………………………………………… 89
　　项目一　绘制截交线的投影 ……………………………………………… 89
　　　　任务一　绘制斜割六棱柱上的截交线 ………………………………… 90
　　　　任务二　绘制斜割三棱锥上的截交线 ………………………………… 91
　　　　任务三　绘制斜割圆柱上的截交线 …………………………………… 93
　　　　任务四　绘制斜割圆锥上的截交线 …………………………………… 96
　　　　任务五　绘制斜割圆球上的截交线 …………………………………… 101
　　项目二　绘制回转体相贯线的投影 ……………………………………… 105
　　　　任务一　绘制正交两圆柱的相贯线 …………………………………… 105
　　　　任务二　绘制圆柱与圆锥台正交的相贯线 …………………………… 108
　　项目三　用 AutoCAD 绘制相贯线 ……………………………………… 112
　　　　任务　用 AutoCAD 绘制正交两圆柱的相贯线 ……………………… 112

模块四　组合体 …………………………………………………………………… 116
　　项目一　绘制组合体的三视图 …………………………………………… 116
　　　　任务一　绘制轴承座的三视图 ………………………………………… 116
　　　　任务二　绘制支座的三视图 …………………………………………… 121
　　项目二　组合体的尺寸标注 ……………………………………………… 122
　　　　任务　标注支座的尺寸 ………………………………………………… 122
　　项目三　读组合体视图 …………………………………………………… 130
　　　　任务一　读轴承座的三视图 …………………………………………… 130
　　　　任务二　读压块的三视图 ……………………………………………… 136
　　项目四　用 AutoCAD 绘制组合体三视图 ……………………………… 139
　　　　任务　用 AutoCAD 绘制支座三视图 ………………………………… 139

模块五　轴测图 …………………………………………………………………… 152
　　项目一　绘制正等轴测图 ………………………………………………… 152
　　　　任务一　绘制正六棱柱的正等轴测图 ………………………………… 152
　　　　任务二　绘制圆柱的正等轴测图 ……………………………………… 155
　　项目二　绘制斜二轴测图 ………………………………………………… 160
　　　　任务　绘制形体的斜二轴测图 ………………………………………… 160
　　项目三　绘制轴测草图 …………………………………………………… 161
　　　　任务　绘制螺栓毛坯的正等轴测图草图 ……………………………… 161
　　项目四　用 AutoCAD 绘制轴测图 ……………………………………… 164
　　　　任务　用 AutoCAD 绘制支座轴测图 ………………………………… 164

模块六　机械图样的表达方法 …………………………………………………… 170
　　项目一　视图 ……………………………………………………………… 170

任务一　绘制组合体的基本视图 ……………………………………………… 171
　　任务二　绘制组合体的向视图 …………………………………………………… 174
　　任务三　绘制支座的局部视图 …………………………………………………… 176
　　任务四　绘制弯板的斜视图 ……………………………………………………… 177
项目二　绘制剖视图 …………………………………………………………………… 179
　　任务一　绘制机件的全剖视图 …………………………………………………… 179
　　任务二　绘制机件的半剖视图 …………………………………………………… 184
　　任务三　绘制机件的局部剖视图 ………………………………………………… 187
　　任务四　绘制机件的剖视图 ……………………………………………………… 191
项目三　绘制断面图 …………………………………………………………………… 194
　　任务一　绘制移出断面图 ………………………………………………………… 195
　　任务二　绘制重合断面图 ………………………………………………………… 197
项目四　其他表达方法 ………………………………………………………………… 199
　　任务一　绘制轴的局部放大图 …………………………………………………… 199
　　任务二　用规定画法和简化画法绘制机件的剖视图 ………………………… 201
项目五　用 AutoCAD 绘制剖视图 …………………………………………………… 205
　　任务　用 AutoCAD 绘制机件的局部剖视图 ……………………………………… 205

模块七　零件图 …………………………………………………………………………… 210
项目一　认识零件图 …………………………………………………………………… 210
　　任务一　认识齿轮轴零件图 ……………………………………………………… 210
　　任务二　轴承座零件图的视图选择 ……………………………………………… 211
　　任务三　轴承座零件图的尺寸标注 ……………………………………………… 214
项目二　零件图中的技术要求 ………………………………………………………… 221
　　任务一　在零件图上标注表面结构要求 ………………………………………… 222
　　任务二　在零件图上标注尺寸公差 ……………………………………………… 227
　　任务三　在零件图上标注几何公差 ……………………………………………… 235
项目三　绘制零件图 …………………………………………………………………… 238
　　任务一　绘制蜗轮轴零件图 ……………………………………………………… 238
　　任务二　绘制端盖零件图 ………………………………………………………… 239
项目四　识读零件图 …………………………………………………………………… 241
　　任务一　识读轴类零件图 ………………………………………………………… 241
　　任务二　识读轮盘类零件图 ……………………………………………………… 243
　　任务三　识读叉架类零件图 ……………………………………………………… 244
　　任务四　识读箱体类零件图 ……………………………………………………… 245
项目五　零件的测绘 …………………………………………………………………… 247
　　任务　测绘泵盖零件图 …………………………………………………………… 247
项目六　用 AutoCAD 绘制零件图 …………………………………………………… 253
　　任务一　用 AutoCAD 绘制蜗轮轴零件图 ……………………………………… 253
　　任务二　用 AutoCAD 绘制端盖零件图 ………………………………………… 261

模块八　标准件与常用件 ………………………………………………………………… 266
项目一　绘制螺纹紧固件连接的视图 ………………………………………………… 266

任务一　绘制螺栓连接图 ……………………………………………………………… 266
　　任务二　绘制双头螺柱连接图 …………………………………………………………… 279
项目二　绘制齿轮的视图 ……………………………………………………………………… 281
　　任务一　绘制圆柱齿轮的视图 …………………………………………………………… 281
　　任务二　绘制锥齿轮的视图 ……………………………………………………………… 286
项目三　绘制键、销连接图 …………………………………………………………………… 290
　　任务一　绘制普通平键连接图 …………………………………………………………… 290
　　任务二　绘制销连接图 …………………………………………………………………… 292
项目四　绘制滚动轴承的视图 ………………………………………………………………… 294
　　任务　绘制常用滚动轴承的视图 ………………………………………………………… 294
项目五　绘制弹簧的视图 ……………………………………………………………………… 296
　　任务　绘制圆柱螺旋弹簧的视图 ………………………………………………………… 297
项目六　用AutoCAD绘制常用件 …………………………………………………………… 300
　　任务　用AutoCAD绘制斜齿圆柱齿轮 ………………………………………………… 300

模块九　装配图

项目一　识读装配图 …………………………………………………………………………… 305
　　任务一　识读机用虎钳装配图 …………………………………………………………… 305
　　任务二　根据装配图拆画零件图 ………………………………………………………… 311
项目二　绘制装配图 …………………………………………………………………………… 313
　　任务　绘制滑动轴承装配图 ……………………………………………………………… 314
项目三　用AutoCAD绘制装配图 …………………………………………………………… 323
　　任务　用AutoCAD绘制滑动轴承装配图 ……………………………………………… 323

附录

附录A　螺纹 …………………………………………………………………………………… 331
附录B　常用标准件 …………………………………………………………………………… 332
附录C　极限与配合 …………………………………………………………………………… 337

参考文献 ………………………………………………………………………………………… 344

模块一　制图的基本知识与基本技能

 模块分析

机械图样是设计者表达设计思想的载体，是操作工人加工零件的依据，是工程技术人员进行技术交流的工具，具有严格的规范性。掌握制图基本知识与技能，是培养画图和读图能力的基础。本模块着重介绍国家标准《技术制图》和《机械制图》中的制图基本规定，并简要介绍绘图工具的使用方法以及平面图形的画法。

▶ 学习目标

1. 掌握国家标准《技术制图》中有关图纸幅面、比例、字体、图线及尺寸标注的规定；
2. 掌握机械制图中常用的绘图工具，包括铅笔、图板、丁字尺、三角板、圆规、分规的使用方法；
3. 掌握等分线段、等分圆周及求作正多边形、斜度与锥度、圆弧连接、椭圆等制图中常见几何作图方法；
4. 能够分析平面图形的定形尺寸、定位尺寸，并根据已知线段、中间线段及连接线段确定作图步骤，从而绘制平面图形；
5. 了解徒手绘图的基本要求、动作要领及基本技能；
6. 了解 AutoCAD 软件用户界面的组成，掌握调用 AutoCAD 命令的方法；
7. 掌握创建与设置图层的方法，能够创建样板文件；
8. 掌握圆、圆弧、正多边形、矩形、椭圆、椭圆弧等的绘制方法；
9. 掌握对象选择以及对象删除命令的使用方法；
10. 掌握偏移、修剪、圆角、倒角、分解、阵列、复制、移动、旋转、比例缩放、镜像等编辑命令的使用方法；
11. 掌握用 AutoCAD 软件绘制平面图形的基本方法和步骤。

 必学必会

线型（type of lines）、尺寸标注（dimensioning）、字体（lettering）、放大比例（enlargement scale）、缩小比例（reduction scale）、原值比例（full-size）、等分线段（divide a line into equal parts）、圆弧连接（arc connection）、斜度（slope）、锥度（taper）、图幅（sheet size）、标题栏（title block）。

项目一　机械制图标准

国家标准《技术制图》和《机械制图》对图纸的幅面和格式、比例、字体、图线和尺寸注法等，做了统一的规定。

国家标准的注写形式由编号和名称两部分组成，包括推荐性标准和强制性标准，如 GB/T 14691—1993 技术制图 字体、GB/T 4457.4—2002 技术制图 图样画法 图线。其中，"GB"是国家标准的简称"国标"二字的汉语拼音字头，"T"为"推"字的汉语拼音字头，表示此标准为推荐性标准，14691、4457.4 为标准顺序代号，1993、2002 为标准发布年号。

任务一　绘制支承座平面图

 任务引入

图 1-1 所示为支承座的立体图和投影图，试绘制这一平面图形，要求符合制图国家标准中图线及应用的有关规定。

▶ 任务分析

图 1-1b 所示为平面图形。它是由各种图线组合而成的，准确地表达出了支承座的外形和内部结构。绘制平面图形时，应了解制图国家标准中对各种图线的规定和要求，熟练掌握各种绘图工具的使用方法，掌握科学的绘图方法及步骤。

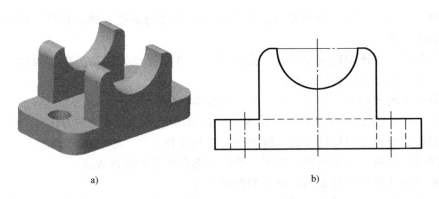

a)　　　　　　　　　　　　　　　　b)

图 1-1　支承座

 知识链接

一、常用图线的种类及用途

常用图线的名称、线型、线宽及主要用途见表 1-1，图线应用示例如图 1-2 所示。

表 1-1　常用的图线（摘自 GB/T 4457.4—2002）

名　称	线　型	线　宽	主要用途
细实线		$d/2$	尺寸线和尺寸界线 指引线 剖面线 重要断面的轮廓线 螺纹牙底线 齿轮的齿根圆(线)

（续）

名　称	线　型	线　宽	主要用途
粗实线	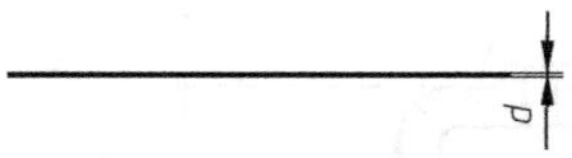	国标中粗实线的线宽d为0.5~2mm，优先采用0.5mm或0.7mm	可见轮廓线 螺纹牙顶线 齿轮的齿顶圆(线)
细虚线	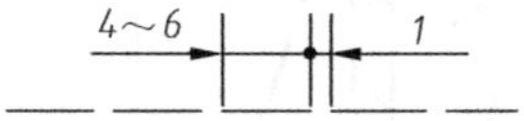	$d/2$	不可见轮廓线
细点画线	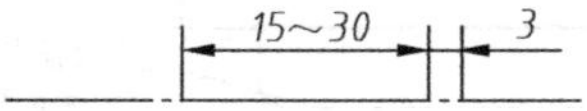	$d/2$	轴线 对称中心线 齿轮的分度圆(线) 孔系分布的中心线 剖切线
波浪线		$d/2$	断裂处边界线 视图与剖视图的分界线
双折线	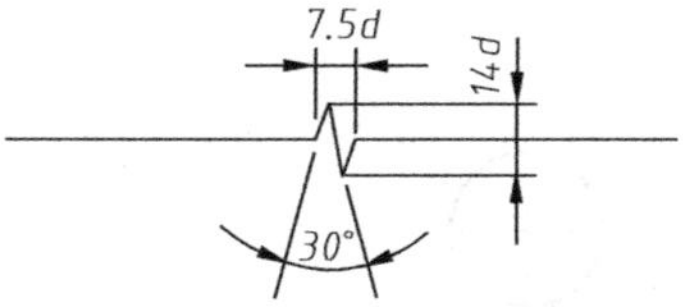	$d/2$	断裂处边界线 视图与剖视图的分界线
粗虚线	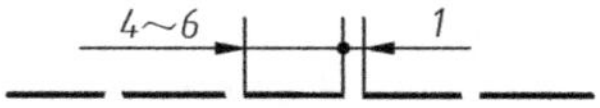	d	允许表面处理的表示线
粗点画线	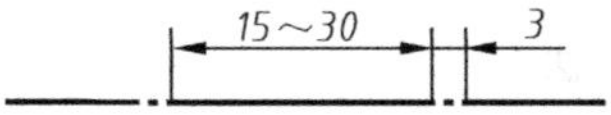	d	限定范围表示线
细双点画线	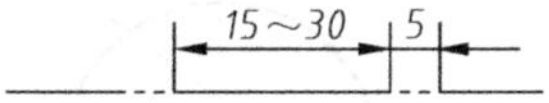	$d/2$	相邻辅助零件的轮廓线 可动零件极限位置的轮廓线 假想投影的轮廓线

二、图线的画法规定

1) 同一图样中同类图线的宽度应基本一致。虚线、点画线、双点画线以及双折线的线段长度和间隔应分别大致相等。

2) 细虚线、细点画线、细双点画线与其他图线相交时都应以画相交。画圆的中心线时，圆心应是画的交点，细点画线两端应超出轮廓3~5mm，如图1-3a所示；当细点画线较短时（如小圆直径小于8mm），允许用细实线代替细点画线，如图1-3b所示。

3) 细虚线处于粗实线的延长线上时，细虚线应留有空隙，如图1-4a所示；细虚线与粗实线垂直相接时则不留空隙，如图1-4b所示；当细虚线圆弧和粗实线相切时，细虚线圆弧应留有空隙，如图1-4c所示。

4) 两条平行线（包括剖面线）之间的距离不小于0.7mm。

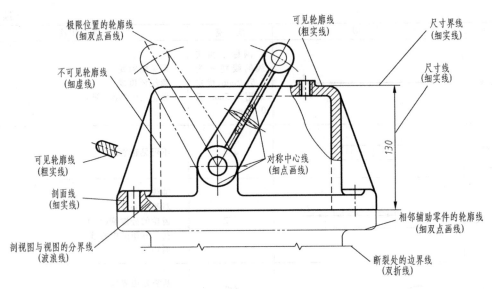

图 1-2 图线应用示例

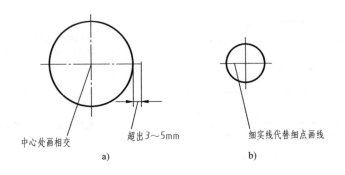

图 1-3 圆中心线的画法

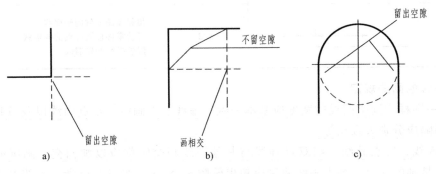

图 1-4 细虚线的画法

5) 线型不同的图线相互重叠时,一般按照粗实线、细虚线、细点画线的顺序,只画出排序在前的图线。

三、绘图工具的使用

1. 图板和丁字尺

图板是用来固定图纸并进行绘图的，其表面应平整光滑，左侧导边应平直、光滑。

丁字尺由尺头和尺身组成。尺身的工作边一侧有刻度，便于画线时度量。使用时，须用左手扶住尺头，并使尺头工作边紧靠图板左导边，上下滑移到画线位置，然后压住尺身，沿工作边自左向右画水平线，如图 1-5a 所示。禁止直接用丁字尺画铅垂线，也不能用尺身下缘画水平线。

2. 三角板

一副三角板由 45°和 30°（60°）两块直角三角板组成。三角板与丁字尺配合使用可画垂直线，还可画出与水平线成 30°、45°、60°以及 15°的任意倍数的倾斜线，如图 1-5b 所示。

两块三角板配合使用，可画任意已知直线的平行线。

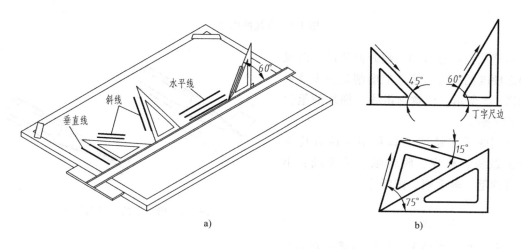

图 1-5 图板、丁字尺和三角板的用法

3. 圆规和分规

圆规是画圆和圆弧的工具。画圆时，应将圆规钢针有台阶端朝下，并使台阶面与铅芯尖端平齐，两脚与纸面垂直。为了增加圆规的使用功能，圆规一般配有铅笔插腿（画铅笔线圆用）、鸭嘴插腿（画墨线圆用）、钢针插腿（代替分规用）三种插腿和一支延长杆（画大圆用），如图 1-6 所示。

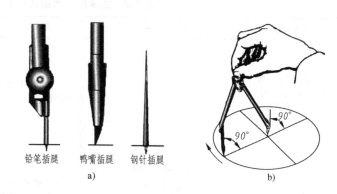

图 1-6 圆规的用法

分规是用来截取线段和等分直线或圆周，以及量取尺寸的工具，如图 1-7 所示。分规的两个针尖并拢时应对齐。

4. 铅笔

绘图铅笔的铅芯有软硬之分。"H"表示硬铅芯，"H"前面的数字越大，表示铅芯越硬（淡）；"B"表示软铅芯，"B"前面的数字越大，表示铅芯越软（黑）。"HB"表示铅芯硬度适中。绘图时，一般用 H 或 2H 铅笔画底稿，用 HB 或 B 铅笔加深粗线，用 H 铅笔加深细线、写字和画各种符号。

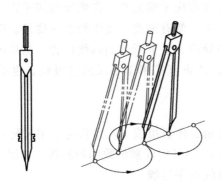
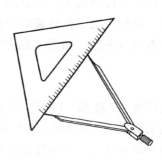

图 1-7 分规的用法

铅笔从没有标号的一端开始使用,以保留铅芯硬度的标号。铅芯应磨削的长度及形状如图 1-8 所示,注意画粗线、细线的笔尖形状的区别。

常用的手工绘图工具和用品还有比例尺、曲线板、橡皮、胶带纸、擦线纸、小刀、墨线笔、软毛刷、图纸等。

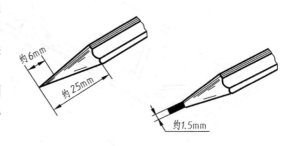

图 1-8 铅笔芯的长度与形状

绘制支承座平面图的作图步骤见表 1-2。

表 1-2 支承座平面图的作图步骤

步骤与画法	图 例	步骤与画法	图 例
1. 在图纸上确定作图的位置(绘制作图的基准线)		4. 绘制不可见轮廓线	
2. 绘制可见轮廓线		5. 擦除作图线,按线型描深图线	
3. 绘制底座两端的沉孔轴线			

任务二 标注平面图形的尺寸

标注图1-9所示平面图形的尺寸，要求符合制图国家标准中尺寸标注的有关规定。

图形只能表达物体的形状，而尺寸才能表达物体的大小。国家标准对图样中的字体、尺寸标注都做了统一的规定。尺寸标注的一般要求是：清晰、完整、正确，字迹工整，尺寸数字书写正确。

一、标注尺寸的基本规则

1) 机件的真实大小应以图样上所注的尺寸数值为依据，与图形的大小（即所采用的比例）和绘图的准确度无关。

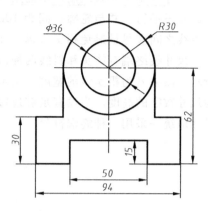

图1-9 平面图形的尺寸标注

2) 图样中（包括技术要求和其他说明文件中）的尺寸，以mm为单位时，不需标注计量单位的代号或名称。如果采用其他单位，则必须注明相应的计量单位的代号或名称。

3) 图样中所标注的尺寸为该图样所示机件的最后完工尺寸，否则应另加说明。

4) 机件的每一个尺寸，一般只标注一次，并应标注在反映该结构最清晰的图形上。

二、标注尺寸的要素

一个完整的尺寸标注一般由尺寸数字、尺寸线和尺寸界线三部分组成，如图1-10所示。

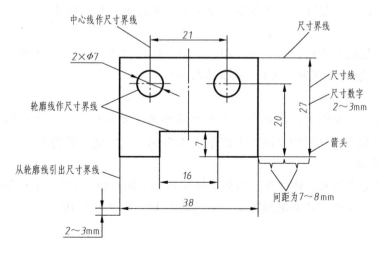

图1-10 标注尺寸的要素

1. 尺寸界线

尺寸界线表示所标注尺寸的起始和终止位置,用细实线绘制,由图形的轮廓线、对称线、对称中心线、轴线等处引出,也可利用轮廓线、轴线或对称中心线作为尺寸界线。尺寸界线与尺寸线相互垂直(一般情况),外端应超出尺寸线 2~3mm。

2. 尺寸线

尺寸线用细实线绘制,不能用其他图线代替,也不得与其他图线重合。尺寸线必须与所注的线段平行,并与轮廓线间距 10mm。互相平行的两尺寸线间距为 7~8mm,尺寸线与尺寸界线之间应尽量避免相交(即:小尺寸在里面,大尺寸在外面)。

尺寸线终端有箭头和斜线两种形式。通常,机械图样的尺寸线终端画箭头,如图 1-11a 所示,图中 d 为粗实线的宽度;土木建筑图的尺寸线终端画斜线,如图 1-11b 所示,图中 h 为尺寸数字的高度。当没有足够位置画箭头时,可用小圆点或斜线代替。同一张图样上直线尺寸应统一采用一种终端符号。

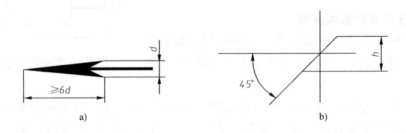

图 1-11 尺寸线的终端形式

3. 尺寸数字

线性尺寸数字一般应注写在尺寸线的上方或左方,也允许注写在尺寸线的中断处。注写线性尺寸数字时,如尺寸线为水平方向时,尺寸数字规定由左向右书写,字头朝上;尺寸线为竖直方向时,尺寸数字由下向上书写,字头朝左;在倾斜的尺寸线上注写尺寸数字时,必须使字头方向有向上的趋势。角度数字一般都按照字头朝上水平书写。

三、字体

字体的字号规定了八种:20、14、10、7、5、3.5、2.5、1.8。字体的号数即是字体高度,如 10 号字,它的字高为 10mm。具体见表 1-3。

1. 汉字

汉字应写成长仿宋体字,并采用中华人民共和国国务院正式公布推行的《汉字简化方案》中规定的简化字。汉字的高度 h 不应小于 3.5mm,其字宽一般为 $h/\sqrt{2}$。

2. 字母和数字

字母和数字分斜体和直体两种。斜体字的字体头部向右倾斜 15°。字母和数字各分 A 型和 B 型两种字体。A 型字体的笔画宽度为字高的 1/14,B 型为 1/10。

标注平面图形尺寸的步骤见表 1-4。

表 1-3 字体

字体		示 例
长仿宋体汉字	10号	字体工整 笔画清楚 间隔均匀 排列整齐
	7号	横平竖直 注意起落 结构匀称 填满方格
	5号	技术制图石油化工机械电子汽车航空船舶土木建筑矿山井坑港口纺织焊接设备工艺
	3.5号	螺纹齿轮端子接线飞行指导驾驶舱位挖填施工引水通风闸阀坝棉麻化纤
拉丁字母	大写斜体	ABCDEFGHIJKLMNOPQRSTUVWXYZ
	小写斜体	abcdefghijklmnopqrstuvwxyz
阿拉伯数字	斜体	0 1 2 3 4 5 6 7 8 9
	直体	0 1 2 3 4 5 6 7 8 9
罗马数字	斜体	Ⅰ Ⅱ Ⅲ Ⅳ Ⅴ Ⅵ Ⅶ Ⅷ Ⅸ Ⅹ
	直体	Ⅰ Ⅱ Ⅲ Ⅳ Ⅴ Ⅵ Ⅶ Ⅷ Ⅸ Ⅹ
字体的应用		$\phi 20^{+0.010}_{-0.023}$ $7°^{+1°}_{-2°}$ $\frac{3}{5}$ $10Js5(\pm 0.003)$ $M24-6h$ $\phi 25 \frac{H6}{m5}$ $\frac{II}{2:1}$ $\frac{A}{5:1}$ √Ra 6.3 R8 5% 3.50

表 1-4 标注平面图形尺寸的步骤

步骤与画法	图 例
1. 画尺寸界线、尺寸线 （1）尺寸线、尺寸线用细实线绘制 （2）尺寸界线由图形的轮廓线、轴线或对称中心线引出，也可利用图形的轮廓线、轴线或对称中心线做尺寸界线 （3）尺寸界线必须超出尺寸线2~3mm （4）线性尺寸的尺寸线要与标注的线段平行，平行的两尺寸线间距均为7~8mm （5）圆及圆弧的尺寸线要通过圆心	

(续)

步骤与画法	图例
2. 标注尺寸数字 数字采用 3.5 号斜体,水平尺寸数字注写在尺寸线的上方,垂直尺寸数字注写在尺寸线的左方	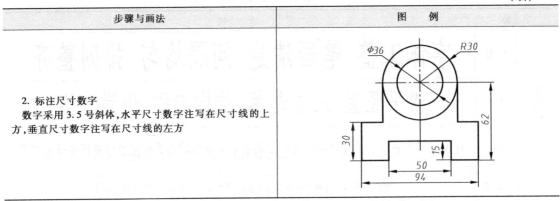

▶ 知识拓展

常见尺寸注法。

国家标准详细规定了尺寸标注形式,见表 1-5。

表 1-5 尺寸标注形式

项目	图例	说明
尺寸数字	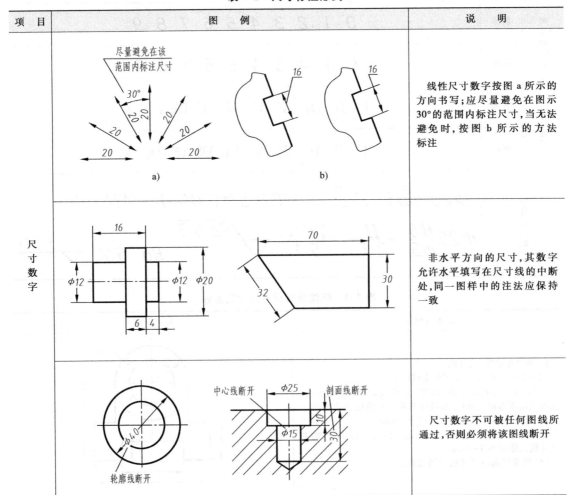	线性尺寸数字按图 a 所示的方向书写;应尽量避免在图示 30°的范围内标注尺寸,当无法避免时,按图 b 所示的方法标注
		非水平方向的尺寸,其数字允许水平填写在尺寸线的中断处,同一图样中的注法应保持一致
		尺寸数字不可被任何图线所通过,否则必须将该图线断开

（续）

项目	图 例	说 明
尺寸线	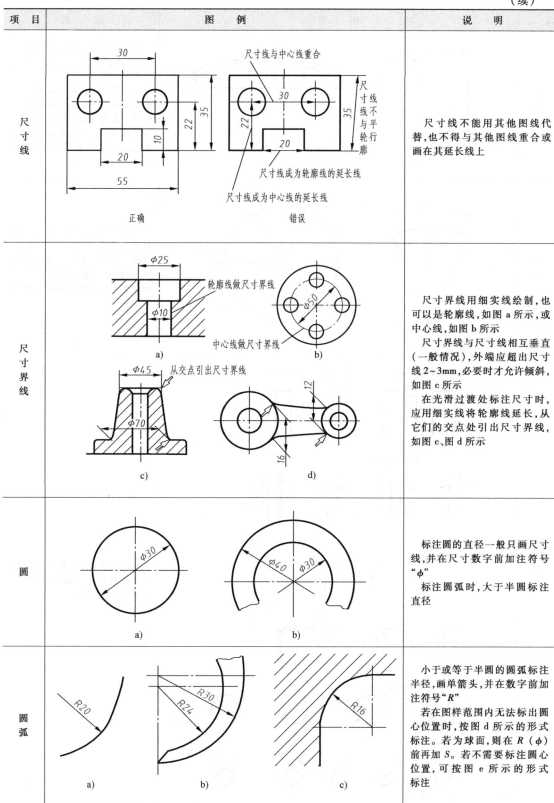	尺寸线不能用其他图线代替，也不得与其他图线重合或画在其延长线上
尺寸界线		尺寸界线用细实线绘制，也可以是轮廓线，如图 a 所示，或中心线，如图 b 所示 尺寸界线与尺寸线相互垂直（一般情况），外端应超出尺寸线 2~3mm，必要时才允许倾斜，如图 c 所示 在光滑过渡处标注尺寸时，应用细实线将轮廓线延长，从它们的交点处引出尺寸界线，如图 c、图 d 所示
圆		标注圆的直径一般只画尺寸线，并在尺寸数字前加注符号"ϕ" 标注圆弧时，大于半圆标注直径
圆弧		小于或等于半圆的圆弧标注半径，画单箭头，并在数字前加注符号"R" 若在图样范围内无法标出圆心位置时，按图 d 所示的形式标注。若为球面，则在 R（ϕ）前再加 S。若不需要标注圆心位置，可按图 e 所示的形式标注

(续)

项 目	图 例	说 明
圆弧	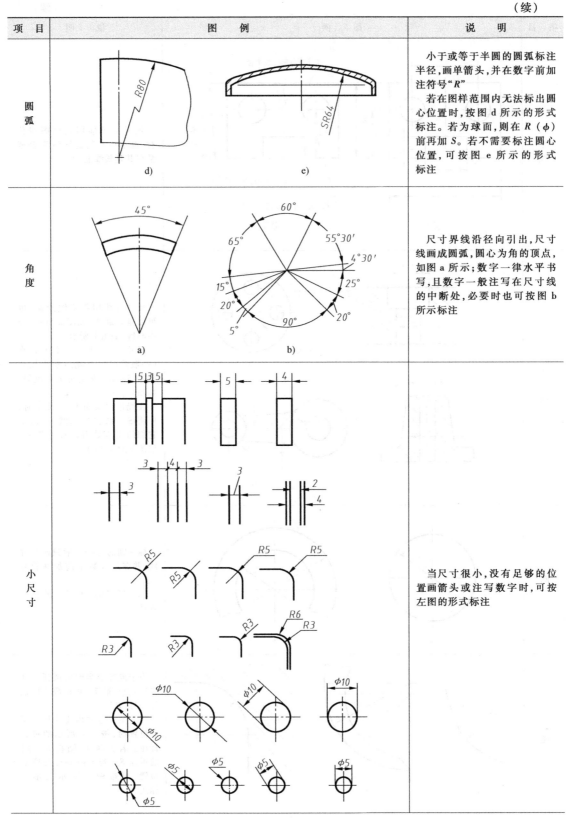	小于或等于半圆的圆弧标注半径,画单箭头,并在数字前加注符号"R" 若在图样范围内无法标出圆心位置时,按图 d 所示的形式标注。若为球面,则在 R（φ）前再加 S。若不需要标注圆心位置,可按图 e 所示的形式标注
角度		尺寸界线沿径向引出,尺寸线画成圆弧,圆心为角的顶点,如图 a 所示;数字一律水平书写,且数字一般注写在尺寸线的中断处,必要时也可按图 b 所示标注
小尺寸		当尺寸很小,没有足够的位置画箭头或注写数字时,可按左图的形式标注

(续)

项目	图例	说明
对称图形	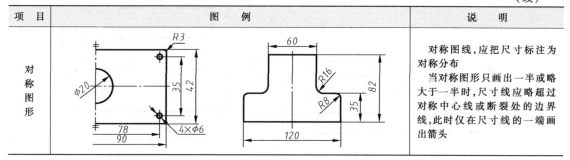	对称图线，应把尺寸标注为对称分布 当对称图形只画出一半或略大于一半时，尺寸线应略超过对称中心线或断裂处的边界线，此时仅在尺寸线的一端画出箭头

任务三　绘制小轴平面图

▶ 任务引入

采用合适的比例绘制图 1-12a 所示小轴的平面图形，并标注尺寸。要求符合国家制图标准中关于比例和线性尺寸、角度尺寸标注的有关规定。

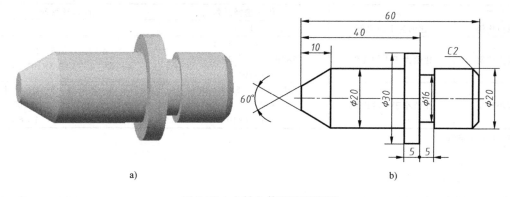

图 1-12　小轴立体图和平面图

▶ 任务分析

图 1-12b 所示的平面图形所表达的机件的大小与实物是否相等？如何将过小或过大的机件清晰完整地表达出来呢？将实际测量尺寸放大或缩小以后再绘制图形就可以很好地解决这些问题。

▶ 知识链接

一、比例

绘制图样时所采用的比例，是指在机械图样中将实际测量尺寸放大或缩小以后，图形与实物相应要素的线性尺寸之比。比值为 1 的比例，即 1∶1，为原值比例；比值大于 1 的比例，如 2∶1 等，为放大比例；比值小于 1 的比例，如 1∶2 等，为缩小比例。比例的应用效果如图 1-13 所示。应特别注意，图中标注的尺寸是零件的真实大小，不随比例的不同而有所变化。

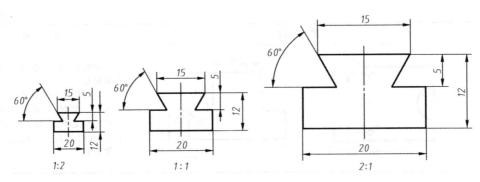

图 1-13 比例的应用效果

二、比例的选用

绘制图样时应尽可能按照机件的实际大小采用 1∶1 的比例画出，以方便绘图和看图。但由于机件的大小及结构复杂程度不同，有时需要放大或缩小，比例应优先选用表 1-6 中所规定的优先选择系列，必要时也可选取表 1-6 中所规定的允许选择系列中的比例。

表 1-6 比例（GB/T 14690—1993）

种类	定义	优先选择系列	允许选择系列
原值比例	比值为 1 的比例	1∶1	
放大比例	比值大于 1 的比例	5∶1 2∶1 5×10^n∶1 2×10^n∶1 1×10^n∶1	4∶1 2.5∶1 4×10^n∶1 2.5×10^n∶1
缩小比例	比值小于 1 的比例	1∶2 1∶5 1∶10 1∶2×10^n 1∶5×10^n 1∶1×10^n	1∶1.5 1∶2.5 1∶3 1∶4 1∶6 1∶1.5×10^n 1∶2.5×10^n 1∶3×10^n 1∶4×10^n 1∶6×10^n

注：n 为正整数。

如图 1-12 所示，因小轴的尺寸较小，为清晰地反映小轴的形状和尺寸标注，可采用 2∶1 的比例作图，作图步骤见表 1-7。

注意：线性尺寸按放大的倍数绘制，角度按原数值绘制。

表 1-7 小轴平面图的作图步骤

步骤与画法	图例
1. 作基准线 作出轴向基准线 A 和径向基准线 B	
2. 截取线性尺寸（线性尺寸均乘2） 在基准线 B、A 上分别截取标注尺寸 2 倍的长度，方向尺寸 20mm、80mm、120mm、10mm、10mm 和径向尺寸 ϕ40mm、ϕ60mm、ϕ32mm、ϕ40mm，以及倒角尺寸 C4	

(续)

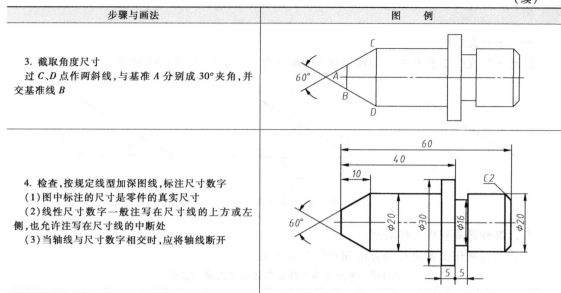

项目二　绘制较复杂的平面图形

任务一　绘制六角开槽螺母平面图

▶ 任务引入

绘制图 1-14b 所示的平面图形，要求符合制图国家标准的有关规定。

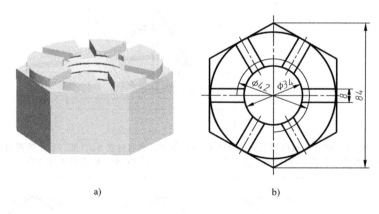

a)　　　　　　　　　　b)

图 1-14　六角开槽螺母

▶ 任务分析

图 1-14b 所示为六角开槽螺母的俯视图。它由外轮廓正六边形和其他几何图形组成，如何作图呢？正多边形的共同特点是各个边长均相等，可以借助一个辅助圆来实现。

一、等分直线段

任意等分直线段的方法（如将直线段 AB 分为 n 等份）如图 1-15 所示。

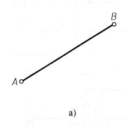　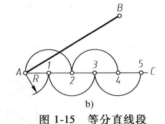　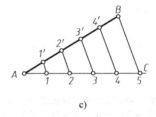

a)　　　　　　　　　　b)　　　　　　　　　　c)

图 1-15　等分直线段

二、等分圆周和作正多边形

等分圆周和作正多边形的方法和步骤见表 1-8。

表 1-8　等分圆周和作正多边形的方法和步骤

类别	步骤与画法
六等分圆周和作正六边形	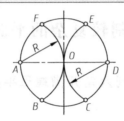　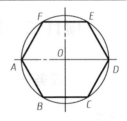 以已知圆周直径的两端点 A、D 为圆心，以已知半径 R 为半径画弧与圆周相交，即得等分点 B、F 和 C、E，依次连接各点，即得正六边形 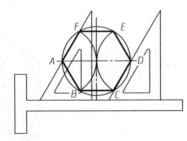 用 30°、60°三角板的短直角边紧贴丁字尺，并使其斜边过点 A、D（圆直径上的两端点），作直线 AF 和 DC；翻转三角板，以同样的方法作直线 AB 和 DE；连接 BC 和 FE，即得正六边形
五等分圆周和作正五边形	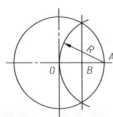　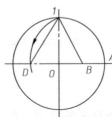　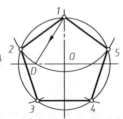 平分半径 OA 得 B，以点 B 为圆心，B1 为半径画弧，交 OD 于点 D，以 D1 为半径，五等分圆，连接相邻各点即得正五边形

(续)

类 别	步骤与画法
任意等分圆周作正n边形	以正七边形作法为例 (1)先将已知直径 AK 七等分,再以点 K 为圆心,以直径 AK 为半径画弧,交直径 PQ 的延长线于 M、N 两点 (2)自点 M、N 分别向 AK 上的各偶数点(或奇数点)连线并延长交圆周于点 B、C、D 和 E、F、G,依次连接各点,即得正七边形

▶ 任务实施

绘制六角开槽螺母平面图的作图步骤见表 1-9。

表 1-9 六角开槽螺母平面图的作图步骤

步骤与画法	图 例	步骤与画法	图 例
1. 作 φ84mm 的辅助圆		4. 分别以中心线 AB、CE、DF 为基准,作间距为 8mm 的平行线	
2. 分别以 1、2 点为圆心,84/2mm 为半径画弧交圆周于 3、4、5、6 点,连接各点,作出正六边形		5. 以 O 点为圆心,分别作出正六边形的内切圆、φ34mm 的整圆和 φ42mm 的 3/4 细实线圆	
3. 分别以 A、B 点为圆心,以 84/2mm 为半径画弧交圆周于 D、E、C、F 点,过圆心分别作中心线 DF、CE		6. 擦掉多余的辅助线,按线型描深图线,标注尺寸,完成图形	

任务二　绘制支架平面图

▶ 任务引入

绘制图 1-16b 所示支架轮廓的平面图形，要求符合制图国家标准的有关规定。

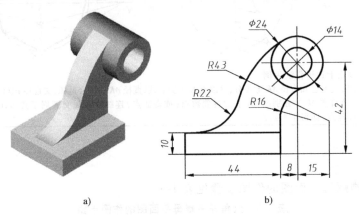

a)　　　　　　　　　　　　　b)

图 1-16　支架立体图和平面图

▶ 任务分析

图 1-16b 所示平面图形是由直线、圆弧连接组成的。尺寸大小和线段间的连接关系确定了平面图形的形状和位置，因此要对平面图形的尺寸、线段进行分析，以确定画图顺序，正确标注尺寸。

▶ 知识链接

用一已知半径的圆弧将两直线、两圆弧或一直线和一圆弧光滑连接起来称为圆弧连接。常见圆弧连接的类型及作图方法见表 1-10。

表 1-10　常见圆弧连接的类型及作图方法

类　型	步骤与画法
作圆弧（R）与两直线 AB、BC 相切	a) 成直角时　　b) 成钝角时　　c) 成锐角时 1. 求圆心：分别作与两已知直线 AB、BC 相距为 R 的平行线，得交点 O，即为连接弧（R）的圆心 2. 求切点：自点 O 分别向 AB、BC 作垂足 K_1、K_2，即为切点 3. 画连接弧：以 O 为圆心，R 为半径，自点 K_1 至 K_2 画圆弧，即完成作图

(续)

类型	步骤与画法
作圆弧(R)与已知直线AB和已知圆弧(半径r,圆心P)相切	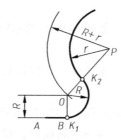 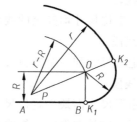　　　　a) 与已知直线和圆弧外切　　　b) 与已知直线和圆弧内切 1. 求圆心:作与已知直线AB相距为R的平行线;再以P为圆心,r+R(外切时)或r-R(内切时)为半径画弧,此弧与所作平行线的交点O即为连接弧(R)的圆心 2. 求切点:自点O向AB作垂线,得垂足K_1;再作两圆心连线OP(外切时)或两圆心连线OP的延长线(内切时),与已知圆弧(r)交于点K_2,则K_1、K_2即为切点 3. 画连接弧:以O为圆心,R为半径,自点K_1至K_2画圆弧,即完成作图
作圆弧(R)与两已知圆弧(半径r_1、r_2,圆心P、Q)相切	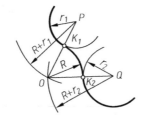 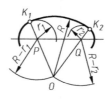 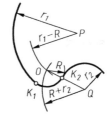　a) 外切　　　　　b) 内切　　　　c) 混合相切 1. 求圆心:分别以P、Q为圆心,$R+r_1$和$R+r_2$(外切时)或$R-r_1$和$R+r_2$(内切时)或r_1-R和$R+r_2$(混合相切时)为半径画弧,得交点O,即为连接弧(R)的圆心 2. 求切点:作两圆心连接线OP、OQ的延长线,与已知圆弧(r_1、r_2)分别交于K_1、K_2,即为切点 3. 画连接弧:以O为圆心,R为半径,自点K_1至K_2画圆弧,即完成作图

 任务实施

一、支架平面图形的尺寸分析

尺寸是作图的依据,按其作用可分为定形尺寸和定位尺寸。

1. 定形尺寸

确定图形中各几何元素形状的尺寸。如图1-16所示,$\phi24$、$\phi14$、$R16$、$R43$、$R22$、10和44都是定形尺寸。

2. 定位尺寸

确定图形中各几何元素相对位置的尺寸。如图1-16所示,8、15、42都是定位尺寸。

3. 尺寸基准

尺寸标注的起点称为尺寸基准,可作为基准的几何元素有对称图形的对称线、圆的中心线、水平或垂直直线线段。如图1-16所示,底边和左侧边为尺寸基准。

二、平面图形的线段分析

根据平面图形的尺寸标注和线段间的连接关系，可将平面图形中的线段分为以下三类。

1. 已知线段

指定形、定位尺寸均齐全的线段，如图 1-16 中的 $\phi14$、$\phi24$、10 和 44。

2. 中间线段

指只有定形尺寸和一个定位尺寸，而缺少一个定位尺寸的线段，如图 1-16 中的 $R43$。

3. 连接线段

指只有定形尺寸而缺少定位尺寸的线段，如图 1-16 中的 $R16$、$R22$。

绘图顺序一般是首先画已知线段，再画中间线段，最后画连接线段。

三、绘制平面图

绘制支架平面图的作图步骤见表 1-11。

表 1-11 支架平面图的作图步骤

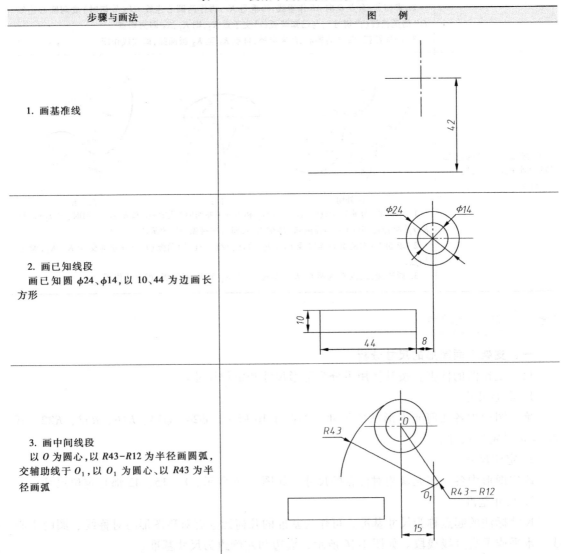

步骤与画法	图 例
1. 画基准线	
2. 画已知线段 画已知圆 $\phi24$、$\phi14$，以 10、44 为边画长方形	
3. 画中间线段 以 O 为圆心，以 $R43-R12$ 为半径画圆弧，交辅助线于 O_1，以 O_1 为圆心、以 $R43$ 为半径画弧	

(续)

步骤与画法	图 例
4. 画连接线段 作长方形右侧边的平行线,使其垂直距离为 16,以 O 为圆心、以 $R12+R16$ 为半径画圆弧,交辅助线于 O_2,以 O_2 为圆心、以 $R16$ 为半径画弧	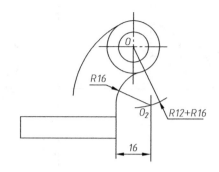
5. 画连接线段 作长方形上边的平行线,使其垂直距离为 22,以 O_1 为圆心、以 $R43+R22$ 为半径画圆弧,交辅助线于 O_3,以 O_3 为圆心、以 $R22$ 为半径画弧	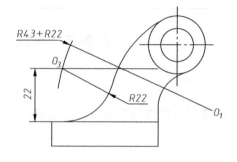
6. 检查 检查无误后擦掉多余的辅助线,按线型描深图线,标注尺寸,完成平面图	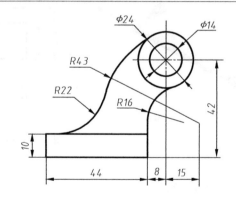

知识拓展

椭圆的画法见表 1-12。

表 1-12 椭圆的画法

步骤与画法	1. 画椭圆的长轴 AB 和短轴 CD 交于 O 点,以 O 为圆心,$AB/2$ 为半径画圆弧,交 CD 的延长线于 E 点,以 C 为圆心,CE 为半径画圆弧,交 AC 于 F 点	2. 作 AF 的垂直平分线交 AB、CD 于 O_1、O_2 点,再分别作 O_1、O_2 点的对称点 O_3、O_4 点。这四点即为四段圆弧的圆心	3. 分别以 O_1、O_3 和 O_2、O_4 为圆心,以 O_1A、O_2C 为半径画圆,得到四段圆弧,即为所求。加深图线,完成作图

(续)

图例	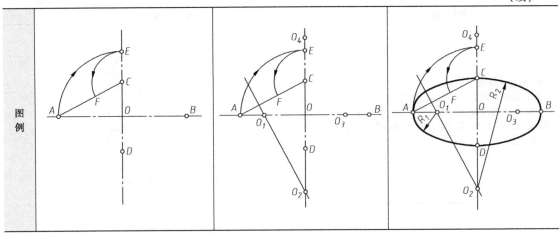		

任务三　绘制拉楔平面图

▶ 任务引入

绘制图 1-17 所示拉楔的平面图，要求符合制图国家标准的有关规定。

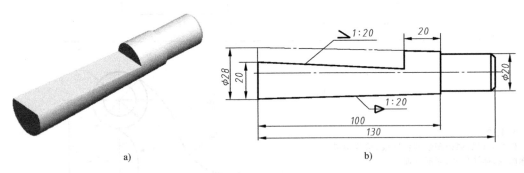

图 1-17　拉楔

▶ 任务分析

图 1-17 所示的拉楔是一个轴类机件，其立体图如图 1-17a 所示，左端是锥度为 1∶20 的圆锥体，上方切有一个斜度为 1∶20 的倾斜平面，按国家标准绘制斜度和锥度。

▶ 知识链接

一、斜度

1. 斜度的概念

斜度是指一直线（或平面）对另一直线（或平面）的倾斜程度。其大小用两直线（或平面）夹角的正切来表示，并简化为 1∶n 的形式，如图 1-18a 所示。

$$S=\tan\alpha=BC:AB=1:\frac{AB}{BC}=1:n$$

2. 斜度符号的画法及标注方法

斜度符号的画法如图 1-18b 所示。在图样上标注斜度符号时，斜度符号的斜边应与图中斜线的倾斜方向一致，如图 1-18c 所示。

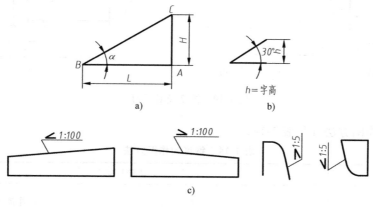

图 1-18 斜度

3. 斜度的作图方法（见表 1-13）

表 1-13 斜度的作图方法

要　求	步骤与画法		
按照下图的尺寸绘图	1. 由已知尺寸作出无斜度的轮廓线	2. 作线段 AB，将 AB 线段五等分，作 BC⊥AB，取 BC 为一等分	3. 连接 AC 即为 1∶5 的斜度线 4. 检查，描深，标注尺寸，完成作图

二、锥度

1. 锥度的概念

锥度是指正圆锥的底圆直径与其高度之比。若是锥台，则为上、下两底面圆的直径差与锥台高度之比，并以 1∶n 的形式表示，如图 1-19a 所示。

$$锥度 = \frac{D-d}{l} = \frac{D}{d} = 2\tan\alpha/2$$

2. 符号的画法及标注方法

锥度符号的画法如图 1-19b 所示。在图样上标注锥度符号时，锥度符号的尖点应与圆锥的锥度方向一致，如图 1-19c 所示。

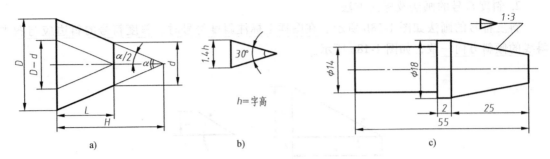

图 1-19 锥度及其符号

3. 锥度的作图方法（见表 1-14）

表 1-14 锥度的作图方法

要求	步骤与画法		
按照下图的尺寸绘图	1. 作径向和轴向基准线交于 A 点；根据已知尺寸径向截取 20 交于 E、F 点，轴向截取长度 60	2. 从 A 点向右以任意长度截取三等份，得 B 点，过 B 点作 CD⊥AB，取 CD 为一等份	3. 连接 AC、AD，即为 1∶3 的锥度线。过 E 点作 AC 的平行线，过 F 点作 AD 的平行线 4. 检查，描深，标注尺寸，完成作图

任务实施

绘制拉楔平面图的作图步骤见表 1-15。

表 1-15 拉楔平面图的作图步骤

步骤与画法	图例
1. 作基准线 作径向基准线和轴向基准线，相交于 M 点 2. 作已知线段 依据尺寸 100、130、20、φ20、φ28 画已知线段，得交点 C、D、K 点	

（续）

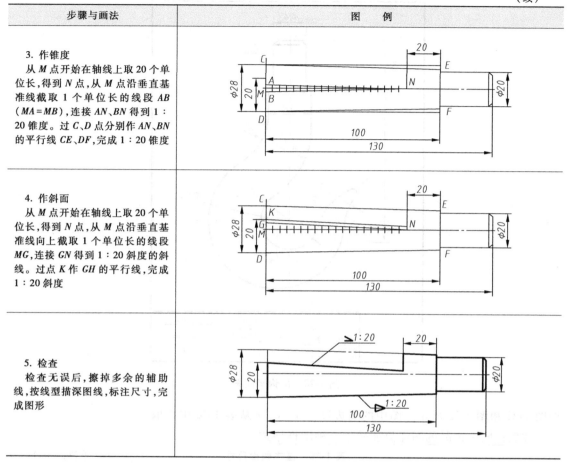

步骤与画法	图 例
3. 作锥度 从 M 点开始在轴线上取 20 个单位长,得到 N 点,从 M 点沿垂直基准线截取 1 个单位长的线段 AB（MA=MB）,连接 AN、BN 得到 1：20 锥度。过 C、D 点分别作 AN、BN 的平行线 CE、DF,完成 1：20 锥度	
4. 作斜面 从 M 点开始在轴线上取 20 个单位长,得到 N 点,从 M 点沿垂直基准线向上截取 1 个单位长的线段 MG,连接 GN 得到 1：20 斜度的斜线。过点 K 作 GH 的平行线,完成 1：20 斜度	
5. 检查 检查无误后,擦掉多余的辅助线,按线型描深图线,标注尺寸,完成图形	

任务四　绘制吊钩平面图

任务引入

在 A4 图纸上绘制图 1-20 所示的吊钩平面图形,要求符合制图国家标准的有关规定。

▶ 任务分析

一张完整的图样一般由图幅、标题栏、图形、尺寸、技术要求等组成,图 1-20 所示的吊钩平面图就是一张完整的图样。

▶ 知识链接

一、图幅

应根据图形的大小选择适当的图纸幅面。国家标准 GB/T 14689—1993 对图纸幅面做了相应规定,基本幅面尺寸见表 1-16,各种幅面的相互关系如图 1-21 所示。

二、图框

根据国家标准规定,图框用粗实线绘制。图框按格式分为不留装订边和留装订边两种,

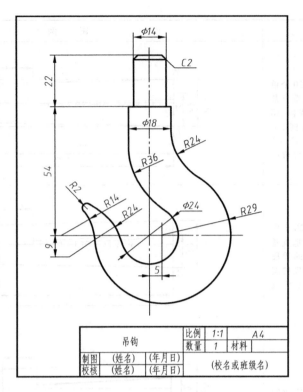

图 1-20 吊钩平面图

如图 1-22 和图 1-23 所示,图中的周边尺寸 a、c、e 从表 1-16 中查取。

注意:同一产品的图样只能采用一种图框格式。

表 1-16 基本幅面尺寸 （单位:mm）

幅面代号 尺寸代号	A0	A1	A2	A3	A4
$B×L$	841×1189	594×841	420×594	297×420	210×297
a	25				
c	10			5	
e	20		10		

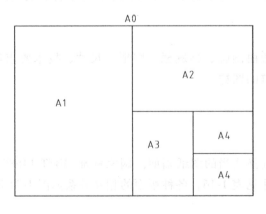

图 1-21 基本幅面的尺寸关系

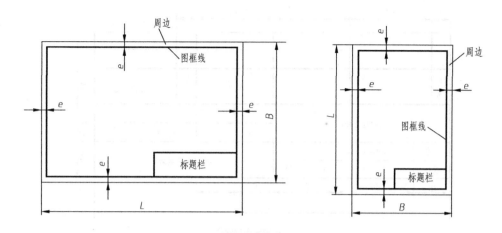

图 1-22 不留装订边的图框格式

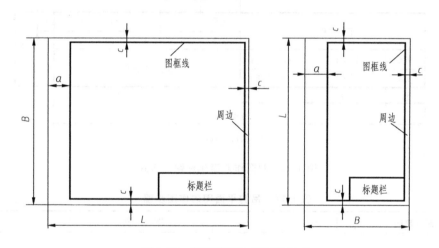

图 1-23 留有装订边的图框格式

三、标题栏

每张图样上都必须画出标题栏,标题栏的格式和尺寸在 GB/T 10609.1—2008 中做了规定。标题栏的位置应位于图样的右下角,如图 1-22、图 1-23 所示,标题栏中的文字方向通常与看图的方向保持一致。在制图作业中建议采用如图 1-24 所示的简化标题栏。

 任务实施

一、准备工作

1. 确定图幅

根据图形及尺寸,确定采用 A4 图纸。

2. 确定绘图比例

根据图形的复杂程度和尺寸大小,确定采用 1∶1 的绘图比例。

二、绘制图形

绘制吊钩平面图的作图步骤见表 1-17。

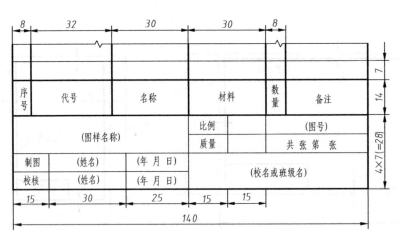

a) 装配图标题栏

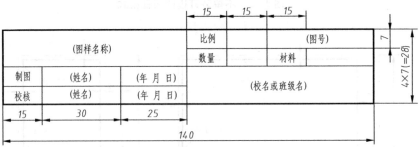

b) 零件图标题栏

图 1-24　制图作业简化标题栏格式

表 1-17　吊钩平面图的作图步骤

步骤与画法	图例
1. 绘制图框、标题栏 2. 绘制基准线 3. 绘制钩柄部分	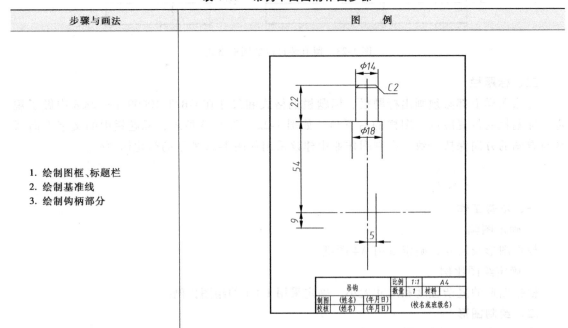

（续）

步骤与画法	图例
4. 绘制吊钩弯曲中心部分 5. 绘制钩柄过渡部分	
6. 绘制钩尖部分	
7. 校核、描粗 8. 标注尺寸 9. 填写标题栏、技术要求	

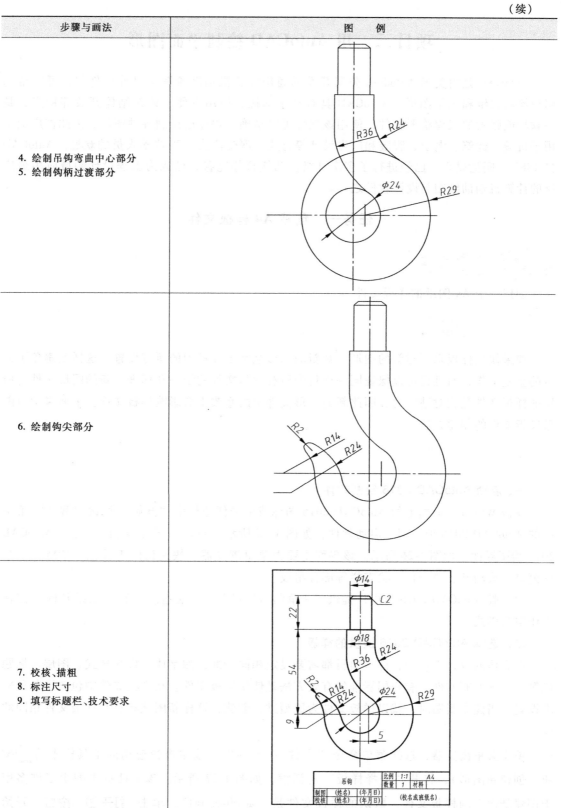

项目三　用 AutoCAD 绘制平面图形

AutoCAD 是由美国 Autodesk 公司开发的通用计算机辅助绘图与设计软件包，可以帮助用户绘制二维和三维图形。AutoCAD 具有易于掌握、使用方便、体系结构开放等特点，是一款功能强大的工程绘图软件，使用该软件可以精确、快速地绘制各种图形，因此被广泛应用于机械、建筑、电子、服装和广告设计等行业，深受广大工程技术人员的欢迎。AutoCAD 自 1982 年问世以来，已经进行了多次升级，功能日趋完善，已成为工程设计领域应用最广泛的计算机辅助绘图与设计软件之一。

任务一　创建 A4 样板文件

▶ 任务引入

创建一个 A4 图纸的样板文件。

▶ 任务分析

如果使用样板来创建新的图形，则新的图形继承了样板中的所有设置，这样就避免了大量的重复工作，而且也可以保证同一项目中所有图形文件的统一和标准。新的图形文件与所用的样板文件是相对独立的，因此新的图形文件中的修改不会影响样板文件。下面来学习图形样板文件的创建方法。

▶ 任务实施

一、启动 AutoCAD 2016 绘制软件

双击 Windows 桌面上的 AutoCAD 2016 图标或单击任务栏中"开始"按钮"程序"菜单中的 AutoCAD 2016 项，即可启动软件，如图 1-25 所示。单击"开始绘制"，进入 AutoCAD 2016 绘图界面，如图 1-26 所示。该界面主要由菜单浏览器、快速访问工具栏、功能区、绘图窗口、滚动条、命令行、状态栏等部分组成。

中文版 AutoCAD 2016 为用户提供了"草图与注释""三维建模"和"三维基础"三种工作空间模式。

二、选择 AutoCAD 2016 提供的样板

在具体的设计工作中，许多项目都需要设定相同标准，如字体、标注样式、图层、标题栏等。保证所有文件具有相同标准的有效方法是使用样板文件。在样板文件中包含了各种标准设置，当建立新图时，就以样板文件为原型进行创建，这样新图就具有与样板文件相同的设置。

单击菜单浏览器，选择菜单命令"文件"/"新建"（或单击快速访问工具栏中的  按钮，创建新图形），打开"选择样板"对话框，如图 1-27 所示。该对话框中列出了许多用于创建新图形的样板文件，默认的样板文件是"acadiso.dwt"。单击 打开(O) 按钮，开始

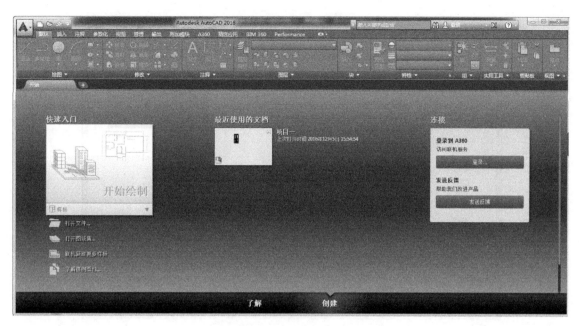

图 1-25 AutoCAD 用户界面

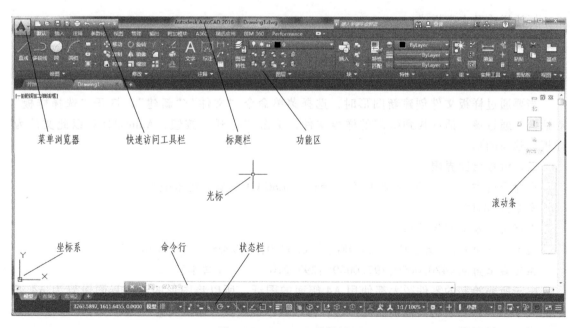

图 1-26 AutoCAD 绘图界面

绘制新图形。

AutoCAD 中有许多标准的样板文件，扩展名是".dwt"。用户可根据需要建立自己的标准样板，这个标准样板一般应具有以下一些设置。

绘图界限；

图层、颜色、线框；

标题栏、边框；

图 1-27 "选择样板"对话框

标注样式及文字样式；

常用标注符号。

创建样板文件的方法与建立一个新文件类似，用户将样板文件包含的所有标准项目设置完成后，将此文件另存为".dwt"类型文件即完成创建。

当要通过样板文件创建新图形时，选择菜单命令"文件"/"新建"，打开"选择样板"对话框，通过该对话框找到所需的样板文件，单击"打开"按钮，AutoCAD 就以此文件为样板创建新图形。

三、设置绘图界限

在命令行中输入：Limits，按回车键确认，AutoCAD 命令行提示如下：

命令：LIMITS

重新设置模型空间界限：

指定左下角点或[开(ON)/关(OFF)]<0.0000,0.0000>：　　　（回车）

指定右上角点<420.0000,297.0000>:297,210　　　（回车）

由于所要绘制的零件图大都使用 A4 幅面的图纸，所以将图形的绘图界限设置为 A4 纸张的大小。如果要绘制其他幅面的图形，修改其中的绘图界限即可。

四、设置图层

AutoCAD 的图形对象总是位于某个图层上。默认情况下，当前图层是 0 层，此时所画的图形对象在 0 层上。每个图层都有与其相关联的颜色、线型及线宽等属性信息，用户可以对这些信息进行设定或修改。

1) 单击"图层"面板上的" "按钮，打开"图层特性管理器"对话框，如图 1-28 所示。

2) 在图层特性管理器中单击" "按钮，在图形中创建一个新图层，系统自动将其命名为"图层 1"。此时图层名称呈现为可编辑状态，选择中文输入法，输入图层名"细点

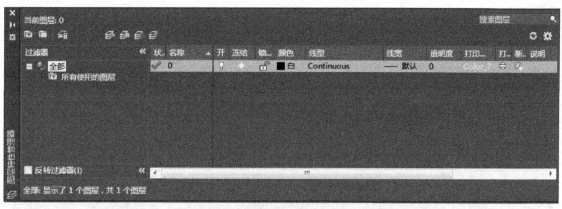

图 1-28 "图层特性管理器"对话框

画线",将该图层命名为"细点画线",如图 1-29 所示。

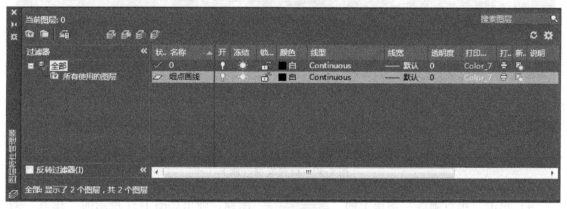

图 1-29 新建图层

3)单击"细点画线"图层上的线型按钮"Continuous",弹出如图 1-30a 所示的"选择线型"对话框,对话框中只有"Continuous"线型,"细点画线"图层需要选择"CENTER"线型,这时需要单击"加载(L)..."按钮,弹出如图 1-30b 所示对话框,选中"CENTER"项,然后单击"确定"按钮,完成线型加载,如图 1-30c 所示。选择"CENTER"线型,单击"确定"按钮,完成线型设置,如图 1-30d 所示。

a)

图 1-30 设置线型

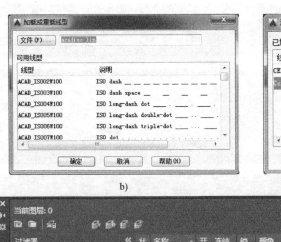

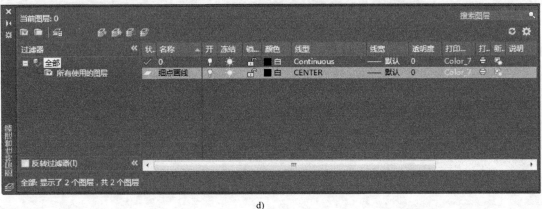

b)   c)

d)

图 1-30　设置线型（续）

4）单击"细点画线"图层上的"——— 默认"图标，弹出如图 1-31 所示的"线宽"对话框，在其中选择"0.25mm"选项，然后单击"　确定　"按钮，完成操作。

如果要使图形对象的线宽在模型空间中显示得更宽或更窄一些，可以调整线宽比例。在状态栏的"　"按钮上，单击鼠标右键，选择"设置"，弹出"线宽设置"对话框，如图 1-32 所示，可在"调整显示比例"分组框中移动滑块来改变显示比例值。

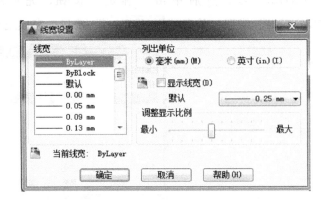

图 1-31　设置线宽　　　　　　　　　　　　图 1-32　"线宽设置"对话框

5）颜色在图形中具有非常重要的作用，可用来表示不同的组件、功能和区域。图层的颜色实际上是图层中图层对象的颜色，绘制复杂图形时就可以很容易区分图形的各部分。新建图层后，要改变细点画线图层的颜色，可在"图层特性管理器"对话框中单击"细点画线"图层的颜色列对应的"■白"按钮，打开"选择颜色"对话框，如图1-33所示，选择红色，单击"确定"按钮，完成颜色设置。

6）重复步骤2）~5），在图层中建立"粗实线""细实线""标注""文字""填充"等图层，如图1-34所示。各图层的具体参数设置见表1-18。

图1-33 设置线型颜色

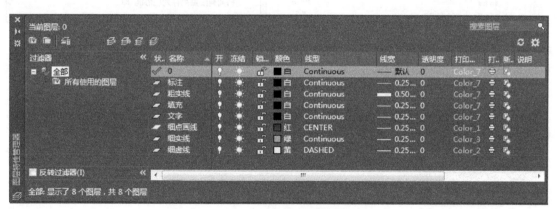

图1-34 设置其他图层

表1-18 图层设置参数

图　层	线　型	线宽/mm	颜　色
细点画线	CENTER	0.25	红色
粗实线	Continuous	0.50	白色
细实线	Continuous	0.25	绿色
细虚线	DASHED	0.25	黄色
填充	Continuous	0.25	白色
标注	Continuous	0.25	白色
文字	Continuous	0.25	白色

五、保存图形样板

通过前面的操作，样板图及其环境已经设置完毕，可以将其保存成样板图文件。选择"文件"菜单中的"另存为"命令，选择 图形样板 创建可用于创建新图形的图形样板(DWT)，弹出"图文件。

形另存为"对话框，输入文件名"A4样板"，如图1-35所示，单击"保存"按钮可保存样板文件。

保存完成后，弹出图1-36所示对话框，可以输入对该样板的简短描述，并确定单位为"公制"，单击"确定"按钮完成图形样板的创建。此时就创建了一个标准的A4幅面的样板文件，下面的绘图工作都将在此样板的基础上进行。

图1-35 保存样板文件

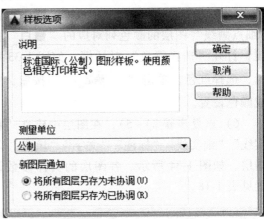
图1-36 "样板说明"对话框

任务二　用AutoCAD绘制支架平面图

▶ 任务引入

绘制图1-37所示支架平面图。

▶ 任务分析

绘制平面图形时，按照机械制图的要求，首先应该对图形进行线段和尺寸分析，根据定形尺寸和定位尺寸，判断出已知线段、中间线段和连接线段，然后按照已知线段、中间线段、连接线段的绘图顺序完成图形。在图1-37中，线段类型为：已知线段为$\phi14mm$、$\phi24mm$、10mm和44mm，中间线段为$R43mm$，连接线段为$R16mm$、$R22mm$。

▶ 任务实施

一、启动AutoCAD 2016

单击快速入门中的"样板"下拉菜单，选择"A4样板"，如图1-38所示，即可开始新图形的创建。

二、绘制中心线

启动AutoCAD命令的方法一般有两种，一种是在命令行中输入命令全称或简称，另一种是单击工具面板上的命令按钮。

单击"绘图"面板上的命令按钮（见图1-39）是绘制图形最基本、最常用的方法，其中包含了AutoCAD2016的大部分绘图命令。

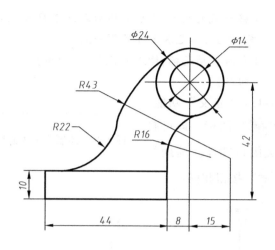

图 1-37 支架平面图

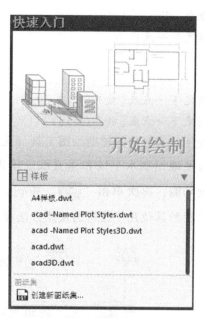

图 1-38 选择 A4 样板

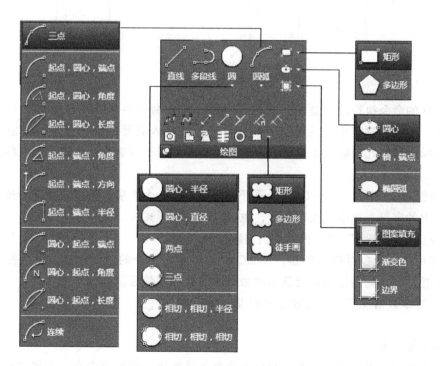

图 1-39 绘图菜单

1) 单击"图层特性"中的"当前层"列表框右边的下拉箭头,弹出图层列表,在列表中选取"细点画线"层。

2) 打开状态栏的" "按钮,绘制一条长 30mm 的水平中心线,如图 1-40 所示。

单击"绘图"面板上的" "按钮,AutoCAD 命令行提示如下:

命令:_line
指定第一点： （移动鼠标使十字光标移动到绘图区中间某位置，单击，指定水平线的第一点）
指定下一点或[放弃(U)]:30 （向右移动光标，输入线段长度，回车）
指定下一点或[放弃(U)]： （回车）

使用状态栏中的辅助绘图工具（见图1-41）"正交"功能，可以方便地绘制水平线和垂直线。单击" "图标，即可打开正交功能，再次单击" "按钮，即关闭该功能。辅助绘图工具栏的其他几个按钮的使用方法和" "按钮相同。

图 1-40 绘制水平中心线

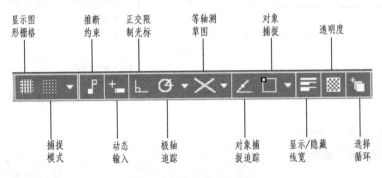

图 1-41 辅助绘图工具

AutoCAD的命令执行过程是交互式的。当用户输入命令后，需按回车键确认，系统才执行该命令。而执行过程中，系统有时候要等待用户输入必要的绘图参数，如输入命令选项、点的坐标或其他几何数据等。输入完成后，也要按回车键确认，系统才能继续执行下一步操作。

① 命令提示中"[ ]"里以"/"隔开的内容表示各个选项，若要选择某个选项，则需输入圆括号中的字母，可以是大写形式，也可以是小写形式。

② 命令提示中"<>"中的内容是当前默认值。

③ 当使用某一命令时按<F1>键，AutoCAD将显示该命令的帮助信息，也可将光标在命令按钮上放置片刻，则在按钮附近显示该命令的简要提示信息。

④ 绘图时多数情况下用户是通过鼠标发出命令的。

提示

鼠标各键定义如下：

左键：拾取键。用于单击工具栏按钮及选取菜单选项，以发出命令，也可以在绘图过程中指定点和选择图形对象等；

右键：一般作为回车键，命令执行完成后，常单击鼠标右键来结束命令。在有些情况下，单击鼠标右键将弹出快捷菜单，该菜单上有"确认"选项；

滚轮：转动滚轮，将放大或缩小图形，默认情况缩放增量为"10%"，按住滚轮并拖动鼠标，则平移图形。

3）单击"绘图"面板上的""按钮，命令行出现操作提示："指定第一点"。在水平中心线中间上端位置单击，便指定了第一点，操作提示变为"指定下一点"，在垂直方向移动鼠标到一个合适的位置，单击确定垂直线的第二点，如图1-42所示。

三、绘制底板

中文版 AutoCAD 2016 的"修改"面板（见图1-43）上包含了大部分编辑命令，通过选择该面板上的命令或子命令，可以帮助用户合理地构造和组织图形，保证绘图的准确性，简化绘图操作。

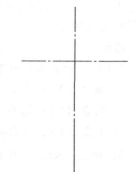

图1-42 绘制垂直中心线

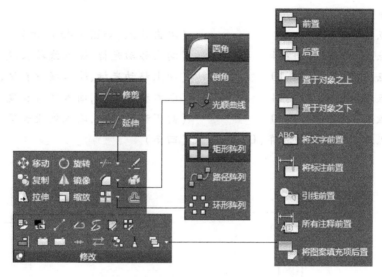

图1-43 修改菜单

1）单击"修改"面板上的"⊥"按钮，AutoCAD命令行提示如下：
指定偏移距离或[通过(T)/删除(E)/图层(L)]<通过>:8（输入平移距离，回车）
选择要偏移的对象，或[退出(E)/放弃(U)]<退出>：

（十字光标变为小方框即拾取框，移动鼠标，使拾取框框住垂直中心线的任意部位，单击即可拾取垂直中心线，拾取的铅垂线变成虚线）

指定要偏移的那一侧上的点，或[退出(E)/多个(M)/放弃(U)]<退出>：

（在要偏移的方向单击，即可画出左侧的垂直细点画线，如图1-44a所示）

选择要偏移的对象，或[退出(E)/放弃(U)]<退出>：（回车）
"偏移"可以将对象偏移指定的距离，创建一个与原对象类似的新对象。使用该命令时，用户可以通过两种方式创建平行对象，一种是输入平行线之间的距离，另一种是指定新平行线通过的点。

提示

"偏移"命令选项如下：

① 通过（T）：通过指定点创建新的偏移对象。

② 删除（E）：偏移源对象后将其删除。

③ 图层（L）：指定将偏移后的新对象放置在当前图层或源对象所在的图层上。

2）单击"修改"面板上的"⬜"按钮，将水平点画线向下偏移，偏移距离为42mm，如图1-44b所示。

3）将"粗实线"层设置为当前层，单击"绘图"面板上的"╱"按钮，命令行提示如下：

命令：_line

指定第一点：   （单击A点，如图1-45所示）

指定下一点或[放弃(U)]：44   （向左移动光标，输入线段长度，回车）

指定下一点或[放弃(U)]：10   （向上移动光标，输入线段长度，回车）

指定下一点或[放弃(U)]：44   （向右移动光标，输入线段长度，回车）

指定下一点或[放弃(U)]：10   （向下移动光标，输入线段长度，回车）

指定下一点或[闭合(C)/放弃(U)]： （回车）

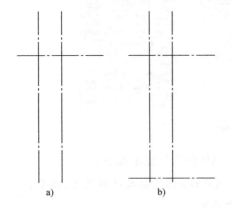 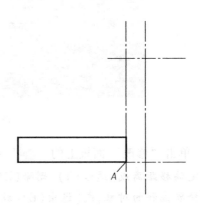

图1-44　绘制辅助线　　　　　　　　　　图1-45　绘制底板

4）单击"修改"面板上的"✎"按钮，可删除对象，AutoCAD命令行提示如下：

命令：_erase

选择对象：找到1个   （选择辅助线，如图1-46a所示）

选择对象：找到1个，总计2个

选择对象：   （按回车键删除图线，如图1-46b所示）

四、绘制 ϕ14mm、ϕ24mm 两同心圆

单击"绘图"面板上的"⚪"按钮，AutoCAD命令行提示如下：

命令：_circle

指定圆的圆心或[三点(3P)/两点(2P)/相切、相切、半径(T)]：

指定圆的半径或[直径(D)]:7　（单击水平中心线和垂直中心线的交点）
（输入半径,回车,即可画出直径为14mm的圆）

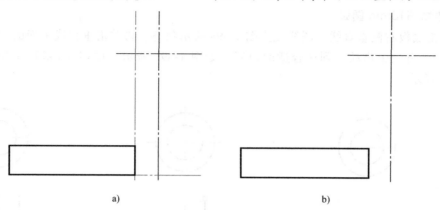

a)　　　　　　　　　　　b)

图 1-46　删除辅助线

用相同的方法绘制出直径为 24mm 的圆，如图 1-47 所示。

单击"绘图"面板上的" "按钮，或选择"圆"命令中的子命令，即可绘制圆。在 AutoCAD 中，可以使用 6 种方法绘制圆，如图 1-48 所示。

提示：

"圆"命令选项如下：

① 指定圆的圆心：默认选项。输入圆心坐标或拾取圆心后，AutoCAD 提示输入圆的半径或直径值。

② 三点（3P）：输入 3 个点绘制圆，该圆是这三点构成三角形的外接圆。

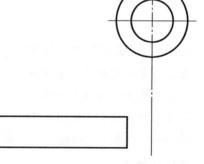

图 1-47　绘制同心圆

 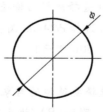 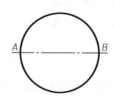

a) 指定圆心和半径　　b) 指定圆心和直径　　c) 指定两点

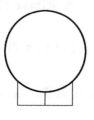 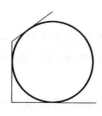 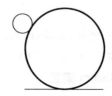

d) 指定三点　　　e) 指定三个相切对象　　f) 指定两个相切对象和半径

图 1-48　绘制圆的 6 种方法

③ 两点（2P）：指定直径的两个端点画圆。

④ 切点、切点、半径（T）：指定圆的两个切点和半径画圆。

五、绘制 R16mm 圆弧

1) 单击底板右侧垂直线，图线变为图 1-49a 所示状态；再单击垂直线上面的"小方框"（也称夹点），并向上拖动，到达合适的位置，如图 1-49b 所示；按<Esc>键退出拉伸状态，如图 1-49c 所示。

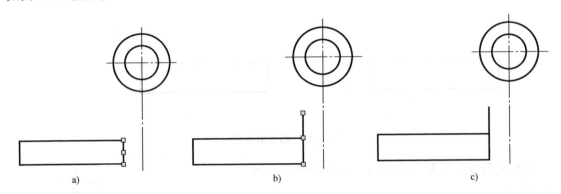

图 1-49 调整图线

2) 单击"绘图"面板上的"相切，相切，半径"按钮，AutoCAD 命令行提示如下：

指定对象与圆的第一个切点： （捕捉如图 1-50a 所示的 A 点，回车）
指定对象与圆的第二个切点： （捕捉如图 1-50a 所示的 B 点，回车）
指定圆的半径<12.0000>:16 （输入圆弧半径 16mm，回车）

3) 单击"修改"面板上的"修剪"按钮，AutoCAD 命令行提示如下：

选择剪切边…
选择对象或<全部选择>:找到 1 个 （选择 R16mm 圆弧）
选择对象:找到 1 个,总共 2 个 （选择底板右侧垂直线）
选择对象:找到 1 个,总共 3 个 （选择φ24mm 圆弧作为修剪边,单击鼠标右键,如图 1-50b 所示）
选择对象：
选择要修剪的对象,或按住<shift>键选择要延伸的对象,或
[栏选(F)/窗交(C)/投影(P)/边(E)/删除(R)/放弃(U)]：
（依次单击底板右侧垂直线、R16mm 圆弧）
选择要修剪的对象,或按住<shift>键选择要延伸的对象,或
[栏选(F)/窗交(C)/投影(P)/边(E)/删除(R)/放弃(U)]：（回车,如图 1-50c 所示）

六、绘制 R43mm 圆弧

1) 单击"修改"面板上的"偏移"按钮，将竖直点画线向左偏移，偏移距离为 28mm，如图 1-51 所示。

2) 单击"绘图"面板上的"相切，相切，半径"按钮，绘制半径为 43mm 的圆，如图 1-52a

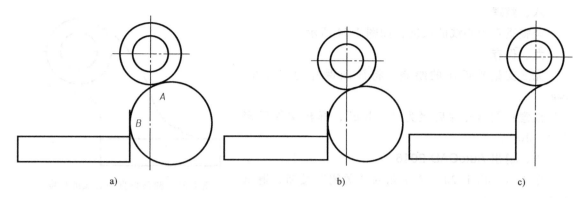

图 1-50 绘制 R16mm 圆弧

所示。

3）单击"修改"面板上的" "按钮，删除辅助线，如图 1-52b 所示。

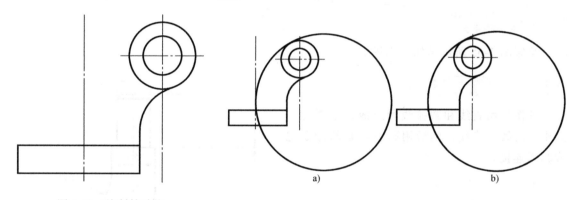

图 1-51 绘制辅助线　　　　图 1-52 绘制 R43mm 圆弧

七、绘制 R22mm 圆弧

1）单击"绘图"面板上的" 相切，相切，半径 "按钮，绘制半径为 22mm 的圆，如图 1-53a 所示。

2）单击"修改"面板上的" 修剪 "按钮，修剪多余图线，如图 1-53b 所示。注意：修剪时要正确地选择修剪边及修剪对象，防止剪错。

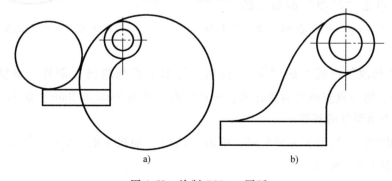

图 1-53 绘制 R22mm 圆弧

八、整理

调整垂直中心线的长度，如图 1-54 所示。

九、保存

完成支架平面图的绘制，将该图保存为"支架.dwg"。

注意：图形文件后缀为".dwg"，样板文件后缀为".dwt"。

十、退出 AutoCAD 2016

单击 AutoCAD 2016 右上角的"关闭"按钮，退出操作。

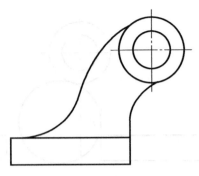

图 1-54 调整垂直中心线的长度

任务三　用 AutoCAD 绘制吊钩平面图

任务引入

绘制图 1-55 所示吊钩平面图。

任务分析

该图形由直线和圆弧线段组成，绘图时先画出中心线及直线，然后用圆弧绘制的命令完成圆弧连接。

任务实施

一、启动 AutoCAD 2016

单击快速入门中的"样板"下拉菜单，选择"A4 样板"，即可开始新图形的创建。

二、绘制中心线和辅助线

1) 将"细点画线"层设置为当前层，打开状态栏的按钮、"□"按钮、"╱"按钮，单击"绘图"面板上的"╱"按钮，绘制水平和垂直中心线，如图 1-56a 所示。

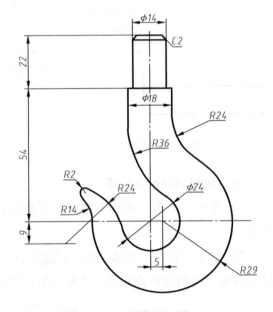

图 1-55 吊钩平面图

2) 单击"修改"面板上的按钮，将水平点画线向上偏移，偏移距离分别为 54mm 和 76mm，将竖直点画线对称偏移，偏移距离分别为 7mm 和 9mm，如图 1-56b 所示。

三、绘制钩柄部分的直线

1) 将"粗实线"层设置为当前层，单击"绘图"面板上的"╱"按钮，绘制钩柄部分的直线，如图 1-57a 所示。

2) 单击"修改"面板上的"╱"按钮，AutoCAD 命令行提示"选择对象"，选择要

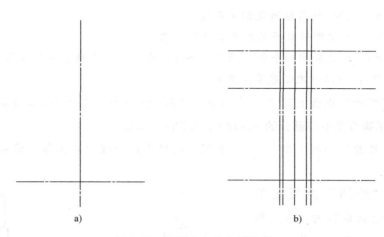

图 1-56 绘制中心线和辅助线

删除的辅助线（此时辅助线变为虚线），单击鼠标右键，完成删除，如图 1-57b 所示。

3）单击"修改"面板上的"倒角"按钮，AutoCAD 出现如下提示：

选择第一条直线或[放弃(U)/多段线(P)/距离(D)/角度(A)/修剪(T)/方式(E)/多个(M)]:d　　　　　　　　　　　[选择"距离(D)"选项,回车]

指定第一个倒角距离<0.0000>:2　　（输入倒角距离,回车）

指定第二个倒角距离<2.0000>:　　　（回车）

选择第一条直线或[放弃(U)/多段线(P)/距离(D)/角度(A)/修剪(T)/方式(E)/多个(M)]:　　　　　　　　　　　（选择倒角的第一条直线）

选择第二条直线,或按住<shift>键选择直线以应用角点或[距离(D)/角度(A)/方法(M)]:　　　　　　　　　　　（选择第二条直线）

系统按指定的距离完成倒角操作。同理，倒另一侧角，如图 1-57c 所示。

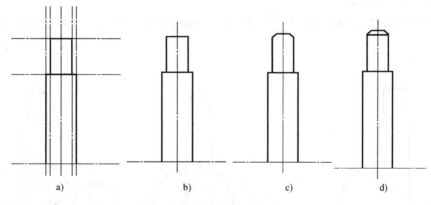

图 1-57 绘制钩柄部分的直线

提示

"倒角"命令选项如下：

① 多段线（P）：选择多段线后，AutoCAD 对多段线每个顶点进行倒斜角操作。

② 距离（D）：设定倒角距离。

③ 角度（A）：指定倒角距离及倒角角度。

④ 修剪（T）：指定倒斜角操作后是否修剪对象。

⑤ 方式（E）：设置使用两个倒角距离，还是一个距离一个角度来创建倒角。

⑥ 多个（M）：可以一次创建多个倒角。

4）单击"绘图"面板上的"　"按钮，绘制倒角连线，如图 1-57d 所示。

四、绘制吊钩弯曲中心部分的 φ24mm、R29mm 圆弧

1）单击"修改"面板上的"　"按钮，将竖直点画线向右偏移，偏移距离为 5mm，如图 1-58a 所示。

2）单击"绘图"面板上的"　"按钮，绘制直径为 24mm 和半径为 29mm 的圆，如图 1-58b 所示。

五、绘制钩尖部分的 R24mm、R14mm 圆弧

1）将"细点画线"层设置为当前层，单击"绘图"面板上的"　"按钮，捕捉 R29mm 圆与水平中心线的交点，作垂直辅助线。单击"修改"面板上的"　"按钮，

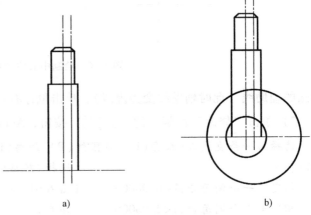

图 1-58　绘制吊钩弯曲中心部分

将垂直辅助线向左偏移，偏移距离为 14mm，如图 1-59a 所示，偏移后的辅助线与水平中心线的交点就是 R14mm 圆弧的圆心。将水平点画线向下偏移，偏移距离为 9mm，并以 φ24mm 圆的圆心作圆心，作半径为 36mm 的辅助圆，辅助圆与水平辅助线的交点就是 R24mm 圆弧的圆心，如图 1-59b 所示。

2）单击"绘图"面板上的"　"按钮，绘制半径为 24mm 和半径为 14mm 的圆，如图 1-59c 所示。

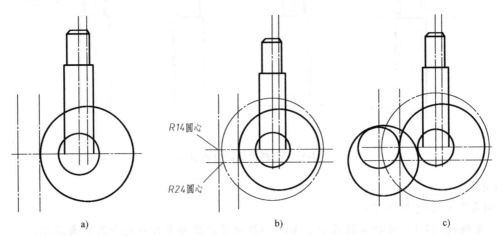

图 1-59　绘制 R24mm、R14mm 圆弧

六、绘制钩柄部分过渡圆弧 R36mm 和 R24mm

1) 单击"绘图"面板上的"相切,相切,半径"按钮,AutoCAD命令行提示如下:

指定对象与圆的第一个切点:(捕捉图1-60a所示的 A 点,回车)

指定对象与圆的第二个切点:(捕捉图1-60a所示的 B 点,回车)

指定圆的半径<14.0000>:24(输入圆弧半径24mm,回车)

同理,绘制半径为36mm的圆,如图1-60a所示。

2) 单击"修改"面板上的"修剪"按钮,修剪多余的线条,如图1-60b所示。注意:修剪时要正确地选择修剪边及修剪对象,防止剪错。

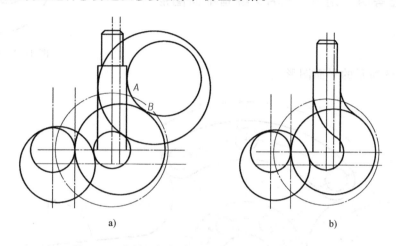

图 1-60 绘制钩柄部分 R36mm 和 R24mm 过渡圆弧

七、绘制钩尖部分的圆弧 R2mm

1) 单击"绘图"面板上的"相切,相切,半径"按钮,绘制半径为2mm的圆,如图1-61a所示。

2) 利用"修改"面板上的"修剪"和""按钮,修剪多余的线条并删除辅助线,如图1-61b所示。

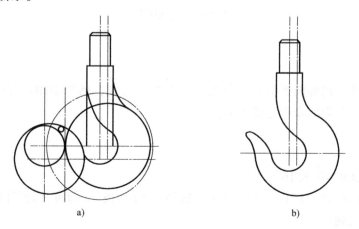

图 1-61 绘制钩尖部分圆弧 R2mm

八、整理

利用"修改"面板上的" "功能，修整 R29mm 圆弧的垂直中心线的长度，如图1-62所示。

九、保存

完成吊钩平面图绘制，将该图保存为"吊钩.dwg"。

十、退出 AutoCAD 2016

单击 AutoCAD 2016 右上角的"关闭"按钮，退出操作。

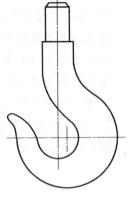

图 1-62 修整图线

任务四　用 AutoCAD 绘制平面图形

▶ 任务引入

绘制图1-63所示的平面图形。

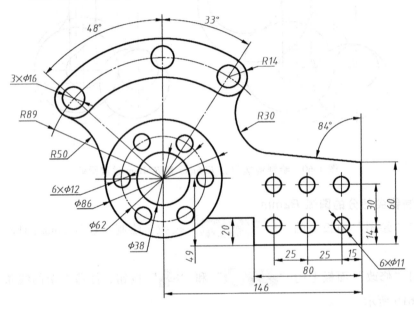

图 1-63 平面图形

▶ 任务分析

该图形由直线、圆和圆弧组成，首先画出圆的定位线，然后采用圆弧命令完成圆弧连接，并采用复制与阵列的命令完成图形。

▶ 任务实施

一、启动 AutoCAD 2016

单击快速入门中的"样板"下拉菜单，选择"A4样板"，即可开始新图形的创建。

二、绘制定位线

1) 将"细点画线"层设置为当前层，打开状态栏的" "按钮、" "按钮、

""按钮，单击"绘图"面板上的""按钮，绘制水平和垂直中心线，如图1-64a所示。

2）单击"绘图"面板上的""按钮，AutoCAD命令行提示如下：

命令：_line
指定第一点： （捕捉图1-64a所示图形的交点）
指定下一点或[放弃(U)]：@105<138 （回车）
指定下一点或[放弃(U)]： （回车）
LINE
指定第一点： （捕捉图1-64a所示图形的交点）
指定下一点或[放弃(U)]：@105<57 （回车）
指定下一点或[放弃(U)]： （回车，图1-64b所示）

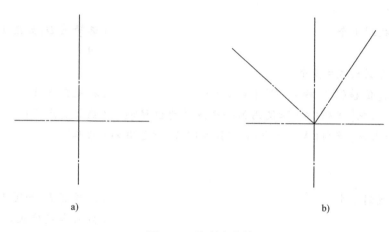

图1-64 绘制定位线

3）单击"绘图"面板上的""按钮，以图1-65a所示 O 点为圆心，绘制直径为62mm和半径为89mm的圆。

4）单击"修改"面板上的""按钮，AutoCAD命令行提示如下：

选择对象： （单击图1-65b所示 $R89mm$ 圆的 A 点）
指定第二个打断点或[第一点(F)]： （单击图1-65b所示 $R89mm$ 圆的 B 点）

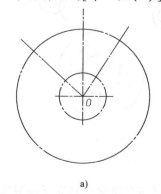
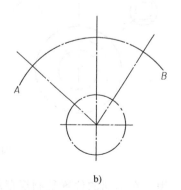

图1-65 绘制圆形定位线

三、画圆

1)将"粗实线"层设置为当前层,单击"绘图"面板上的" ⊙ 圆心,直径 "按钮,AutoCAD 命令行提示如下:

指定圆的圆心或[三点(3P)/两点(2P)/相切、相切、半径(T)]:

(单击水平中心线和垂直中心线的交点)

指定圆的半径或[直径(D)]:<31.0000>:_d 制定圆的直径<62.0000>: 38

(输入直径,回车)

继续绘制直径为 86mm、直径为 16mm 和半径为 14mm 的圆,如图 1-66a 所示。

2)单击"修改"面板上的" ⊙ 复制 "按钮,AutoCAD 命令行提示如下:

命令:_copy
选择对象:找到 1 个　　　　　　　　　　　　(选择圆 D,如图 1-66b 所示)
选择对象:　　　　　　　　　　　　　　　　(回车)
当前设置:复制模式 = 多个
指定基点或[位移(D)/模式(O)]<位移>:　　　(捕捉交点 A)
指定第二个点或[阵列(A)]<使用第一个点作为位移>:(捕捉交点 C)
指定第二个点或[阵列(A)/退出(E)/放弃(U)]<退出>:(回车)
命令:
COPY
选择对象:找到 1 个　　　　　　　　　　　　(选择圆 E,如图 1-66b 所示)
选择对象:　　　　　　　　　　　　　　　　(按回车键确认)
当前设置:复制模式 = 多个
指定基点或[位移(D)/模式(O)]<位移>:　　　(捕捉交点 A)
指定第二个点或[阵列(A)<使用第一个点作为位移>:(捕捉交点 B)
指定第二个点或[阵列(A)/退出(E)/放弃(U)]<退出>:(捕捉交点 C)
指定第二个点或[阵列(A)/退出(E)/放弃(U)]<退出>:(回车)

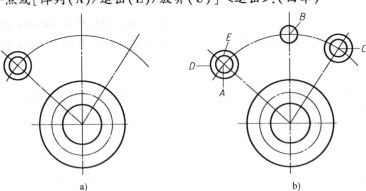

图 1-66　画圆

复制命令用于在不同的位置复制现存的对象。复制的对象完全独立于源对象,可以对它进行编辑或其他操作。启动复制命令后,首先选择要复制的对象,然后通过两点(即基点和第二点）或直接输入位移值指定对象复制的距离和方向，AutoCAD 就将图形元素从原位置复制到新位置。用户一次可以在多个位置上复制对象。

四、绘制直线框

1) 单击"修改"面板上的""按钮，将水平中心线向下偏移，偏移距离为 49mm，竖直中心线向右偏移，偏移距离为 146mm，并将偏移后的水平辅助线延长，如图 1-67 所示。

2) 单击"绘图"面板上的"✎"按钮，绘制直线段，如图 1-68a 所示。继续绘制斜线段，并将辅助线删除，如图 1-68b 所示。

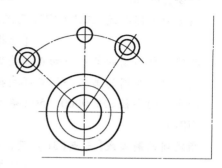

图 1-67　绘制辅助线

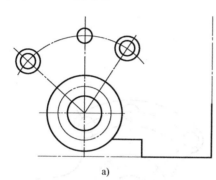

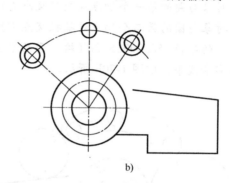

图 1-68　绘制直线框

五、绘制圆弧连接

1) 单击"绘图"面板上的"◯"按钮，AutoCAD 命令行提示如下：

指定圆的圆心或[三点(3P)/两点(2P)/相切、相切、半径(T)]：　　（捕捉图 1-69a 所示的 O 点）

指定圆的半径或[直径(D)]<19.0000>：　　（捕捉 A 点）

指定圆的圆心或[三点(3P)/两点(2P)/相切、相切、半径(T)]：　　（捕捉 O 点）

指定圆的半径或[直径(D)]<103.0000>：　　（捕捉 B 点）

修剪多余线条，如图 1-69b 所示。

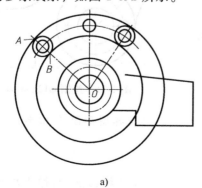

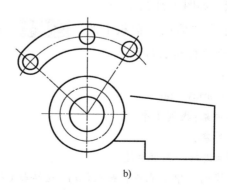

图 1-69　绘制相切圆弧

2) 单击"绘图"面板上的" "按钮，AutoCAD 命令行提示如下：

命令:_circle
指定圆的圆心或[三点(3P)/两点(2P)/相切、相切、半径(T)]:t
　　　　　　　　　　　[选择"相切、相切、半径(T)"选项,回车]
指定对象与圆的第一个切点:(捕捉图 1-70a 所示交点 A)
指定对象与圆的第二个切点:(捕捉交点 B)
指定圆的半径<75.0000>:50（输入圆的半径）
CIRCLE
指定圆的圆心或[三点(3P)/两点(2P)/相切、相切、半径(T)]:t
　　　　　　　　　　　[选择"相切、相切、半径(T)"选项,回车]
指定对象与圆的第一个切点:(捕捉交点 C)
指定对象与圆的第二个切点:(捕捉交点 D)
指定圆的半径<50.0000>:30（输入圆的半径）
修剪多余线条，如图 1-70b 所示。

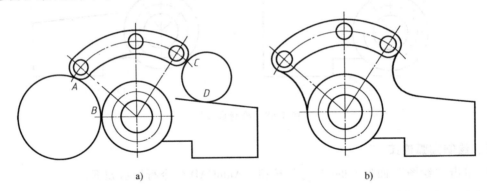

图 1-70　圆弧连接

六、环形阵列对象

阵列命令可创建环形阵列。环形阵列是指把对象绕阵列中心等角度均匀分布。

1) 单击"绘图"面板上的" "按钮，绘制 ϕ12mm 圆，如图 1-71 所示。

2) 单击"修改"面板上的" 环形阵列 "按钮，AutoCAD 命令行提示如下：

命令:
命令:_arraypolar
选择对象:找到 1 个
选择对象:
类型=极轴　关联=是
指定阵列的中心点或[基点(B)/旋转轴(A)]:

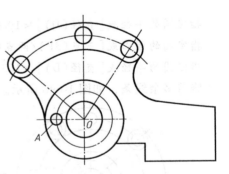

图 1-71　绘制 ϕ12mm 圆

（选择图形圆 A,回车）

（捕捉圆点 O,弹出环形阵列面板,如图 1-72 所示）

选择夹点以编辑阵列或[关联(AS)/基点(B)/项目(I)/项目间角度(A)/填充角度(F)/行(ROW)/层(L)/旋转项目(ROT)/退出(X)] <退出>: （回车,结果如图1-73所示）

图1-72 环形阵列面板

提示

"环形阵列"命令选项如下：

① 基点（B）：指定阵列的基点。

② 旋转轴（A）：指定由两个指定点定义的自定义旋转轴。

③ 关联（AS）：指定是否在阵列中创建项目作为关联阵列对象，或作为独立对象。

是：包含单个阵列对象中的阵列项目，类似于块，可以通过编辑阵列的特性和源对象，快速传递修改；

否：创建阵列项目作为独立对象，更改一个项目不影响其他项目。

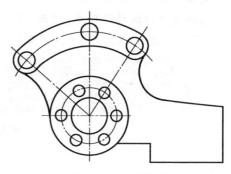

图1-73 环形阵列

④ 项目（I）：指定阵列中的项目数。

⑤ 项目间角度（A）：指定项目之间的角度。

⑥ 填充角度（F）：指定阵列中第一个和最后一个项目之间的角度。

⑦ 行（ROW）：编辑阵列中的行数和行间距，以及它们之间的增量标高。

⑧ 层（L）：指定阵列中的层数和层间距。

⑨ 旋转项目（ROT）：控制在排列项目时是否旋转项目。

⑩ 退出（X）：退出命令。

七、矩形阵列对象

矩形阵列是指将对象按行、列方式进行排列。操作时，用户一般应告诉AutoCAD阵列的行数、列数、行间距及列间距等。

1) 绘制图1-74所示的 φ11mm 圆。

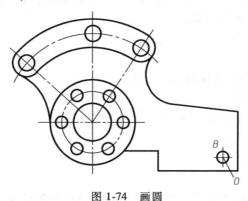

图1-74 画圆

2）单击"修改"面板上的"矩形阵列"按钮，AutoCAD命令行提示如下：

命令：

命令：_arrayrect

选择对象：找到3个　　　　（选择图形B，如图1-74所示，回车，弹出矩形阵列面板，输入对应的数值，如图1-75所示）

选择对象：

类型＝矩形　关联＝是

选择夹点以编辑阵列或［关联（AS）/基点（B）/计数（COU）/间距（S）/列数（COL）/行数（R）/层（L）/退出（X）］＜退出＞:（回车，结果如图1-76所示）

图1-75　矩形阵列面板

提示

"矩形阵列"命令选项如下：

① 关联（AS）：指定是否在阵列中创建项目作为关联阵列对象，或作为独立对象。

是：包含单个阵列对象中的阵列项目，类似于块，可以通过编辑阵列的特性和源对象，快速传递修改；

否：创建阵列项目作为独立对象，更改一个项目不影响其他项目。

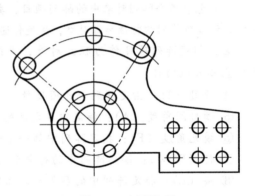

图1-76　矩形阵列

② 基点（B）：指定阵列的基点。

③ 计数（COU）：指定行数和列数并使用户在移动光标时可以动态观察结果（一种比"行和列"选项更快捷的方法）。

④ 间距（S）：分别指定行间距和列间距。

⑤ 列（COL）：编辑列数和列间距。

⑥ 行（R）：编辑阵列中的行数和行间距，以及它们之间的增量标高。

⑦ 层（L）：指定层数和层间距。

⑧ 退出（X）：退出命令。

八、保存

完成平面图形绘制，将该图保存为"平面图形.dwg"。

九、退出 AutoCAD 2016

单击AutoCAD 2016右上角的"关闭"按钮，退出操作。

▶ **知识拓展**

一、移动对象

单击"修改"面板上的"移动"按钮，AutoCAD命令行提示如下：

命令:_move
选择对象:找到 1 个　　　　　　　　　　(选择矩形,如图 1-77a 所示)
选择对象:　　　　　　　　　　　　　　(回车)
指定基点或[位移(D)]<位移>:　　　　 (捕捉点 A)
指定第二个点或<使用第一点作位移>:(捕捉点 B,如图 1-77b 所示)

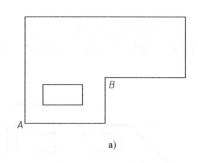
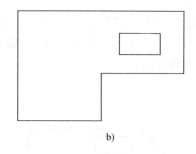

图 1-77　移动对象

二、复制对象

单击"修改"面板上的""按钮,AutoCAD 命令行提示如下:

命令:_copy
选择对象:找到 1 个　　　　　　　　　　(选择矩形,如图 1-78a 所示)
选择对象:　　　　　　　　　　　　　　(回车)
当前设置:复制模式=多个
指定基点或[位移(D)/模式(O)]<位移>:
指定第二个点或[阵列(A)]<使用第一个点作为位移>:15(在屏幕上单击一点,向右追踪
　　　　　　　　　　　　　　　　　　　　并输入追踪距离 15mm,回车)
指定第二个点或[阵列(A)/退出(E)/放弃(U)]<退出>:(回车)
命令:_copy
选择对象:找到 1 个　　　　　　　　　　(选择圆形,如图 1-78a 所示)
选择对象:　　　　　　　　　　　　　　(回车)
当前设置:复制模式=多个
指定基点或[位移(D)/模式(O)]<位移>:
指定第二个点或[阵列(A)]<使用第一个点作为位移>:@8<45　(单击圆心,输入复制的
　　　　　　　　　　　　　　　　　　　　距离和方向,回车)
指定第二个点或[阵列(A)/退出(E)/放弃(U)]<退出>:(回车,如图 1-78b 所示)

使用"移动"或"复制"命令时,可以通过以下方式指明对象移动或复制的距离和方向。

1)在屏幕上指定两个点,这两点的距离和方向代表了实体移动的距离和方向。当 AutoCAD 命令行提示"指定基点"时,指定移动的基准点。在 AutoCAD 命令行提示"指定第二个点"时,捕捉第二点或输入第二点相对于基准点的相对直角坐标或极坐标。

2)以"x,y"方式输入对象沿 x 轴、y 轴移动的距离,或用"@距离<角度"方式输

入对象位移的距离和方向。当 AutoCAD 命令行提示"指定基点"时,输入位移值。在 AutoCAD 命令行提示"指定第二个点"时,按回车键确认,这样 AutoCAD 就以输入的位移值来移动实体对象。

3) 打开正交或极轴追踪功能,就能方便地将实体只沿 x 轴或 y 轴方向移动。当 AutoCAD 命令行提示"指定基点"时,单击一点并把实体向水平或竖直方向移动,然后输入位移的数值。

4) 使用"位移（D）"选项。启动该选项后,AutoCAD 命令行提示"指定位移"。此时,以"x,y"方式输入对象沿 x 轴、y 轴移动的距离,或用"@距离<角度"方式输入对象位移的距离和方向。

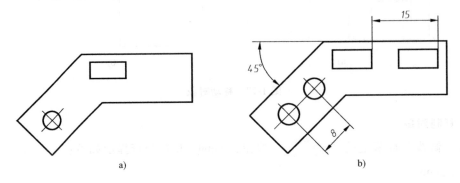

图 1-78　复制对象

模块二　正投影法及三视图

模块分析

正投影法能准确表达物体的形状，度量性好，作图方便，在工程上得到了广泛应用。机械图样主要是用正投影法绘制的。物体可以看成是由点、线、面组成的，要实现物体与图样的转换就必须首先掌握构成空间物体的基本几何元素——点、线、面的投影特性、作图原理和方法。本模块重点讨论正投影法的投影规律和组图方法，并通过立体表面上的点、直线和平面的投影分析，初步培养空间思维和想象能力，为学好本课程打下扎实的基础。

学习目标

1. 了解投影法的基本概念、投影法的种类，掌握正投影法的基本特性；
2. 掌握三面投影体系的建立与展开、三视图的形成及命名，掌握三视图及其"三等关系"投影规律；
3. 掌握点、线、面在三面投影体系中的投影规律；
4. 掌握基本几何体的三视图画法及尺寸标注方法；
5. 能够熟练应用辅助线法、对象捕捉追踪法绘制基本体三视图。

必学必会

中心投影法（perspective projection）、平行投影法（parallel projection）、正投影法（orthographic projection）、三视图（three-view drawing）、基本几何体（basic body）、平面立体（plane body）、曲面立体（body of curved surface）。

项目一　绘制简单形体的三视图

任务一　绘制物体的正投影图

任务引入

在机械设计和生产过程中，需要用图来准确地表达机器和零件的形状和大小。图 2-1 所示为一物体的立体图，立体图给人以直观的印象，但是它在表达物体时，某些结构的形状发生了变形（矩形被表达为平行四边形）。可见，立体图很难准确地表达机件真实形状。如何才能完整、准确地表达物体表面的形状和大小呢？

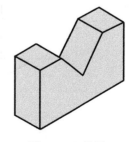

图 2-1　立体图

任务分析

在中学的数学课上,大家都学过投影与视图的知识,如果正对着图 2-1 的前面观察,所看到的图像就能准确地反映此物体的前表面的形状和大小。

 知识链接

在日常生活中,当阳光或灯光照射物体时,就会在地面或墙壁上形成物体的影子。影子在某些方面反映出物体的形状特征,这就是常见的投影现象。人们对这类现象进行了研究,提出了在平面上表示物体形状的方法,建立了投影法。

投射线通过物体,向选定的平面投射,并在该平面上得到图形的方法,称为投影法。根据投影法所得到的图形称为投影(投影图)。投影法中,得到投影的面称为投影面,如图 2-2 所示。

一、投影法分类

1. 中心投影法

投射线汇交于一点的投影法称为中心投影法。如图 2-2 所示,设 S 为投射中心,SA、SB、SC 为投射线,平面 P 为投影面。延长 SA、SB、SC 与投影面 P 相交,交点 a、b、c 即为三角形顶点 A、B、C 在 P 面上的投影。

图 2-2 中心投影法

中心投影法所得投影大小随着投影面、物体和投射中心三者之间距离的变化而变化,不能反映空间物体的真实大小,作图比较复杂,度量性差,因此机械图样中较少采用,但它具有强烈的立体感,广泛用于绘制建筑、机械产品等效果图。

2. 平行投影法

假设将投射中心移至无穷远处,这时的投射线可看作互相平行,这种投射线互相平行的投影法称为平行投影法。按投射线与投影面倾斜或垂直,平行投影法分为斜投影法和正投影法两种。

(1) 斜投影法　投射线与投影面倾斜的平行投影法。根据斜投影法所得到的图形,称为斜投影或斜投影图,如图 2-3a 所示。

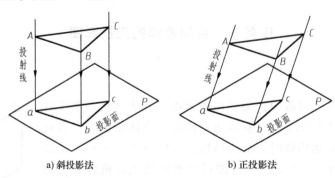

a) 斜投影法　　　　　b) 正投影法

图 2-3 平行投影法

(2) 正投影法　投射线与投影面垂直的平行投影法。根据正投影法所得到的图形，称为正投影或正投影图，如图 2-3b 所示。

由于正投影法的投射线相互平行且垂直于投影面，正投影能真实地反映空间物体的形状和大小，作图方便，因此机械图样主要采用正投影法绘制。为叙述方便，本书将"正投影"简称为"投影"。

二、正投影法的基本特性

(1) 真实性　当直线或平面与投影面平行时，直线的投影为反映空间直线实长的直线段，平面投影为反映空间平面实形的图形，正投影的这种特性称为真实性，如图 2-4a 所示。

(2) 积聚性　当直线或平面与投影面垂直时，直线的投影积聚成一点，平面的投影积聚成一条直线，正投影的这种特性称为积聚性，如图 2-4b 所示。

(3) 类似性　当直线或平面与投影面倾斜时，直线的投影为小于空间直线实长的直线段，平面的投影为小于空间实形的类似形，正投影的这种特性称为类似性，如图 2-4c 所示。

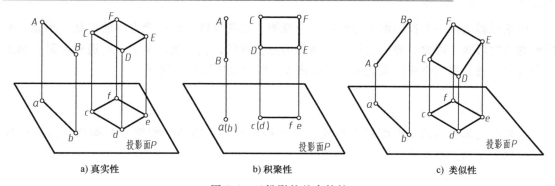

图 2-4　正投影的基本特性

一、投影图的形成

将投影面放在正前方，物体放在人与投影面之间，让互相平行且与投影面垂直的投射线投射物体，就会在投影面上得到投影图（又称视图）。

二、正投影图的绘图步骤

绘制正投影图的作图步骤见表 2-1。

表 2-1　正投影图的作图步骤

步骤与画法	图　例	步骤与画法	图　例
1. 形体分析 此物体是对称结构		2. 绘制中心线 对称中心线用细点画线绘制	

(续)

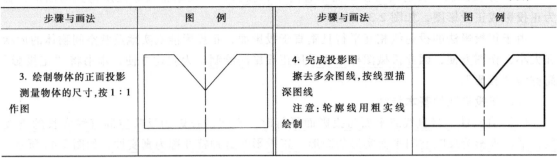

步骤与画法	图 例	步骤与画法	图 例
3. 绘制物体的正面投影 测量物体的尺寸，按 1∶1 作图		4. 完成投影图 擦去多余图线，按线型描深图线 注意：轮廓线用粗实线绘制	

任务二　绘制物体的三视图

▶ 任务引入

用正投影法在一个投影面上得到的一个视图，只能反映物体一个方向的形状，不能完整反映物体的形状。因此，要想表达一个物体的完整形状，就必须从多个方向进行投射，画出多个视图，通常用三个视图来表示。绘制图 2-1 所示立体图的三视图。

▶ 任务分析

通常在物体的后面、下面和右面放置三个投影面，从物体的前面、上面和左面进行投射，分别绘制出三个视图。

▶ 知识链接

一、三视图的形成

1. 三投影面体系的建立

一般设立三个相互垂直相交的投影面，构成三投影面体系，如图 2-5a 所示。

三个投影面分别为：

正立投影面，简称正面，用 V 表示；

水平投影面，简称水平面，用 H 表示；

侧立投影面，简称侧面，用 W 表示。

两个投影面的交线称为投影轴，如 OX、OY、OZ，分别简称为 X 轴、Y 轴、Z 轴。三根投影轴相互垂直，其交点 O 称为原点。

2. 三面投影的形成

将物体放置在三投影面体系中，按正投影法向各投影面投射，由前向后投射在 V 面上得到的视图叫主视图，由上向下投射在 H 面上得到的视图叫俯视图，由左向右投射在 W 面上得到的视图叫左视图，如图 2-5a 所示。

3. 三投影面的展开

为了画图方便，需将三个相互垂直的投影面展开摊平在同一个平面上。如图 2-5b 所示，规定正面不动，将水平面和侧面沿 OY 轴分开，并将水平面绕 OX 轴向下旋转 $90°$，将侧面绕 OZ 轴向右旋转 $90°$。应注意：当水平面和侧面旋转时，OY 轴分为两处，分别用 OY_H（在 H

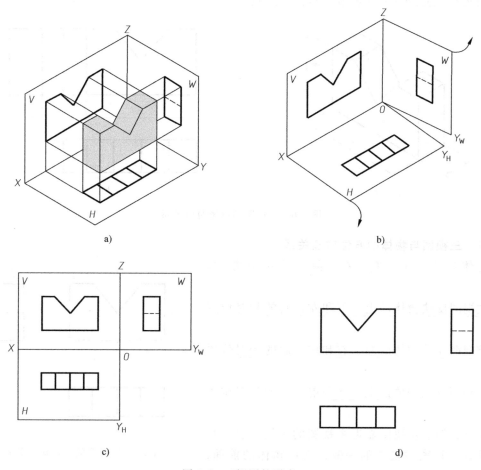

图 2-5 三视图的形成

面上)和 OY_W（在 W 面上）表示。旋转后，俯视图在主视图的下方，左视图在主视图的右方，如图 2-5c 所示。画三视图时不必画出投影面的边框，所以去掉边框，得到如图 2-5d 所示的三视图。

<u>主视图</u>——物体在正立投影面上的投影，也就是由前向后投射所得的视图；
<u>俯视图</u>——物体在水平投影面上的投影，也就是由上向下投射所得的视图；
<u>左视图</u>——物体在侧立投影面上的投影，也就是由左向右投射所得的视图。

二、三视图的投影对应关系

物体有长、宽、高三个方向的尺寸。通常规定物体左右之间的距离为长，前后之间的距离为宽，上下之间的距离为高，如图 2-6a 所示。一个视图只能反映物体两个方向的尺寸，主视图反映物体的长度和高度，俯视图反映物体的长度和宽度，左视图反映物体的宽度和高度。这样，相邻两个视图同一方向的尺寸必定相等，即：

<u>主视图与俯视图反映物体的长度——长对正；</u>
<u>主视图与左视图反映物体的高度——高平齐；</u>
<u>俯视图与左视图反映物体的宽度——宽相等。</u>
<u>三视图之间"长对正，高平齐，宽相等"的"三等"关系，就是三视图的投影规律，</u>

如图 2-6b 所示，画图、读图时，要严格遵循。

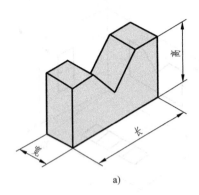
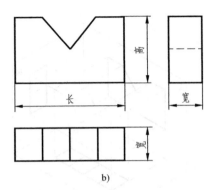

图 2-6　三视图的投影对应关系

三、三视图与物体的方位对应关系

物体有上、下、左、右、前、后六个方位，其中：

主视图反映物体的上、下和左、右的相对位置关系；

俯视图反映物体的左、右和前、后的相对位置关系；

左视图反映物体的上、下和前、后的相对位置关系。

这样，俯、左视图靠近主视图的一侧，表示物体的后面；远离主视图的一侧，表示物体的前面，如图 2-7 所示。

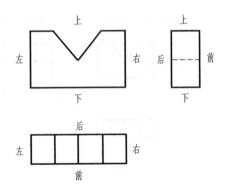

图 2-7　三视图的方位对应关系

绘制形体三视图的作图步骤见表 2-2。

表 2-2　三视图的作图步骤

步骤与画法	图例	步骤与画法	图例
1. 绘制对称中心线、基准线		2. 绘制主视图 按1:1作图	

(续)

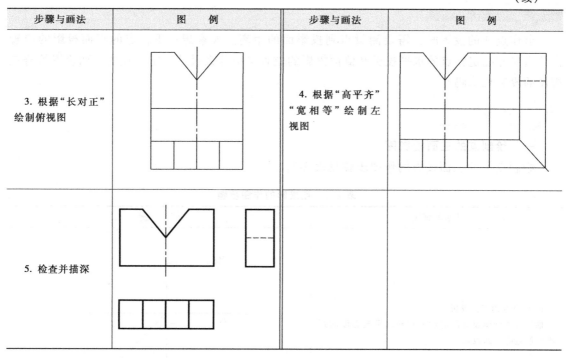

项目二　绘制点、直线、平面的投影

任何物体都是由点、线、面组成的，因此，要想看懂物体的三视图，必须掌握点、线、面等物体基本几何元素的投影特性。

任务一　根据立体图作点的三面投影

任务引入

如图2-8所示，将点A向三个投影面投射，得到点的三面投影。试绘制点的三面投影，并分析其投影规律。

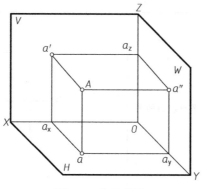

图2-8　点的投影

任务分析

求作点 A 的投影时，需要测量点到投影面的距离。大家想一下，点的正面投影的位置由什么尺寸确定？点的水平投影和侧面投影的位置又由什么尺寸确定？点的三面投影符合三视图的投影规律吗？

 任务实施

一、绘制点的三面投影图

绘制点 A 的三面投影的作图步骤见表 2-3。

表 2-3 点投影的作图步骤

步骤与画法	图　　例
1. 作出点的正面投影 根据点 A 到侧投影面的距离和到水平投影面的距离绘制点的正面投影	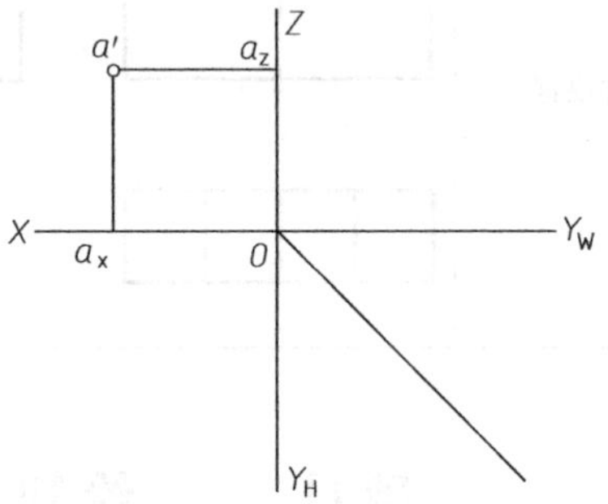
2. 作出点的水平投影 根据点 A 到侧投影面的距离和到正投影面的距离绘制点的水平投影	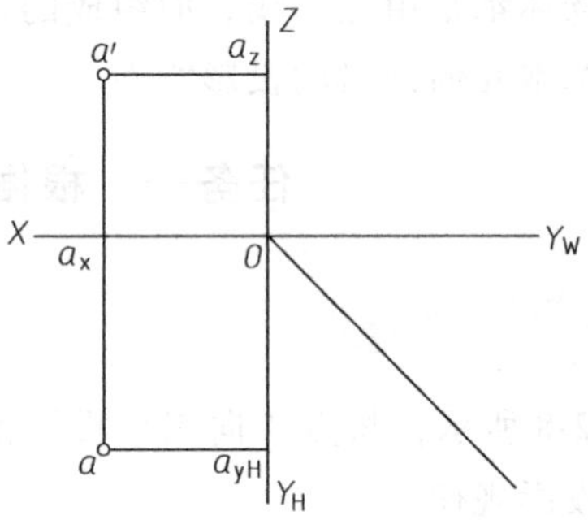
3. 作出点的侧面投影 根据点 A 到正投影面的距离和到水平投影面的距离绘制点的侧面投影	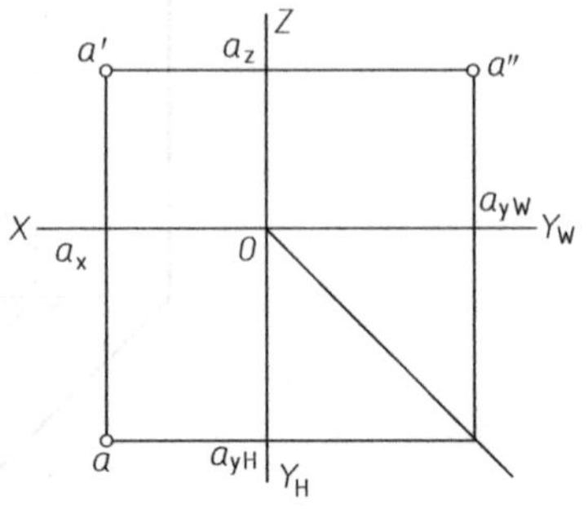

二、分析点的投影规律

图 2-8 表示空间点 A 在三投影面体系中的投影。将点 A 分别向三个投影面投射,得到的投影分别为 a(水平投影)、a'(正面投影)、a"(侧面投影)。通常空间点用大写拉丁字母表示,如 A、B、C⋯;H 面投影用相应小写拉丁字母加一撇表示,如 a'、b'、c'⋯;W 面投影用相应小写拉丁字母加两撇表示,如 a"、b"、c"⋯。

观察表 2-3 中的图,可得点的投影规律为:

点的正面投影和水平投影的连线垂直于 OX 轴,即 $a'a \perp OX$;

点的正面投影和侧面投影的连线垂直于 OZ 轴,即 $a'a'' \perp OZ$;

点的水平投影到 OX 轴的距离等于其侧面投影到 OZ 轴的距离,即 $aa_x = a''a_z$。

由此可见,点的投影符合三视图的投影规律。

一、点的投影与直角坐标的关系

在三投影面体系中,点的位置可由点到三个投影面的距离来确定。如果将三个投影面作为三个坐标面,投影轴作为坐标轴,则点的投影和点的坐标关系如图 2-9a 所示。

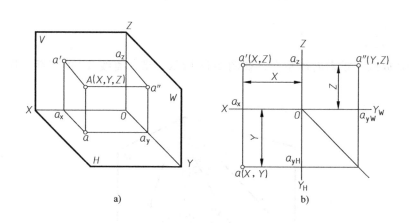

图 2-9 点的投影与直角坐标的关系

点 A 的 X 坐标 $Oa_X = a'a_z = aa_Y = Aa''$(点 A 到 W 面的距离);

点 A 的 Y 坐标 $Oa_Y = aa_X = a''a_z = Aa'$(点 A 到 V 面的距离);

点 A 的 Z 坐标 $Oa_Z = a'a_X = a''a_Y = Aa$(点 A 到 H 面的距离)。

空间点的位置可由该点的坐标(X, Y, Z)确定,点 A 三投影的坐标分别为 a(X, Y)、a'(X, Z)、a"(Y, Z)。所以,点的任两投影已经反映点的三个坐标,能完全确定点的空间位置。因此,若已知点的三个坐标,就可画出该点的三面投影。

二、重影点与可见性

若空间点 A、B 的正投影重合,则该两点称为 H 面的重影点。根据投影原理可知:两点重影时,远离投影面的一点为可见点,另一点为不可见点。通常规定在不可见点的投影符号外加圆括号表示,如图 2-10 所示。

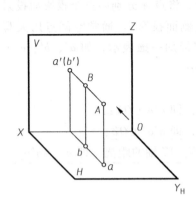
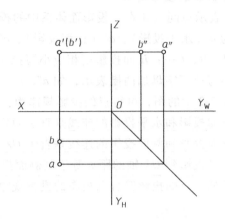

图 2-10 重影点的投影

任务二 绘制直线的三视图

▶ 任务引入

将直线 AB 放入三投影面体系中，如图 2-11 所示，求作直线 AB 的三面投影。

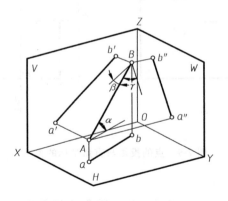

图 2-11 直线的投影

▶ 任务分析

直线的投影一般仍为直线，其各面投影可由直线上两点的同面投影来确定。因此，求直线的投影，可以分别作出两个端点的投影，然后连接端点的同面投影即可。

▶ 任务实施

绘制直线 AB 三面投影的作图步骤见表 2-4。

表 2-4 直线投影的作图步骤

步骤与画法	图　例
1. 作点 A 的三面投影	
2. 作点 B 的三面投影	
3. 依次连接 A、B 两点的同面投影	

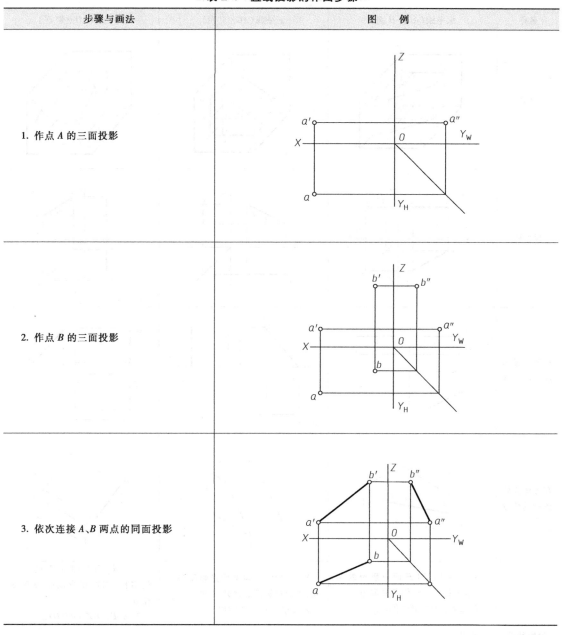

直线的投影分析

直线对投影面的相对位置有三种：投影面平行线、投影面垂直线、一般位置直线。

1. 投影面平行线

平行于一个投影面，与另外两个投影面倾斜的直线称为投影面平行线。平行于 H 面的直线称为水平线，平行于 V 面的直线称为正平线，平行于 W 面的直线称为侧平线。投影面平行线的投影特性见表 2-5。

表 2-5 投影面平行线的投影特性

名称	水平线（$AB /\!/ H$ 面）	正平线（$AC /\!/ V$ 面）	侧平线（$AD /\!/ W$ 面）
立体图	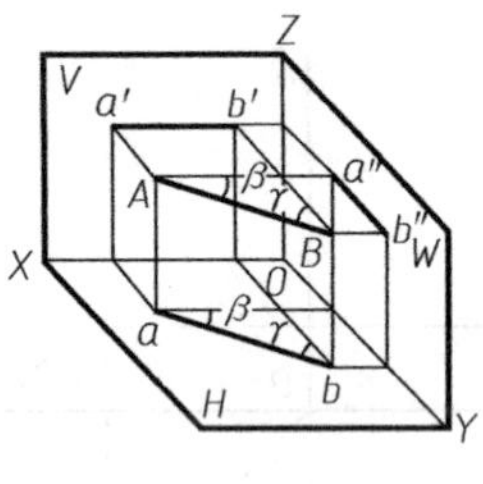	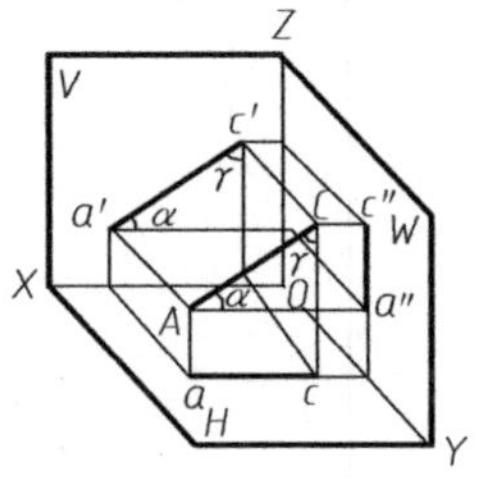	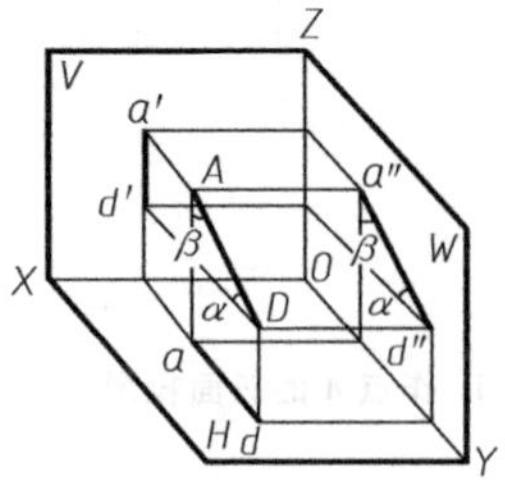
投影图	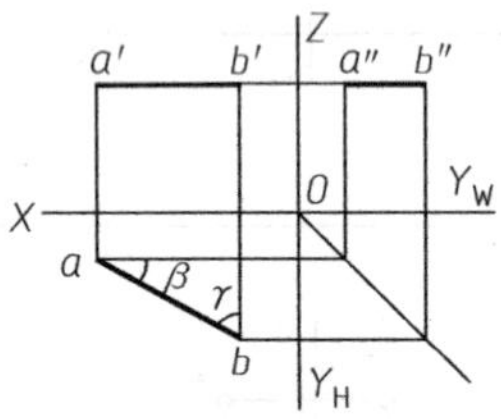	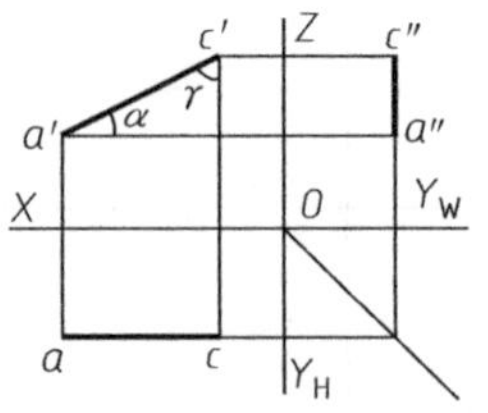	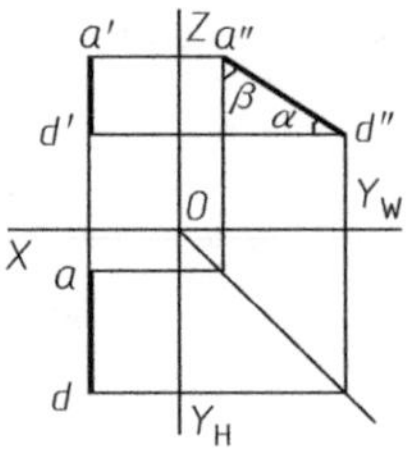
在形体投影图中的位置	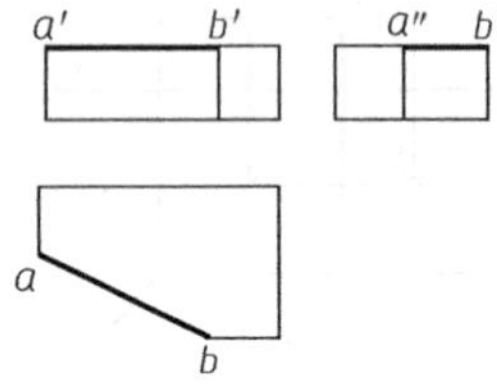	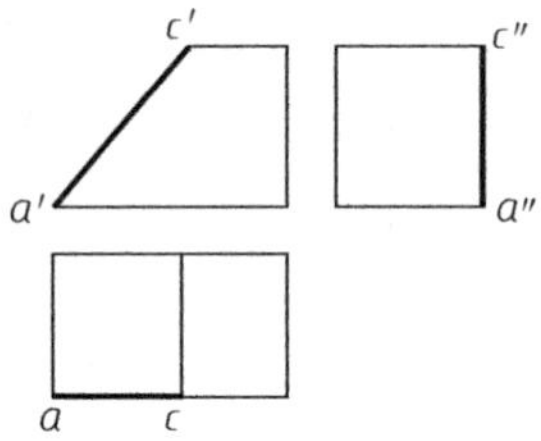	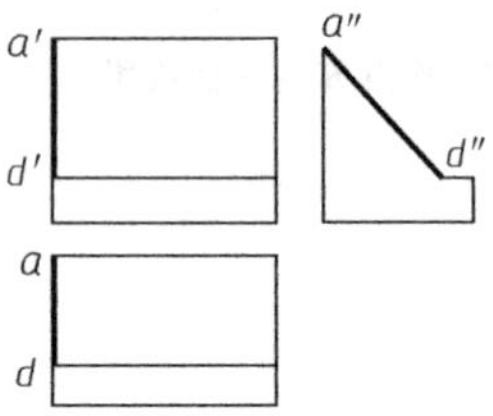
在形体立体图中的位置	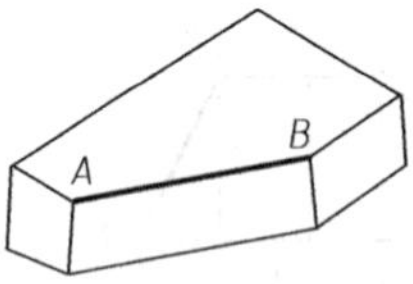	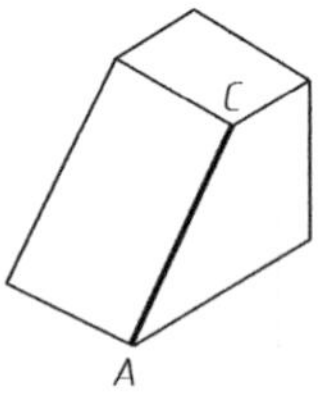	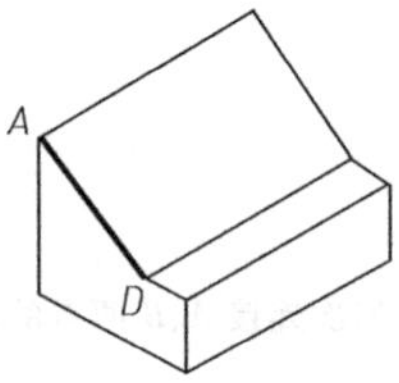
投影特性	1. $ab = AB$，即 H 面投影反映实长，水平投影反映倾角 β 和 γ 2. $a'b' /\!/ OX$、$a''b'' /\!/ OY_W$	1. $a'c' = AC$，即 V 面投影反映实长，正面投影反映倾角 α 和 γ 2. $ac /\!/ OX$、$a''c'' /\!/ OZ$	1. $a''d'' = AD$，即 W 面投影反映实长，侧面投影反映倾角 β 和 α 2. $a'd' /\!/ OZ$、$ad /\!/ OY_H$
投影特性 小结	1. 投影面平行线的三个投影都是直线，其中在与直线平行的投影面上的投影反映线段实长，而且与投影轴倾斜，与投影轴的夹角等于直线对另外两个投影面的实际倾角 2. 另外两投影都短于线段实长，且分别平行于相应的投影轴，其到投影轴的距离反映空间线段到线段实长投影所在投影面的真实距离		

2. 投影面垂直线

垂直于一个投影面，与另外两个投影面平行的直线称为投影面垂直线。垂直于 H 面的直线称为铅垂线，垂直于 V 面的直线称为正垂线，垂直于 W 面的直线称为侧垂线。投影面垂直线的投影特性见表 2-6。

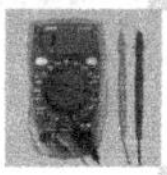

表 2-6　投影面垂直线的投影特性

名　称	铅垂线（$AB \perp H$ 面）	正垂线（$AC \perp V$ 面）	侧垂线（$AD \perp W$ 面）
立体图	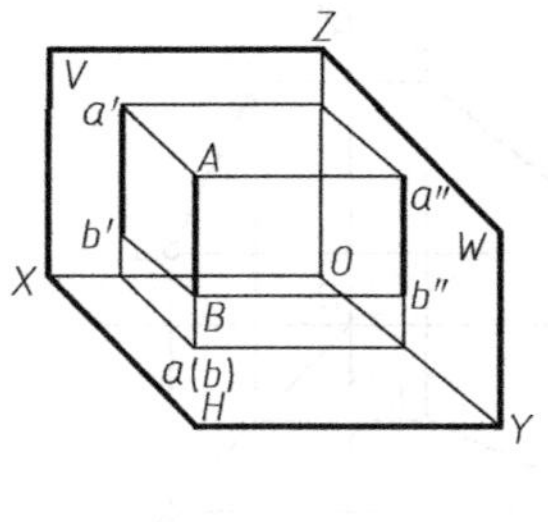	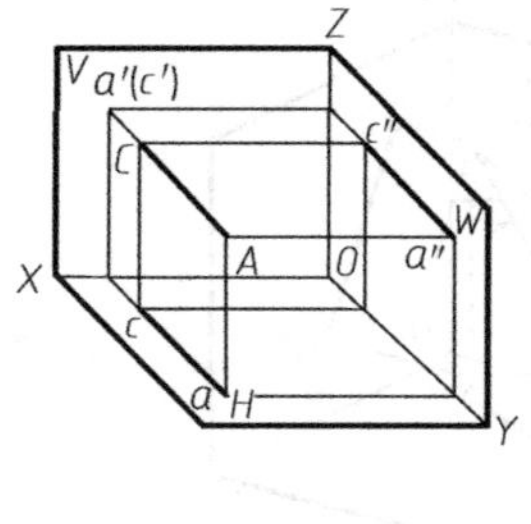	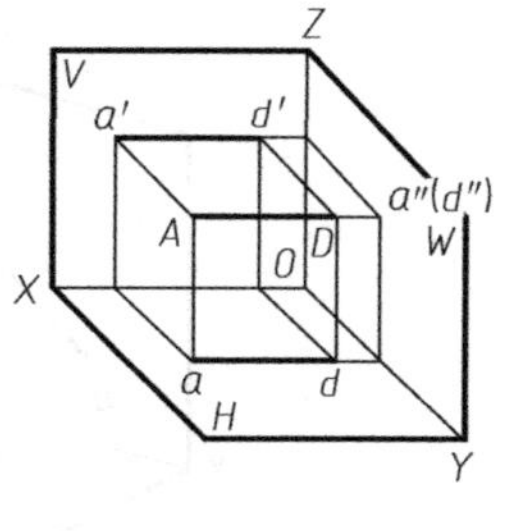
投影图	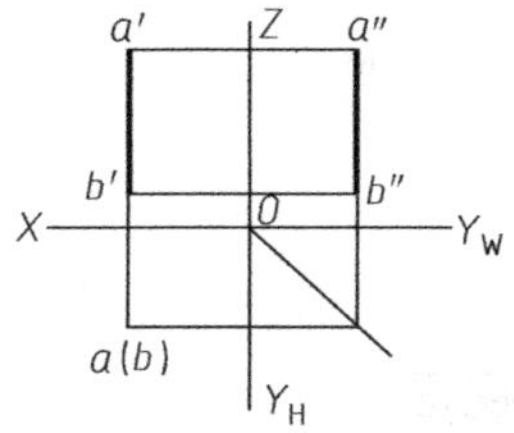	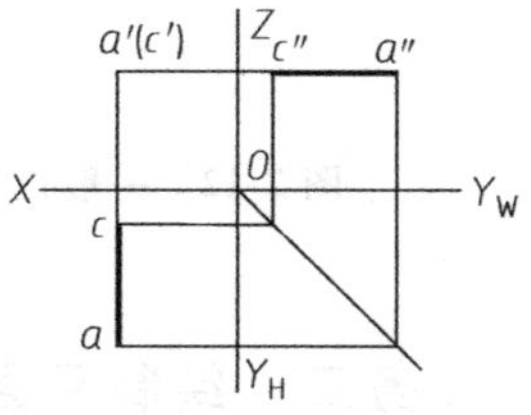	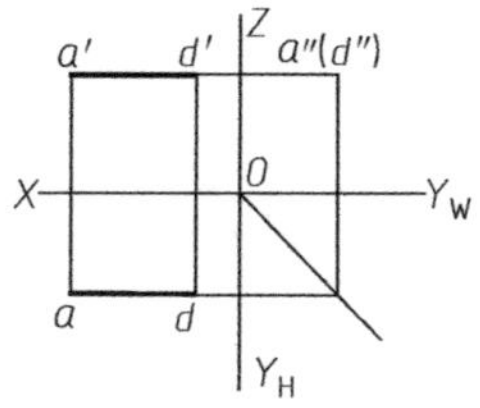
在形体投影图中的位置	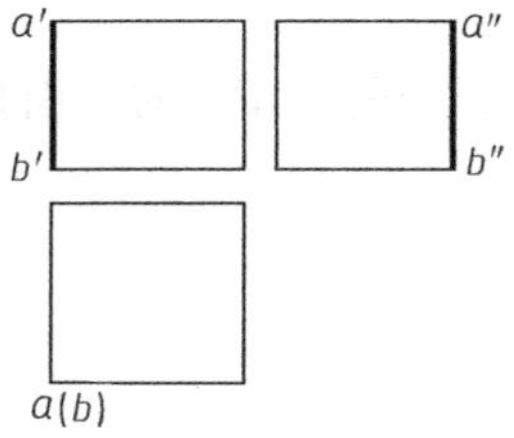	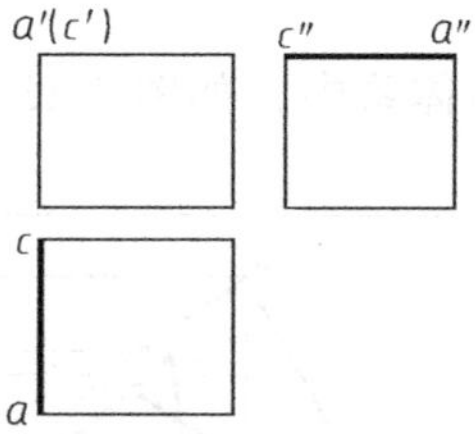	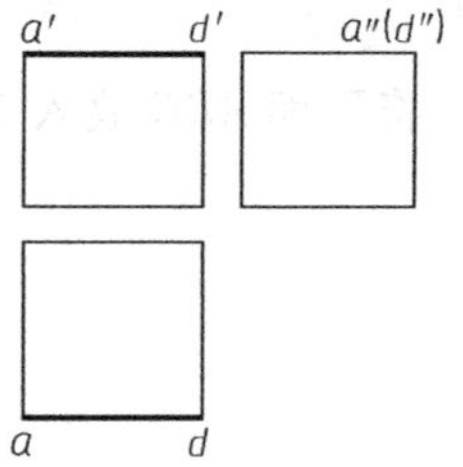
立体图中的位置	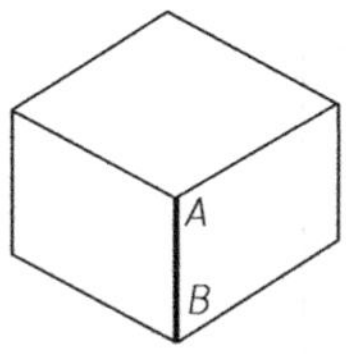	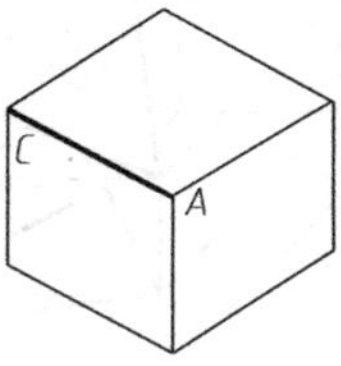	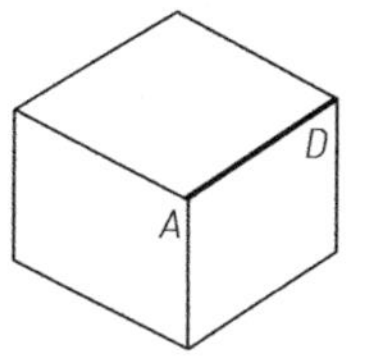
投影特性	1. ab 积聚成一点 2. $a'b' = a''b'' = AB$ 3. $a'b' \perp OX$、$a''b'' \perp OY_W$	1. $a'c'$ 积聚成一点 2. $ac = a''c'' = AC$ 3. $ac \perp OX$、$a''c'' \perp OZ$	1. $a''d''$ 积聚成一点 2. $ad = a'd' = AD$ 3. $ad \perp OY_H$、$a'd' \perp OZ$
	小结 1. 投影面垂直线在所垂直的投影面上的投影必积聚为一个点。 2. 另外两个投影都反映线段实长，且垂直于相应的投影轴		

3. 一般位置直线

对三个投影面都倾斜的直线称为一般位置直线，如图 2-12 所示。一般位置直线的投影特性如下：

1) 三个投影均不反映实长。

2) 三个投影均对投影轴倾斜,且直线的投影与投影轴的夹角不反映空间直线对投影面的倾角。

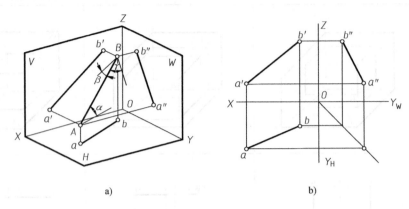

图 2-12 一般位置直线

任务三 绘制平面的三视图

▶ 任务引入

将平面 ABC 放入三投影面体系中,如图 2-13 所示,求作平面 ABC 的三面投影。

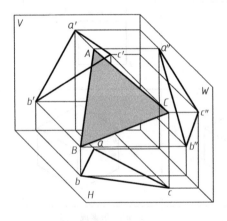

图 2-13 平面的投影

▶ 任务分析

平面 ABC 由三条直线围成,作平面投影,可先求出端点 A、B、C 的投影,然后依次连接即可得到平面的投影。

▶ 任务实施

绘制平面 ABC 三面投影的作图步骤见表 2-7。

表2-7 平面投影的作图步骤

步骤与画法	图例	步骤与画法	图例
1. 分别作点 A、B、C 的三面投影	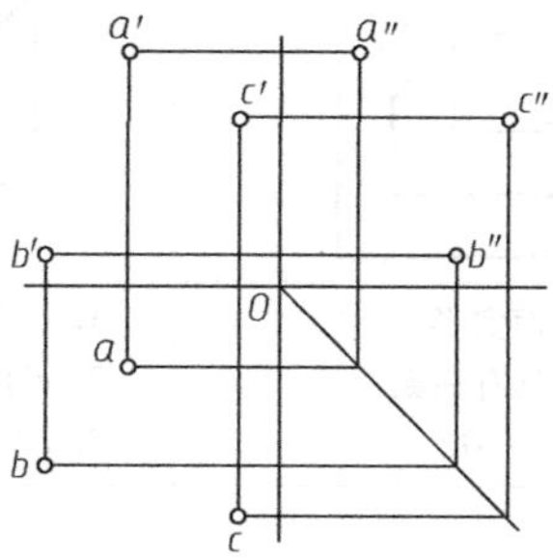	2. 依次连接 A、B、C 三点的同面投影	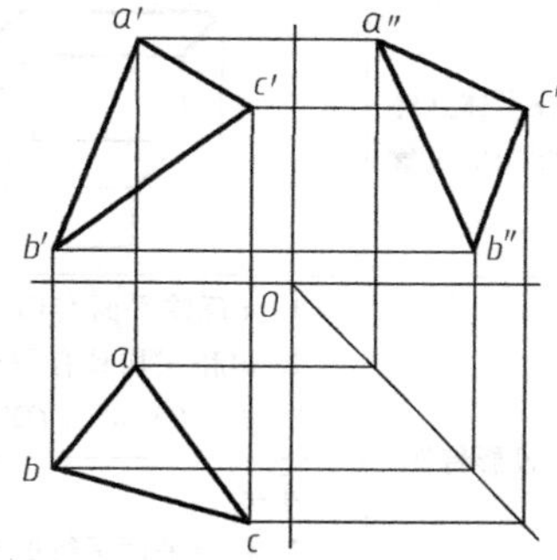

 知识拓展

平面的投影分析

平面与投影面的相对位置有三种：投影面平行面、投影面垂直面、一般位置平面。

1. 投影面平行面

平行于一个投影面，垂直于另外两个投影面的平面称为投影面平行面。平行于 H 面的平面称为水平面，平行于 V 面的平面称为正平面，平行于 W 面的平面称为侧平面。投影面平行面的投影特性见表2-8。

表2-8 投影面平行面的投影特性

名　称	水平面（A∥H）	正平面（B∥V）	侧平面（C∥W）
立体图	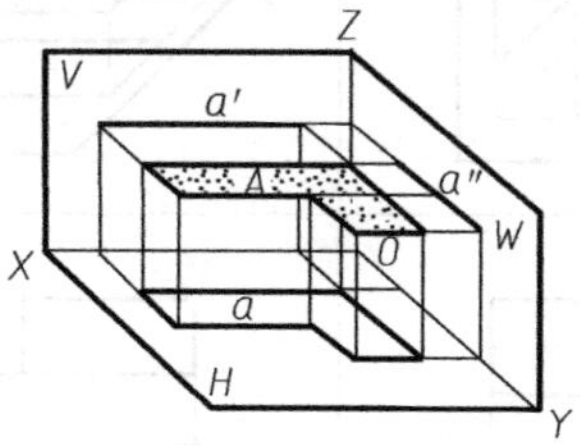	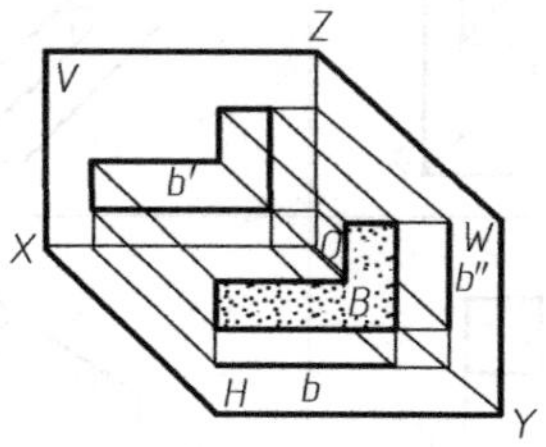	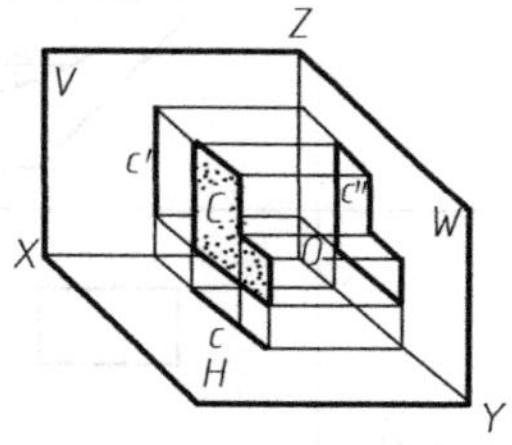
投影图	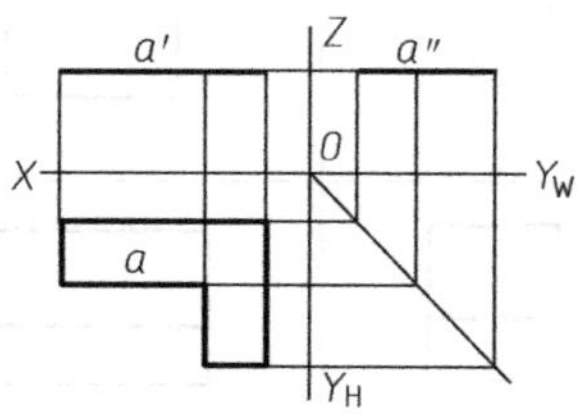	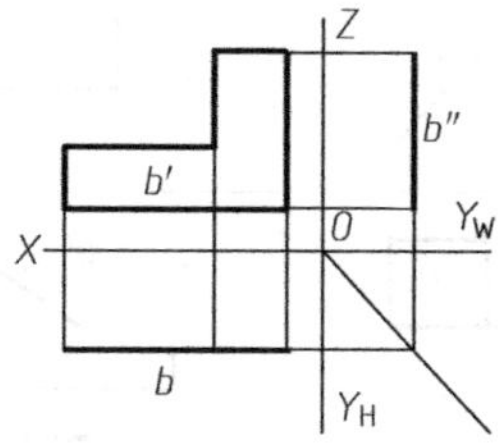	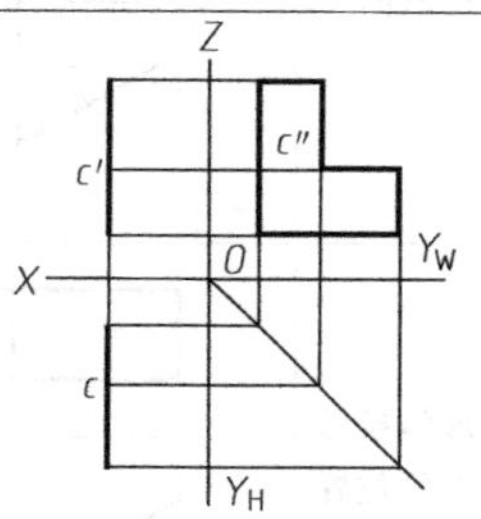
在形体投影图中的位置	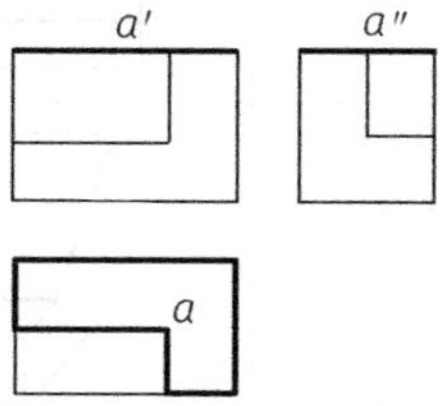	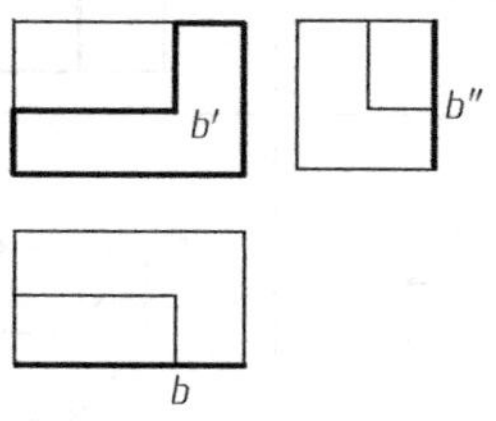	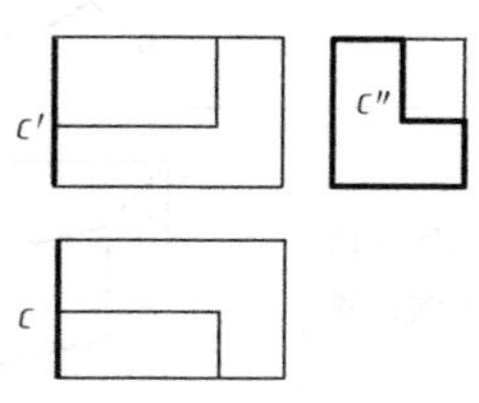

(续)

名 称	水平面（$A/\!/H$）	正平面（$B/\!/V$）	侧平面（$C/\!/W$）
在形体立体图中的位置	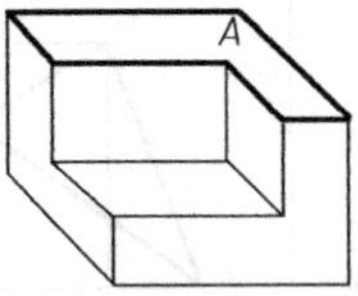	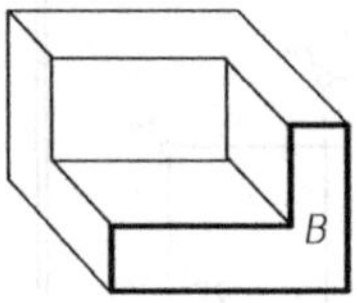	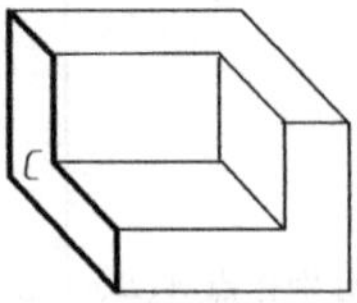
投影特性	1. a 反映平面实形 2. a' 和 a'' 均具有积聚性 3. $a'/\!/OX$、$a''/\!/OY_W$	1. b' 反映平面实形 2. b 和 b'' 均具有积聚性 3. $b/\!/OX$，$b''/\!/OZ$	1. c'' 反映平面实形 2. c' 和 c 均具有积聚性 3. $c/\!/OY_H$、$c'/\!/OZ$
小结	1. 在与平面平行的投影面上，该平面的投影反映实形 2. 其余两个投影均积聚成直线，且平行于相应的投影轴		

2. 投影面垂直面

<u>垂直于一个投影面，倾斜于另外两个投影面的平面称为投影面垂直面</u>。垂直于 H 面的平面称为铅垂面，垂直于 V 面的平面称为正垂面，垂直于 W 面的平面称为侧垂面。投影面垂直面的投影特性见表 2-9。

表 2-9 投影面垂直面的投影特性

名 称	铅垂面（$A\perp H$）	正垂面（$B\perp V$）	侧垂面（$C\perp W$）
立体图	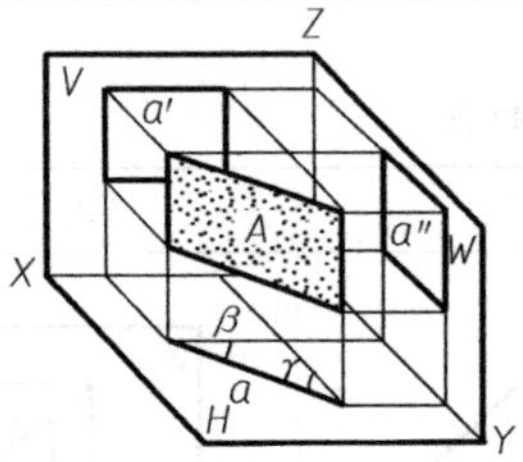	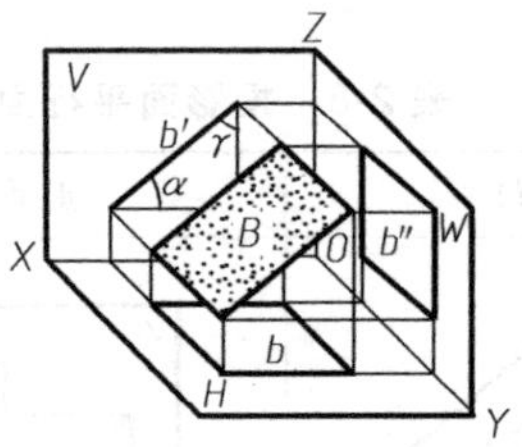	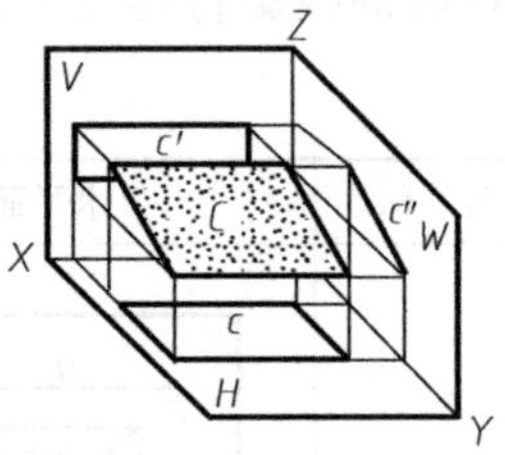
投影图	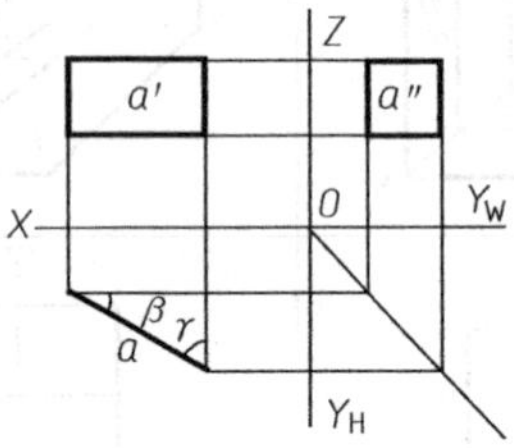	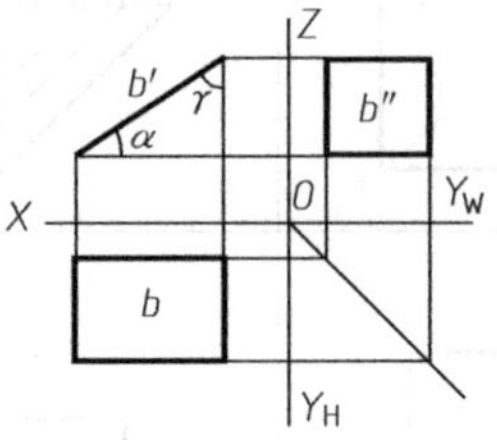	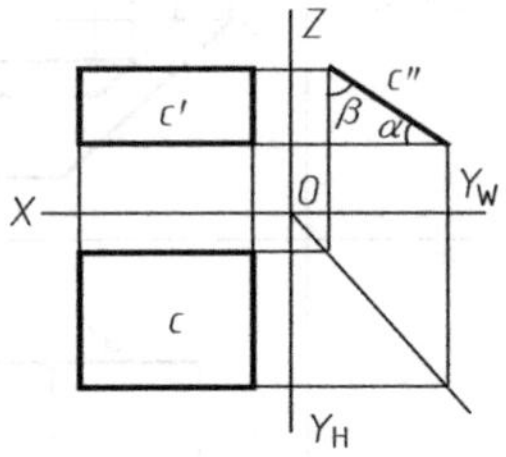
在形体投影图中的位置	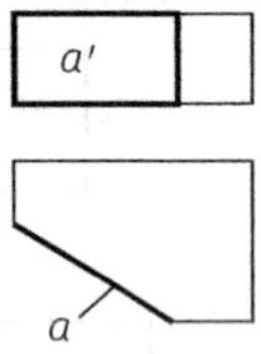	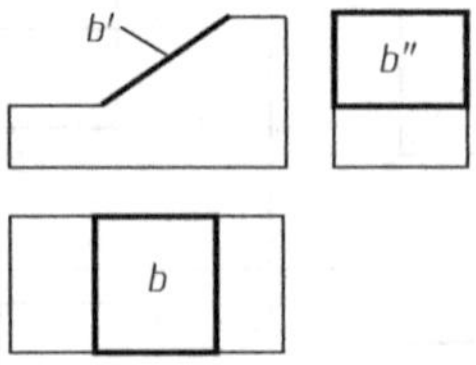	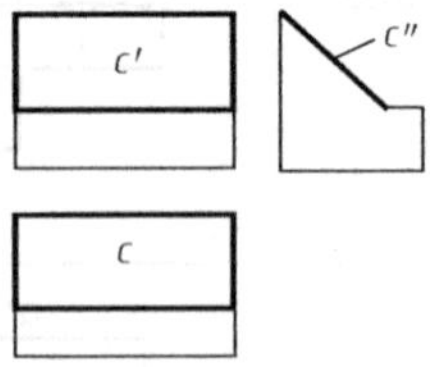
在形体立体图中的位置	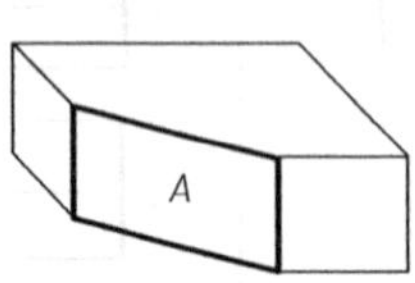	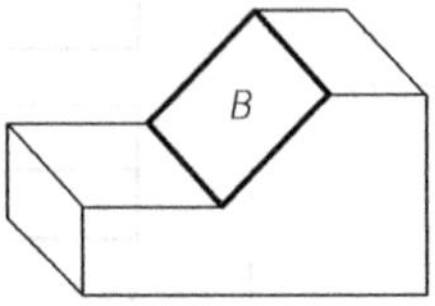	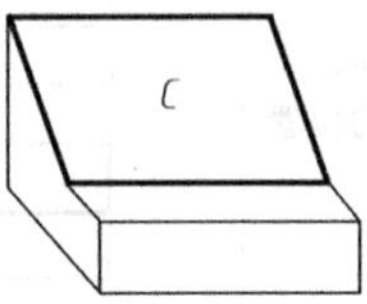

(续)

名 称	铅垂面($A \perp H$)	正垂面($B \perp V$)	侧垂面($C \perp W$)
投影规律	(1) H面投影 a 积聚为一条斜线且反映 β、γ 的大小 (2) V面投影 a' 和 W面投影 a'' 小于实形,是类似形	(1) V面投影 b' 积聚为一条斜线且反映 α、γ 的大小 (2) H面投影 b 和 W面投影 b'' 小于实形,是类似形	(1) W面投影 c'' 积聚为一条斜线,且反映 α、β 的大小 (2) H面投影 c 和 V面投影 c' 小于实形,是类似形
投影特性	1. a 积聚为一直线,并反映 β 和 γ 2. a' 和 a'' 为类似形	1. b' 积聚为一直线,并反映 α 和 γ 2. b 和 b'' 为类似形	1. c'' 积聚为一直线,并反映 β 和 α 2. c 和 c' 为类似形
	小结 1. 在与平面垂直的投影面上,该平面的投影为一倾斜线段,具有积聚性,且反映与另外两个投影面的倾角 2. 其余两个投影均为小于实形的类似形		

3. 一般位置平面

与三个投影面都倾斜的平面称为一般位置平面,如图 2-14 所示。一般位置平面的投影特性如下:

1) 三面投影都是比原形小的类似形。

2) 三个投影面上的投影都不能直接反映该平面对投影面的倾角。

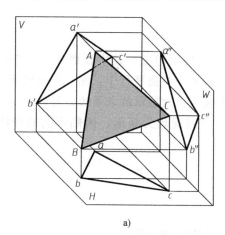
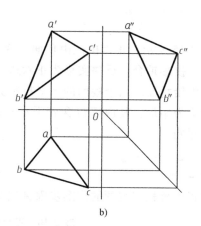

a)　　　　　　　　　　　　　　　　　b)

图 2-14 一般位置平面

项目三 绘制基本几何体的三视图

任何物体均可以看成是由若干基本几何体（简称基本体）组合而成。基本体通常分为两类:

平面立体——其表面为若干个平面的几何体,如棱柱、棱锥等。

曲面立体——其表面为曲面或曲面与平面结合而成的几何体,最常见的是旋转体,如圆柱、圆锥、圆球、圆环等。

任务一　绘制正六棱柱的三视图

▶ 任务引入

正六棱柱的结构如图 2-15 所示，若正六棱柱的顶面外接圆直径为 20mm，高为 24mm，绘制其三视图，并标注尺寸。

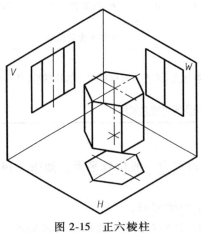

图 2-15　正六棱柱

▶ 任务分析

如图 2-15 所示，正六棱柱由顶面、底面和六个棱面组成。其中顶面和底面平行于水平面，其水平投影重合，反映实形为正六边形。前后两个棱面平行于正面，其余棱面均垂直于水平面，为铅垂面。六个棱面的水平投影分别积聚为正六边形的六条边，另外两个方向投影的外轮廓均为矩形，其内部包含若干小矩形。6 个侧面均为矩形，两侧面间的交线（即棱线）相互平行。

▶ 任务实施

绘制正六棱柱三视图的作图步骤见表 2-10。

表 2-10　正六棱柱三视图的作图步骤

步骤与画法	图　例
1. 绘制投影轴 2. 在水平投影面上绘制中心线，并绘制直径为 20mm 的圆 3. 在圆上找出六等分点，连接各点得六边形，即为六棱柱的俯视图	

(续)

步骤与画法	图 例
4. 按"长对正"的投影规律绘制主视图,作图时取高为 24mm 5. 按"高平齐,宽相等"的投影规律绘制左视图	
6. 擦去多余图线,按线型描深图线 7. 标注尺寸 确定正六棱柱的大小需要两个尺寸,一个是正六棱柱的高,另一个是确定正六棱柱底面的尺寸。理论上讲,底面的尺寸可以标正六边形外接圆的直径,也可以标对边距。在实际标注尺寸时,一般两个尺寸都标注,并且将外接圆的直径尺寸数字加括号,机械图样中的这种尺寸称为参考尺寸	

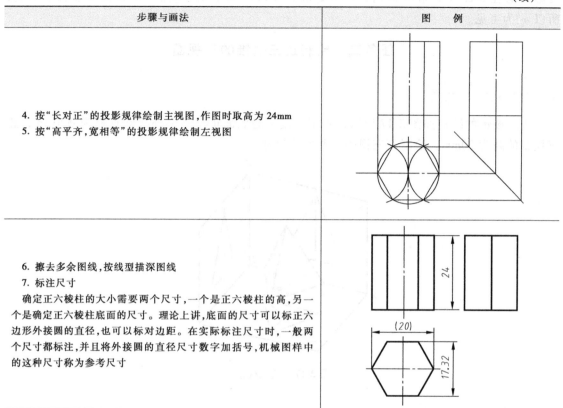

 知识拓展

如图 2-16a 所示,已知正六棱柱棱面 $ABCD$ 上点 M 的 V 面投影 m',求其他两面投影。

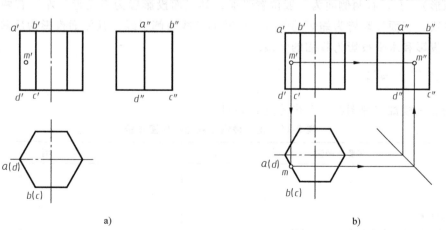

图 2-16 正六棱柱上点的三面投影

若棱柱表面均处于特殊位置,则棱柱表面上点的投影可利用平面投影的积聚性求得。在三个视图中,若平面处于可见位置,则该面上点的投影也是可见的;反之为不可见。

如图 2-16b 所示,正六棱柱棱面 $ABCD$ 的水平投影 $abcd$ 具有积聚性,因此点 M 的水平投影 m 必在 abcd 上，求出 m 后，再根据 m′、m 求得 m″。由于棱面 ABCD 的 W 面投影可见，所以 m″ 为可见。

任务二　绘制正三棱锥的三视图

▶ 任务引入

正三棱锥的结构如图 2-17 所示，若正三棱锥的底面正三角形外接圆直径为 $\phi 20\text{mm}$，正三棱锥的高为 20mm，绘制其三视图，并标注尺寸。

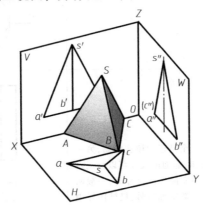

图 2-17　正三棱锥

▶ 任务分析

如图 2-17 所示，正三棱锥的底面为水平面，其水平投影为正三角形，正面投影和侧面投影为横线。后侧面为侧垂面，其侧面投影为斜线，正面投影和水平投影为三角形（原形的类似形）。左、右两侧面为一般位置平面，其三面投影皆为三角形。左、右两条棱线为一般位置线，三面投影皆为缩短的斜线。中间的棱线为侧平线，其侧面投影为反映实长的斜线，正面投影和水平投影为收缩的竖线。

▶ 任务实施

绘制正三棱锥三视图的作图步骤见表 2-11。

表 2-11　正三棱锥三视图的作图步骤

步骤与画法	图　例
1. 绘制投影轴 2. 绘制中心线，并绘制直径为 $\phi 20\text{mm}$ 的圆 3. 在圆上找出三等分点，连接各点得三角形，即为正三棱锥的俯视图	

（续）

步骤与画法	图　　例
4. 按"长对正"的投影规律绘制主视图，作图时取高为 20mm 5. 按"高平齐，宽相等"的投影规律绘制左视图	
6. 擦去多余图线，按线型描深图线 7. 标注尺寸 　确定正三棱锥的大小需要两个尺寸，一个是正三棱锥的高，另一个是确定正三棱锥的底面正三角形的尺寸（边长）	

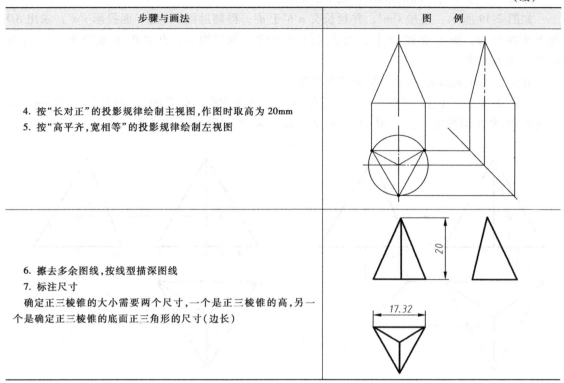

知识拓展

如图 2-18 所示，已知正三棱锥棱面上点 M 的 V 面投影 m'，求其他两面投影。

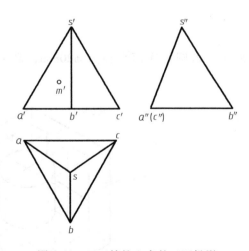

图 2-18　正三棱锥上点的三面投影

正三棱锥的表面可能是特殊位置平面，也可能是一般位置平面。凡属特殊位置平面上的点，其投影可利用平面投影的积聚性直接求得；一般位置平面上的点，则可通过在该面作辅助线的方法求得。

方法一：过顶点作辅助线求 M 点的投影。

如图 2-19 所示，连接 $s'm'$，并延长交 $a'b'$ 于 d'，得辅助线 SD 的 V 面投影 $s'd'$，求出 SD 的 H 面投影 sd，则 m 必在 sd 上，由此求得 M 点的 H 面投影 m。点 M 的 W 面投影 m''，可由 m' 和 m 直接求得。

方法二：作底边的平行线求 M 点的投影。

如图 2-20 所示，过 m' 作 $a'b'$ 的平行线 $m'e'$，求出 ME 上点 E 的 H 面投影 e，由 em//ab 求出点 M 的 H 面投影 m。点 M 的 W 面投影 m''，可由 m' 和 m 直接求得。

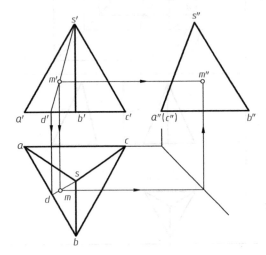
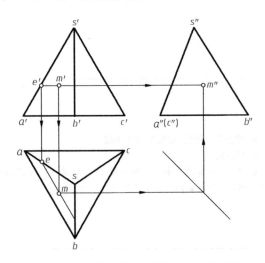

图 2-19　过顶点作辅助线求 M 点的投影　　　　图 2-20　作底边的平行线求 M 点的投影

任务三　绘制圆柱的三视图

▶ 任务引入

圆柱的结构如图 2-21 所示，若圆柱底面直径为 φ20mm，高为 25mm，绘制其三视图，并标注尺寸。

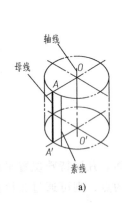
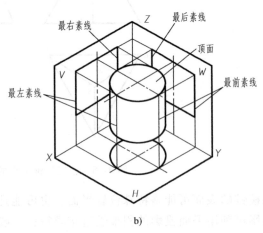

a)　　　　　　　　　　　　　　　　b)

图 2-21　圆柱

 任务分析

如图 2-21 所示，圆柱由一个圆柱面、圆形的顶面和底面组成。圆柱面可看作是一条直线（母线）绕着与它平行的一条轴线旋转一周形成的，母线在任一位置时，称为素线。圆柱上、下底面为水平面，其水平投影反映实形，正面和侧面投影分别积聚成直线。圆柱面的水平投影积聚为一圆周，与上下底面的水平投影重合。在正面投影中，前、后两半圆柱的投影重合为一矩形，矩形的两条竖线分别为圆柱面最左、最右素线的投影。在侧面投影中，左、右两半圆柱的投影重合为一矩形，矩形的两条竖线分别为圆柱面最前、最后素线的投影。

 任务实施

绘制圆柱三视图的作图步骤见表 2-12。

表 2-12 圆柱三视图的作图步骤

步骤与画法	图　例
1. 绘制各视图的轴线或中心线 2. 绘制圆柱的俯视图 由于圆柱面在俯视图上积聚为圆，所以该圆柱的水平投影为圆，直径为 φ20mm	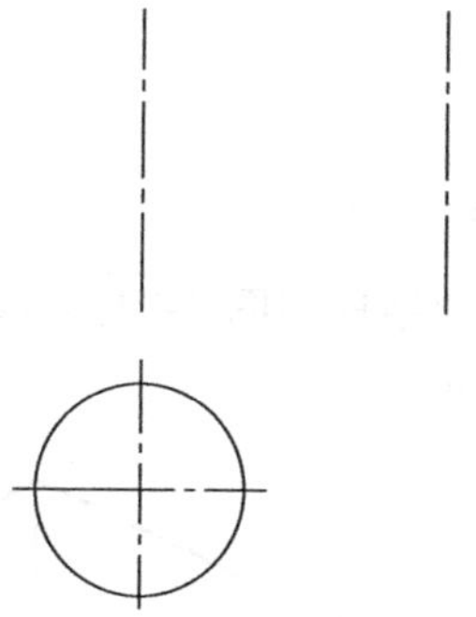
3. 绘制圆柱的主视图、左视图 该图为矩形框，长 20mm、高 25mm 4. 擦去多余图线，按线型描深图线 5. 标注尺寸 确定圆柱体的大小需要两个尺寸，一个是圆柱体的高，另一个是圆柱体的底面直径	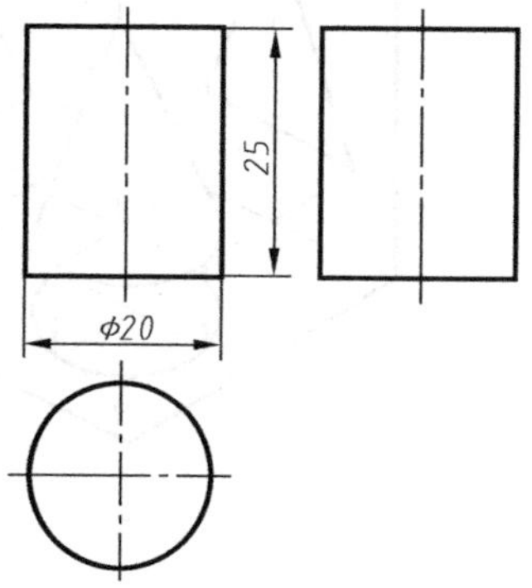

 知识拓展

如图 2-22 所示，已知圆柱表面 A、B 两点的 V 面投影 a′和（b′），求其他两面投影。

由于圆柱体的轴线垂直于 H 面，所以点 A、B 的 H 面投影可利用圆柱面的 H 面投影积聚性直接求得。由于 a′是可见的，所以点 A 在前半圆柱面上，即在 H 面投影的前半圆的圆周

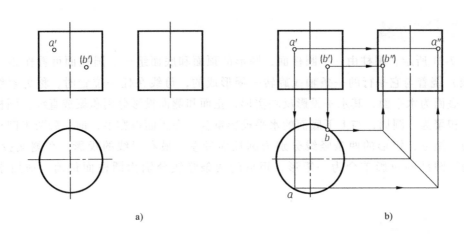

图 2-22 圆柱上点的三面投影

上。点 A 的 W 面投影 a''，可由 a' 和 a 直接求得。同理可求出 b 和 b'，由于点 B 在右半圆柱面上，所以 b'' 为不可见。

任务四　绘制圆锥的三视图

▶ 任务引入

圆锥的结构如图 2-23 所示，若圆锥底面直径为 $\phi 20\text{mm}$，高为 25mm，绘制其三视图，并标注尺寸。

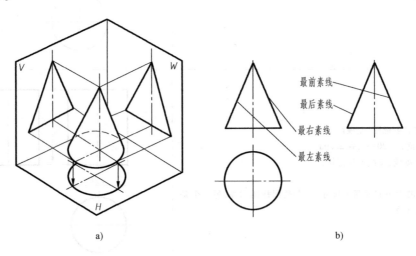

图 2-23 圆锥

▶ 任务分析

如图 2-23 所示，圆锥由一个圆锥面和圆形的底面围成。圆锥面可看成是一条与轴线相交的直线（母线）绕轴线旋转一周形成的。锥底平行于水平面，水平投影反映实形，正面和侧面投影积聚成直线。圆锥面的三个投影都没有积聚性，其水平投影与底面投影重合，全

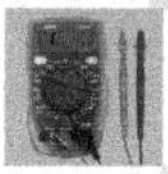

部可见；在圆锥的正面投影中，前、后两半圆锥面的投影重合为一等腰三角形，三角形的两腰分别是圆锥最左、最右素线的投影；在圆锥的侧面投影中，左、右两半圆锥面的投影重合为一等腰三角形，三角形的两腰分别是圆锥最前、最后素线的投影。

绘制圆锥三视图的作图步骤见表2-13。

表 2-13 圆锥三视图的作图步骤

步骤与画法	图　　例
1. 绘制各视图的轴线或中心线 2. 绘制圆锥的俯视图 该圆锥的水平投影为圆，直径为 φ20mm	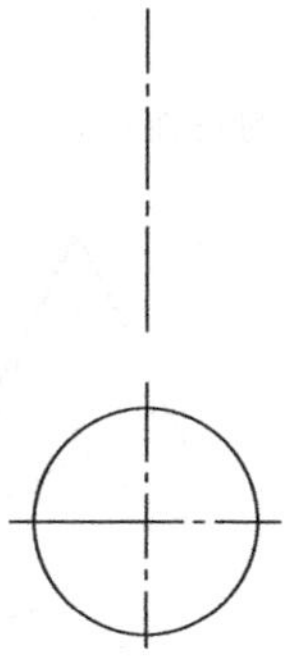
3. 绘制圆锥的主、左视图，测量高度 25mm 作等腰三角形 4. 擦去多余图线，按线型描深图线 5. 标注尺寸 确定圆锥的大小需要两个尺寸，一个是圆锥的高，另一个是圆锥的底面直径	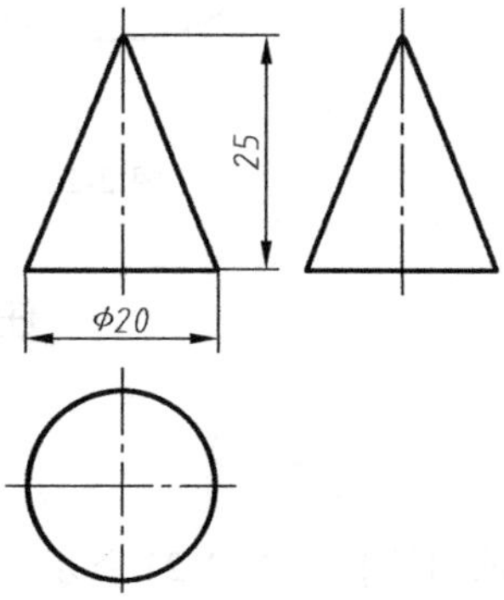

如图 2-24 所示，已知圆锥表面上点 A 的 V 面投影 a'，求其他两面投影。

方法一：用辅助素线法求圆锥表面一般位置点的投影。

如图 2-25 所示，过锥顶 S 和点 A 作辅助素线 SB，求出 SB 的三面投影，则 a、a'' 分别在 sb、sb'' 上，由 a' 求出 a（可见），再由 a' 和 a 求出 a''（不可见）。

方法二：用辅助圆法求圆锥表面一般位置点的投影。

如图 2-26 所示，过 a' 作圆锥轴线的垂直线，交圆锥左、右轮廓线于 b'、c'，得辅助圆的 V 面投影。作辅助圆的 H 面投影。由 a' 求出 a（可见），再由 a' 和 a 求出 a''（不可见）。

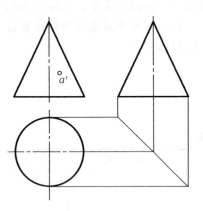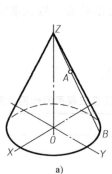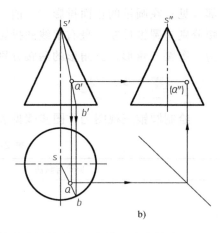

图 2-24 圆锥上点的三面投影　　　　图 2-25 用辅助素线法求圆锥表面一般位置点的投影

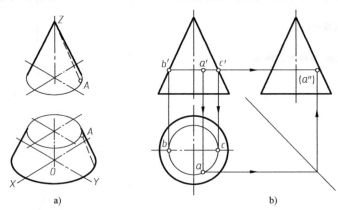

图 2-26 用辅助圆法求圆锥表面一般位置点的投影

任务五　绘制圆球的三视图

▶ 任务引入

圆球的结构如图 2-27 所示，若圆球直径为 $\phi20mm$，绘制其三视图，并标注尺寸。

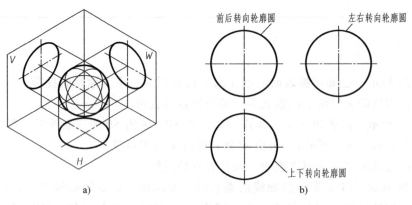

图 2-27 圆球

▶ 任务分析

如图 2-27 所示，圆球可看成是一个半圆（母线）绕通过圆心的轴线旋转一周形成的。圆球的三个视图都是与圆球直径相等的圆，并且是球面上平行于相应投影面的三个不同位置的最大轮廓圆。正面投影的轮廓圆是前、后两半球面可见与不可见的分界线；水平投影的轮廓圆是上、下两半球面可见与不可见的分界线；侧面投影的轮廓圆是左、右两半球面可见与不可见的分界线。

▶ 任务实施

很显然，圆球的三面投影是直径相同的圆，如图 2-28 所示。确定圆球的大小只需要圆球的直径。国家标准规定，在尺寸数字前面加注 "$S\phi$" 或 "SR" 表示圆球的直径或半径。

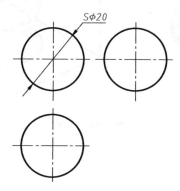

图 2-28 圆球的三视图

▶ 知识拓展

如图 2-29 所示，已知圆球表面上点 A 的 V 面投影 a'，求其他两面投影。

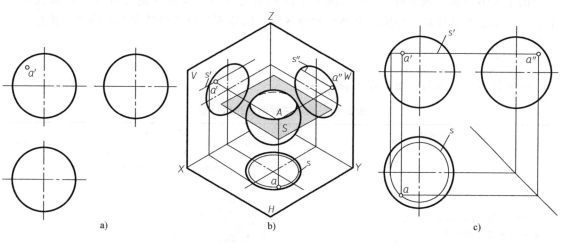

图 2-29 圆球上点的三面投影

由于球面的三个投影都没有积聚性，所以要利用辅助纬圆法求解。过 a' 作水平圆 V 面的投影 s'，再作其 H 面的投影 s，在该圆的 H 面投影上求得 a，再由 a' 和 a 求出 a"。

任务六　绘制圆环的三视图

圆环的结构如图 2-30 所示，若圆环母线圆直径为 φ10mm，母线圆心轨迹圆直径为 φ35mm，绘制其三视图，并标注尺寸。

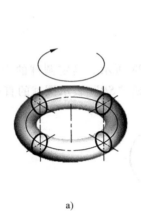
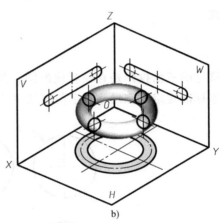

图 2-30　圆环

任务分析

如图 2-30 所示，圆环可看成一个圆（母线）绕一平面上不通过圆心的轴线旋转一周而成的。圆环水平投影中的两个同心圆，分别是圆环上最大和最小的两个纬圆的水平投影，也是上半个圆环面与下半个圆环面的可见与不可见部分的分界线；点画线圆是母线圆心轨迹的投影。正面投影中的两个小圆，是平行于正投影面的最左、最右两素线圆的投影（位于内环面的半圆不可见，画虚线），也是前半个圆环面与后半个圆环面的分界线；正面投影中上、下两条水平直线是外环面与内环面的分界线。圆环侧面投影的情况与正面投影类似。

任务实施

绘制圆环三视图的作图步骤见表 2-14。

表 2-14　圆环三视图的作图步骤

步骤与画法	图　例
1. 绘制各视图的轴线或中心线 2. 绘制圆环的俯视图	φ25　φ35　φ45

(续)

步骤与画法	图 例
3. 绘制圆环的主视图	
4. 绘制圆环的左视图 5. 擦去多余图线,按线型描深图线 6. 标注尺寸 确定圆环大小需要两个尺寸,一个是圆环母线直径,另一个是母线圆心轨迹圆直径	

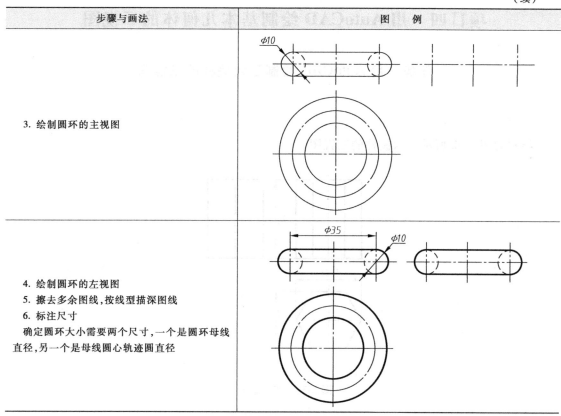

 知识拓展

如图 2-31 所示,已知圆环表面上点 M 的 V 面投影 m',求其他两面投影。

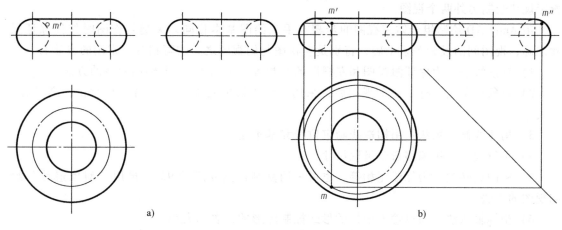

图 2-31 圆环上点的三面投影

如图 2-31 所示,由于圆环面的投影没有积聚性,因此要借助于表面上的辅助圆求点的投影。过点 M 在环面上作与水平面平行的辅助圆,再作其 H 面的投影,在该圆的 H 面投影上求得 m,再由 m' 和 m 求出 m''。

项目四 用 AutoCAD 绘制基本几何体的三视图

任务 用 AutoCAD 绘制正六棱柱的三视图

▶ 任务引入

绘制如图 2-32 所示正六棱柱的三视图。

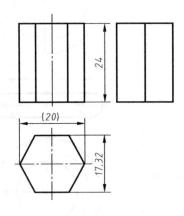

图 2-32 正六棱柱

▶ 任务分析

由图 2-32 中的尺寸可以看出，可先画出该正六棱柱的俯视图，然后根据三视图之间的投影规律绘制另外两个视图。

用 AutoCAD 绘制组合体三视图的步骤与手工绘图基本相同，关键是作图时如何保证尺寸准确，视图间的投影关系正确，特别是左视图与俯视图之间的宽相等。常用的方法有：

1）辅助线法：为保证俯视图和左视图的宽相等，常采用作 45°辅助斜线的方法。

2）对象追踪法：有了一个视图后，采用自动追踪的功能，可画出"长对正，高平齐"的线。

3）构造线画轮廓法：用构造线画定位线和基本轮廓。

4）平行线法：用偏移命令量取尺寸。

5）视图旋转法：为保证宽相等，也可采用复制视图并旋转 90°，再用"对象追踪"绘制视图的方法。

6）坐标输入法：通过输入坐标的形式控制图形的位置和大小。

▶ 任务实施

一、启动 AutoCAD 2016

单击快速入门中的"样板"下拉菜单，选择"A4 样板"，即可开始新图形的创建。

二、绘制中心线和辅助线

1）将"细点画线"层设置为当前层,打开状态栏的" "按钮、" "按钮、" "按钮,单击"绘图"面板上的" "按钮,绘制各视图的中心线,如图2-33所示。

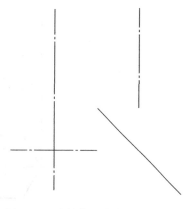

2）将"细实线"层设置为当前层,单击"绘图"面板上的" "按钮,绘制45°辅助线,如图2-33所示。

三、绘制俯视图

将"粗实线"层设置为当前层,单击"绘图"面板上的" 多边形"按钮,AutoCAD命令行提示如下:

图 2-33 绘制中心线和45°辅助线

命令:
命令:_polygon 输入侧面数 <4>: 6　　　　　　（输入多边形边数）
指定正多边形的中心点或 [边（E）]:　　　　　（单击点O,如图2-34所示）
输入选项 [内接于圆（I）/外切于圆（C）] <I>:　（回车）
指定圆的半径: 10　　　　　　　　　　　　　　（指定圆的半径,回车）

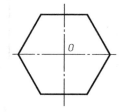

图 2-34 绘制正多边形

提示

"多边形"命令选项如下：

① 指定多边形的中心点：用户输入多边形边数后，再拾取多边形的中心点。

② 内接于圆（I）：根据外接圆生成正多边形。

③ 外切于圆（C）：根据内切圆生成正多边形。

④ 边（E）：输入多边形边数后，再指定某条边的两个端点，即可绘出多边形。

四、绘制主视图

1）将"细实线"层设置为当前层,单击"绘图"面板上的" "按钮,按照"长对正"的投影规律绘制辅助线,如图2-35a所示。

2）将"粗实线"层设置为当前层,单击"绘图"面板上的" "按钮,绘制主视图,删除辅助线,如图2-35b所示。

五、绘制左视图

1）将"细实线"层设置为当前层,单击"绘图"面板上的" "按钮,按照"高平齐""宽相等"的投影规律绘制辅助线,如图2-36a所示。

2）将"粗实线"层设置为当前层,单击"绘图"面板上的" "按钮,绘制左视

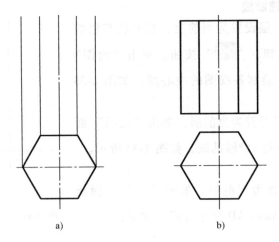

图 2-35　绘制主视图

图,删除辅助线,如图 2-36b 所示。

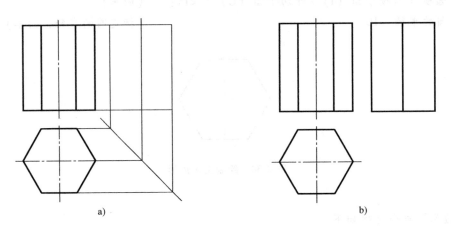

图 2-36　绘制左视图

六、保存
整理图形使其符合机械制图标准,完成后保存图形。

七、退出 AutoCAD 2016
单击 AutoCAD 2016 右上角的"关闭"按钮,退出操作。

模块三 截交线与相贯线

 模块分析

机械零件的结构是多种多样的，但这些零件往往不是单一或完整的基本立体，而是由基本体切割或叠加而成的，因此这些零件表面会产生交线。立体表面与截平面、截平面与截平面之间的共有线，称为截交线。截交线为平面封闭的图形。立体与立体相交时，在机件表面产生的交线称为相贯线。相贯线一般为封闭的空间曲线。相贯线的形状取决于相交两立体的几何形状、尺寸大小与相对位置。

为了清楚地表达出机件的形状，应正确地画出这些交线的投影。

 学习目标

1. 了解截交线和相贯线的概念和投影特性；
2. 掌握截交线和相贯线的绘制方法；
3. 能够用 AutoCAD 绘制相贯线。

 必学必会

截平面（cutting plane）、截交线（line of section）、相贯体（intersecting bodies）、相贯线（line of intersection）。

项目一 绘制截交线的投影

基本体被平面切割后，表面会产生截交线。基本体被平面截切后余下的部分称为切割体，截切基本体的平面称为截平面，截平面与基本体表面的交线称为截交线，截交线所围成的图形称为截断面，如图 3-1 所示。

由于立体表面性质和截平面位置不同，所产生的截交线形状也不同，但任何形状的截交线都具有以下两个特征：

（1）共有性　截交线是截平面与基本体表面的共有线。

（2）封闭性　由于立体具有确定的范围，所以任何基本体的截交线都是一个封闭的平面图形。截交线可以是直线段、平面曲线，或是两者组合而成。

根据截交线的性质可知，截交线上的点必定是截平面与基本体表面的共有点。求截交线的实质就是求出截平面与基本体表面的一系列共有点的投影，然后依次连

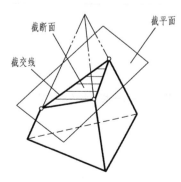

图 3-1 截交线与截平面

接各共有点的同面投影即可得到截交线。

任务一　绘制斜割六棱柱上的截交线

▶ 任务引入

如图 3-2 所示，已知该斜割六棱柱的主视图、俯视图，试绘制其左视图。

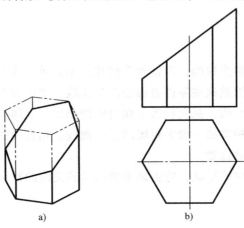

a)　　　　　　　　b)

图 3-2　斜割六棱柱

▶ 任务分析

如图 3-2 所示，平面立体被正垂面截切之前是一个正六棱柱，被截切后平面立体上会产生新的表面，该表面轮廓线即为截平面截切平面立体得到的截交线。其截交线是平面六边形，六边形的 6 个顶点分别为正垂面与正六棱柱棱线的交点。由于正六棱柱的六条棱线在俯视图上的投影具有积聚性，所以截交线的水平投影为已知。根据截交线的正面和水平投影可作出侧面投影，并且截交线的侧面投影为类似水平投影的六边形。

▶ 任务实施

绘制斜割六棱柱左视图的作图步骤见表 3-1。

表 3-1　斜割六棱柱的作图步骤

步骤与画法	图　　例
1. 绘制六棱柱被切割前的左视图	

90

（续）

步骤与画法	图 例
2. 根据截交线各顶点的正面和水平投影作出截交线的侧面投影	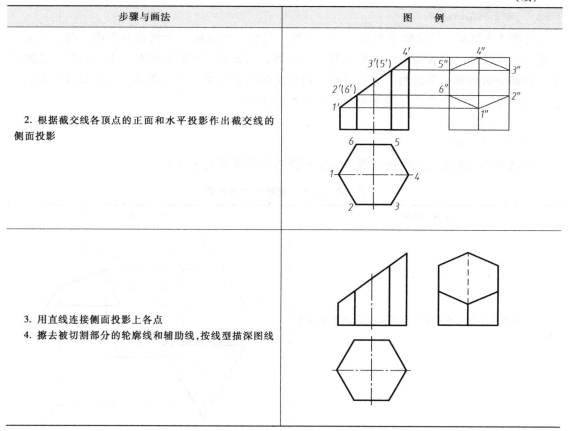
3. 用直线连接侧面投影上各点 4. 擦去被切割部分的轮廓线和辅助线，按线型描深图线	

任务二　绘制斜割三棱锥上的截交线

▶ 任务引入

如图 3-3 所示，补全斜割三棱锥的主视图和俯视图。

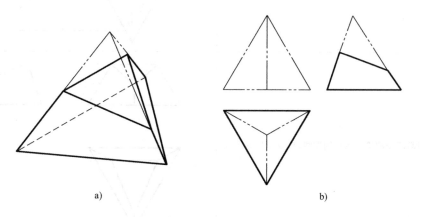

图 3-3　斜割三棱锥

任务分析

如图 3-3 所示，该立体原型是一个三棱锥，且该三棱锥被一个侧垂面所截。截三棱锥的平面与三棱锥的三个表面相交必然会有三条交线，因此截断面的形状是一个三角形。截断面之上的部分被切掉，下面的部分被保留。因截交线的形状是一个三角形，因此只需求出其三个端点即可，而三个端点是截平面与三条棱线的交点。

 任务实施

绘制斜割三棱锥截交线的主视图和俯视图的作图步骤见表 3-2。

表 3-2　斜割三棱锥的作图步骤

步骤与画法	图　例
1. 绘制截平面与三棱锥棱线交点的正面投影和水平投影	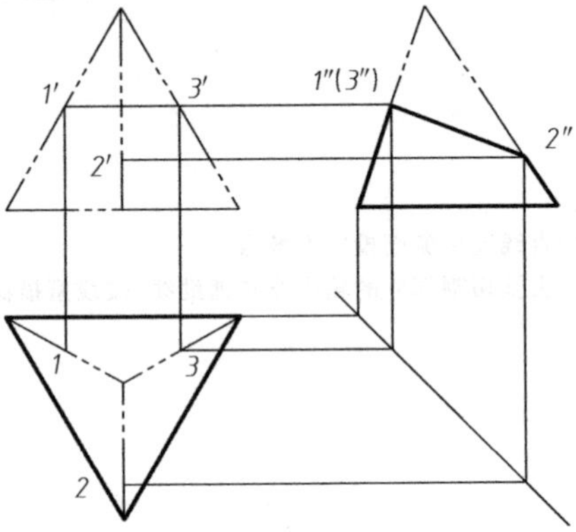
2. 用直线连接正面投影和水平投影上各点	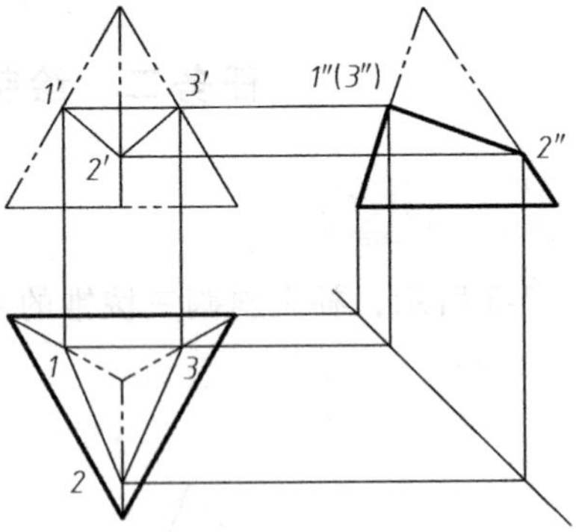
3. 擦去被切割部分的轮廓线和辅助线，按线型描深图线	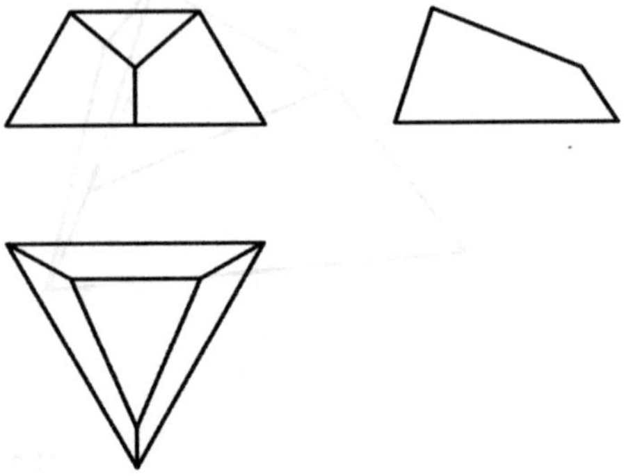

任务三　绘制斜割圆柱上的截交线

如图 3-4 所示，已知该斜割圆柱的主视图、俯视图，试绘制其左视图。

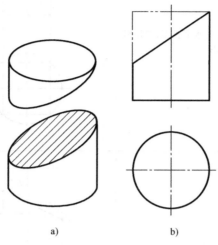

图 3-4　斜割圆柱

任务分析

如图 3-4 所示，平面斜割圆柱，其截交线为椭圆，其正面投影积聚为一直线，水平投影与圆柱面的水平投影重合为一圆，侧面投影为椭圆。

绘制斜割圆柱左视图的作图步骤见表 3-3。

表 3-3　斜割圆柱的作图步骤

步骤与画法	图　例
1. 绘制截割前圆柱的左视图 2. 求特殊点 　特殊点一般指最高、最低、最前、最后、最左、最右等极限点，以及可见性分界点 　找出椭圆的 4 个特殊位置点的正面投影和水平投影，求出其侧面投影	

（续）

步骤与画法	图　例
3. 求一般点 在俯视图的适当位置找 4 个一般点的水平投影，按投影规律找出其正面投影，求出其侧面投影	
4. 光滑连接各点的侧面投影	
5. 擦去被切割部分的轮廓线和辅助线，按线型描深图线	

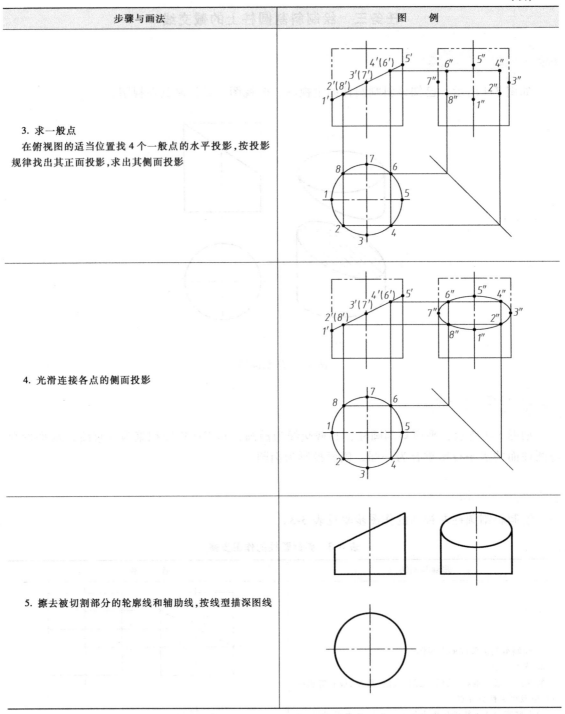

 知识拓展

一、圆柱的截交线

根据截割平面与圆柱轴线的相对位置不同，圆柱截交线有三种情况，见表 3-4。

表 3-4 圆柱的截交线

截平面的位置	与轴线平行	与轴线垂直	与轴线倾斜
轴测图			
投影图			
截交线的形状	两平行直线	圆	椭圆

二、补全切口圆柱的三面投影

如图 3-5 所示，补全切口圆柱的三面投影。

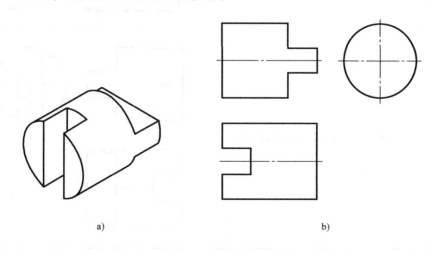

a)   b)

图 3-5 切口圆柱

由图可知，圆柱左端开槽是由两个正平面一个侧平面切割得到的，右端切肩是由两个水平面和一个侧平面切割得到的，所产生的截交线均为直线和平行于侧面的圆弧。补全切口圆柱三视图的步骤见表 3-5。

表 3-5 补全切口圆柱三视图的作图步骤

步骤与画法	图 例
1. 根据槽口的宽度,作出槽口的侧面投影,再按投影关系作出槽口的正面投影	
2. 根据切肩的厚度,作出切肩的侧面投影,再按投影关系作出切肩的水平投影	
3. 擦去被切割部分的轮廓线及辅助线,按线型描深图线	

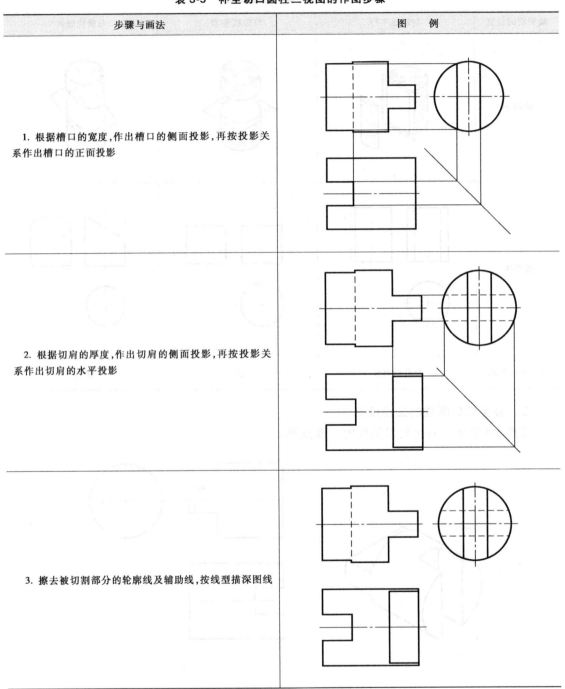

任务四 绘制斜割圆锥上的截交线

如图 3-6 所示,补全斜割圆锥的主视图和左视图。

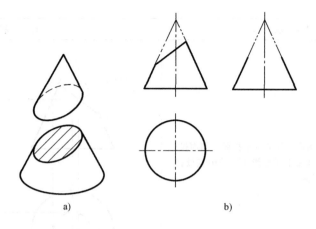

a)　　　　　　　　　b)

图 3-6　斜割圆锥

▶ 任务分析

如图 3-6 所示，该圆锥上的截交线为一封闭椭圆。该截交线是截切平面与圆锥面的共有线，其正面投影与正垂面的正面投影重合，同时由于截交线是圆锥面上的线，所以具备圆锥表面上线的特性。该截交线的正面投影是已知的，水平投影和侧面投影是椭圆，需要绘制。

▶ 任务实施

斜割圆锥的作图步骤见表 3-6。

表 3-6　斜割圆锥的作图步骤

步骤与画法	图　例
1. 求特殊点 求作截交线的最下点Ⅰ、最上点Ⅱ的水平投影和侧面投影	

（续）

步骤与画法	图 例
2. 求截交线最前点Ⅲ、最后点Ⅳ的水平投影和侧面投影 Ⅲ、Ⅳ的正面投影 3'(4') 在正面投影 1'2' 的中点处，用辅助圆法可求出 3、4 和 3″、4″	
3. 求截交线与最前面素线的交点Ⅴ、与最后面素线的交点Ⅵ的水平投影和侧面投影	
4. 求一般点 利用辅助圆法，求出若干一般点	

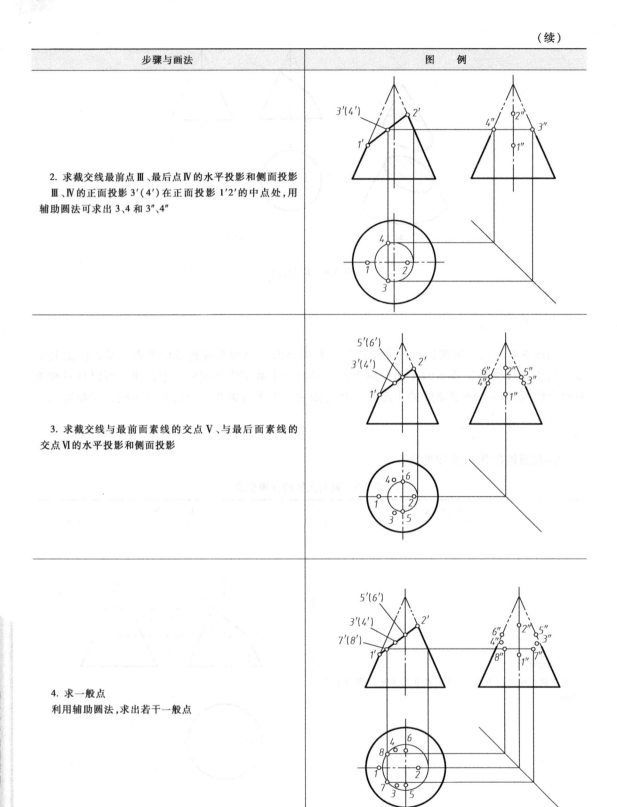

(续)

步骤与画法	图 例
5. 连接各点的同面投影,完成截交线的投影 6. 擦去被切割部分的轮廓线及辅助线,按线型描深图线	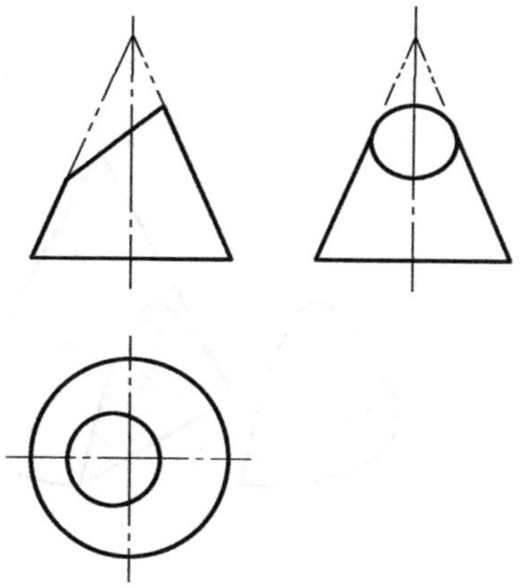

▶ **知识拓展**

一、圆锥的截交线

根据截割平面与圆锥轴线的相对位置不同,圆锥截交线有五种情况,见表3-7。

表 3-7 圆锥的截交线

截平面的位置	与轴线垂直	过圆锥顶点	平行于任一素线	与轴线倾斜 (不平行于 任一素线)	与轴线平行
轴测图	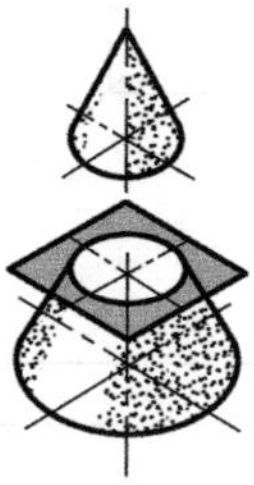	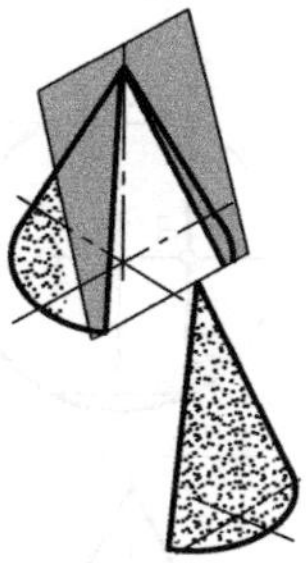	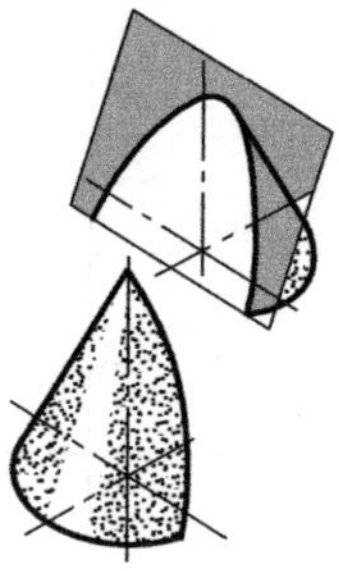	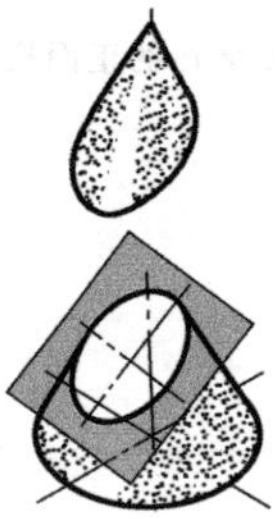	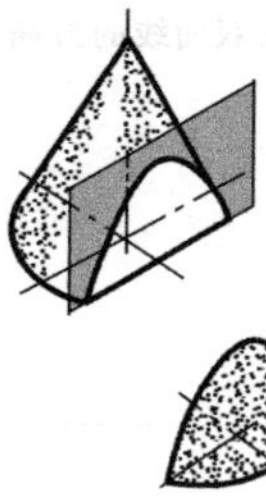
投影图	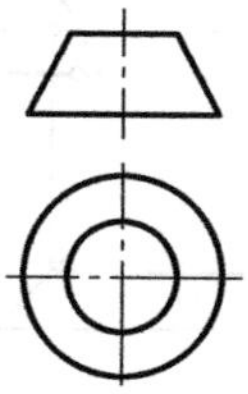	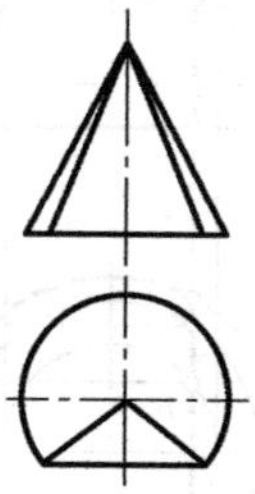	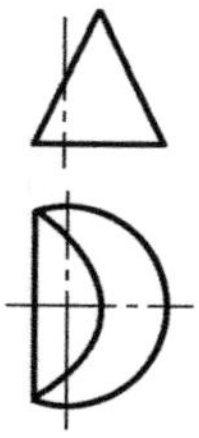	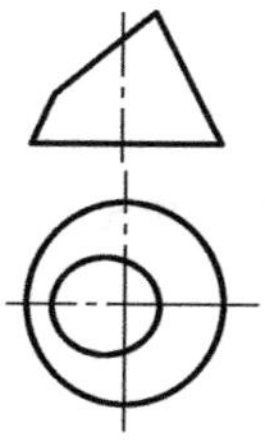	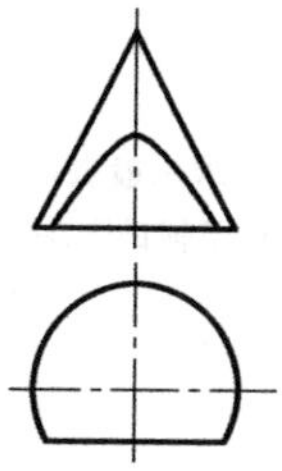
截交线的形状	圆	两相交直线	抛物线	椭圆	双曲线

二、完成切割圆锥的左视图

如图 3-7 所示,完成切割圆锥的左视图。

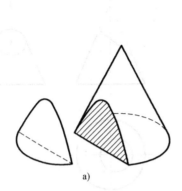 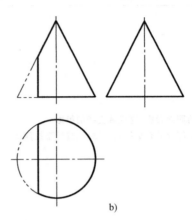

图 3-7 切割圆锥

截平面与圆锥轴线平行,与圆锥面和底面形成的交线为双曲线加直线,可采用辅助圆法或辅助素线法求作双曲线的侧面投影,作图步骤见表 3-8。

表 3-8 切割圆锥的作图步骤

步骤与画法	图 例
1. 求特殊点 求双曲线的最高点和最低点的正面投影	
2. 求一般点 利用辅助圆法,求出若干一般点	

(续)

步骤与画法	图　例
3. 光滑连接各点 4. 擦去被切割部分的轮廓线及辅助线，按线型描深图线	

任务五　绘制斜割圆球上的截交线

如图 3-8 所示，完成斜割圆球的俯视图和左视图。

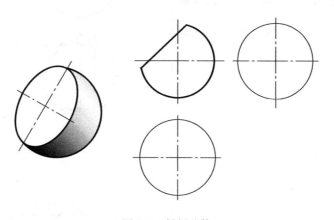

图 3-8　斜割球体

平面切割圆球产生的截交线为圆。如图 3-8 所示，用正垂截切平面切割球体，在球体上产生一个截交圆，该圆是截切平面与球面的共有线。其正面投影为直线，与截割平面的投影重合；水平投影和侧面投影为椭圆，需要绘制。

▶ 任务实施

完成斜割圆球俯视图和左视图的作图步骤见表 3-9。

表 3-9　斜割圆球的作图步骤

步骤与画法	图　例
1. 求特殊点 求作截交线上最低点 Ⅰ 和最高点 Ⅱ 的水平投影和侧面投影	
2. 求作截交线上最前点 Ⅲ 和最后点 Ⅳ 的水平投影和侧面投影 Ⅲ、Ⅳ 的正面投影 3′(4′) 在正面投影 1′2′ 的中点处，用辅助圆法可求出 3、4 和 3″、4″	
3. 求一般点 利用辅助圆法，求出若干一般点	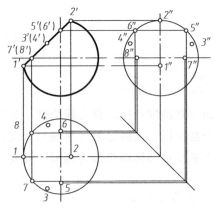

(续)

步骤与画法	图 例
4. 连接各点的同面投影,完成截交线的投影 5. 擦去被切割部分的轮廓线及辅助线,按线型描深图线	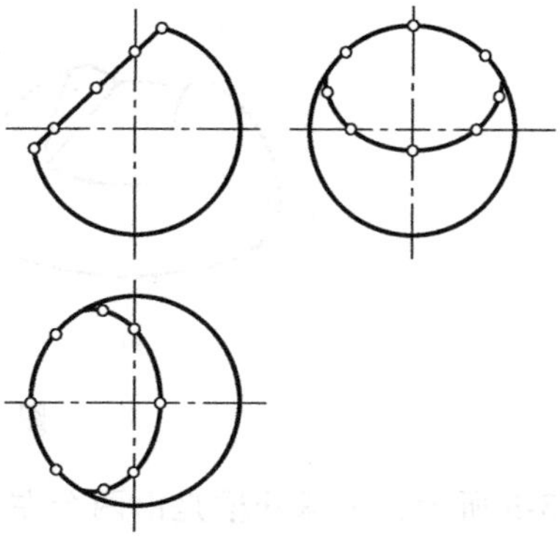

 知识拓展

一、圆球的截交线

平面截切圆球时,截交线为圆。根据截平面与投影面的位置不同,其截交线的投影也不同,具体见表 3-10。

表 3-10 圆球的截交线

截平面位置	截平面为正平面	截平面为水平面	截平面为正垂面
立体图	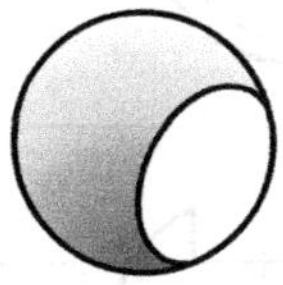	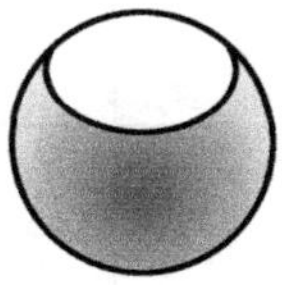	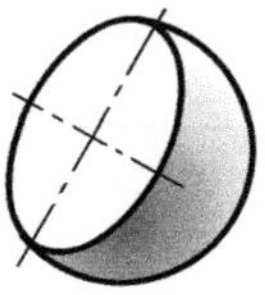
投影图	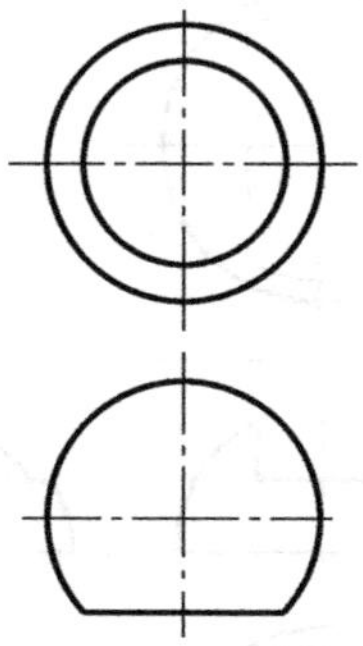	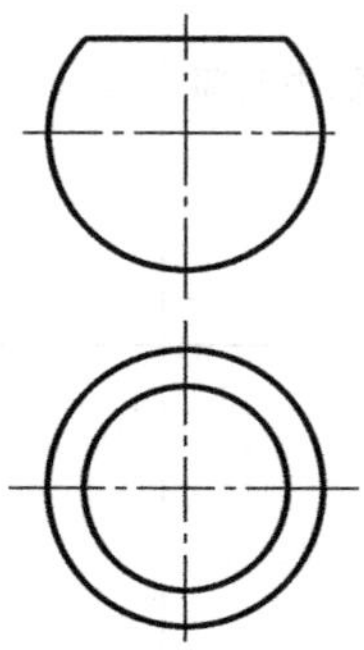	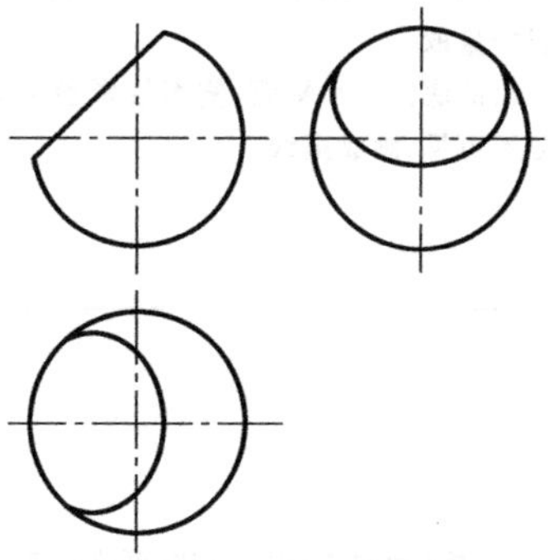

二、补画缺线

补画图 3-9 所示半球开槽后的俯视图的缺线,并作出左视图。

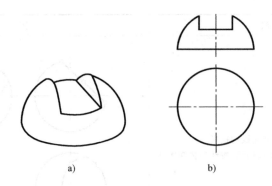

图 3-9 半球开槽

如图 3-9 所示，半球开槽是由两个左右对称的侧平面和一个水平面切割而来的，它们与球体相交得到的截交线都是圆弧。开槽半球的作图步骤见表 3-11。

表 3-11 开槽半球的作图步骤

步骤与画法	图 例
1. 作槽的水平投影 槽底面的水平投影由两段相同的圆弧和两段直线组成，圆弧的半径为 R_1，可从正面投影中量取	
2. 作槽的侧面投影 槽的两侧为侧平面，其投影为圆弧，半径 R_2 可从正面投影中量取 槽的底面为水平面，侧面投影积聚为一条直线，中间部分不可见，画成虚线	
3. 擦去辅助作图线，按线型描深图线	

项目二　绘制回转体相贯线的投影

工程制图中将立体表面间的交线称为相贯线。工程上画出相贯线的意义在于用它来完整、清晰地表达出零件各部分的形状和相对位置，为准确读图和制造零件提供条件。工程上最常见的相贯线是回转体表面间的交线。

两回转体相交，常见的是圆柱与圆柱相交、圆柱与圆锥相交以及圆柱与圆球相交。相贯线的形状取决于两回转体各自的形状、大小和相对位置，一般情况下为闭合的空间曲线。相贯线的画法实质上就是求两相贯体表面的共有点。只要求出两相贯体表面上的一系列共有点的投影，依次将各点的同面投影连接成光滑曲线即可。

任务一　绘制正交两圆柱的相贯线

两圆柱正交相贯线的三视图如图 3-10 所示，补画主视图上相贯线的投影。

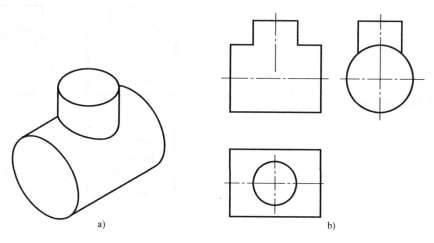

图 3-10　两圆柱正交相贯线

如图 3-10a 所示，两圆柱直径不同，轴线垂直相交（正交），其中大圆柱的轴线垂直于侧投影面，故大圆柱的侧面投影为圆；小圆柱的轴线垂直于水平投影面，故小圆柱的水平投影为圆。相贯线（空间封闭曲线）是两圆柱面的交线，也是两圆柱面的共有线，因此具有两圆柱面的投影特性，即相贯线的侧面投影与大圆柱面的投影重合（为圆的一部分圆弧），相贯线的水平投影与小圆柱的水平投影重合（为整圆）。因此，该相贯线的水平投影和侧面投影是已知的。

绘制两圆柱正交相贯线的作图步骤见表 3-12。

表 3-12　两圆柱正交相贯线的作图步骤

步骤与画法	图　例
1. 求特殊点 在水平投影上找到相贯线上最左边和最右边的投影点 1、2，最前边和最后边的投影点 3、4，以及侧面投影 1″(2″)、3″、4″，求出正面投影	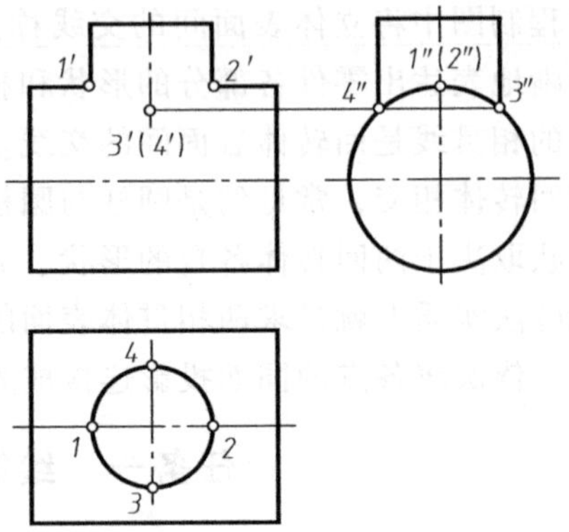
2. 求一般点 在适当位置选取一般点，找出其水平投影，然后根据点的两面投影求作正面投影	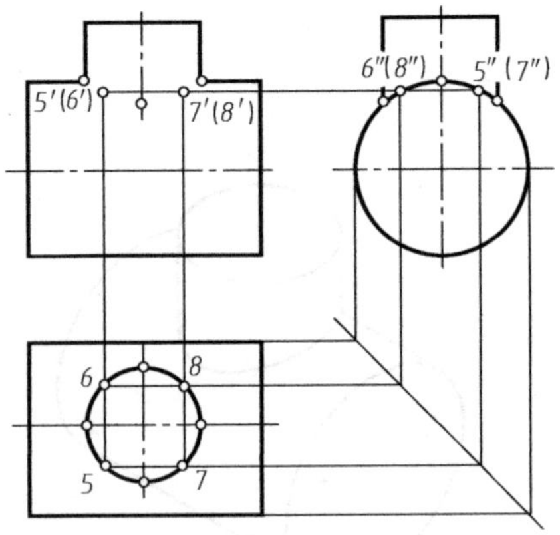
3. 光滑连接各点 **4.** 擦去多余的图线，按线型描深可见轮廓线	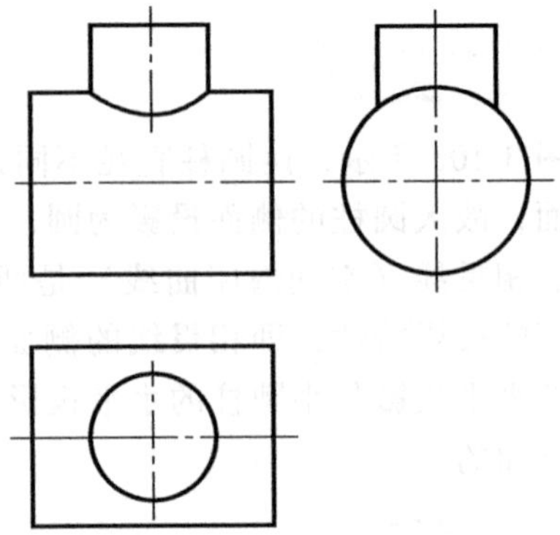

一、两圆柱正交相贯时，相贯线的变化情况（见表 3-13）

表 3-13　两圆柱正交相贯时的相贯线

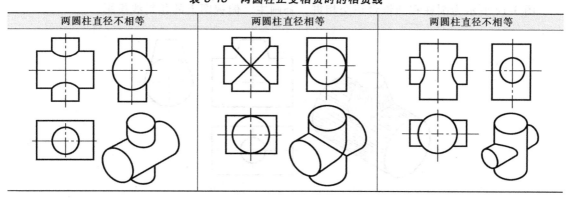

二、圆柱穿孔后的相贯线（见表 3-14）

表 3-14　圆柱穿孔后的相贯线

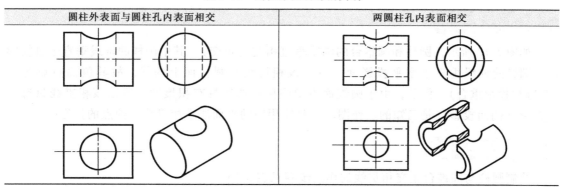

三、相贯线的简化画法

工程上两圆柱正交的实例很多，为了简化作图，国家标准规定，允许采用简化画法作出相贯线的投影，即采用圆弧代替的近似画法。作图时，<u>以大圆柱的半径为半径画圆弧即可，其圆心在小圆柱轴线上，相贯线凸向大圆柱的轴线</u>，如图 3-11 所示。

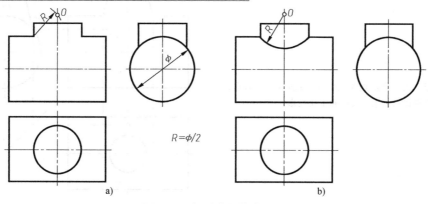

图 3-11　相贯线的简化画法

任务二 绘制圆柱与圆锥台正交的相贯线

 任务引入

图 3-12 所示为圆柱和圆锥台正交相贯，补画主、俯视图上的相贯线投影。

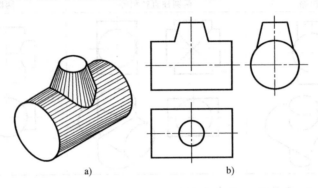

图 3-12 圆柱与圆锥台正交相贯

 任务分析

如图 3-12 所示，圆柱和圆锥台的轴线垂直相交（正交），其中圆柱的轴线垂直于侧投影面，圆锥的轴线垂直于水平投影面。由于该相贯线是圆柱面上的线，故其侧面投影为圆（与圆柱投影重合）。但是，由于圆锥面不像圆柱面那样具有积聚性，所以该相贯线只有一个投影（侧面投影）是已知的。作图时，只能用辅助平面法求相贯线上的点的投影。

 任务实施

绘制圆柱与圆锥台正交相贯线的作图步骤见表 3-15。

表 3-15 圆柱与圆锥台正交相贯线的作图步骤

步骤与画法	图例
1. 求特殊点 在侧面投影上找出最左点和最右点，最前点和最后点，然后根据投影规律求出水平投影和正面投影	

（续）

步骤与画法	图 例
2. 求一般点 在适当位置作辅助平面,由侧面圆柱积聚性的特点,求出水平投影和正面投影	
3. 光滑连接各点 4. 擦去多余的图线,线型描深可见轮廓线	

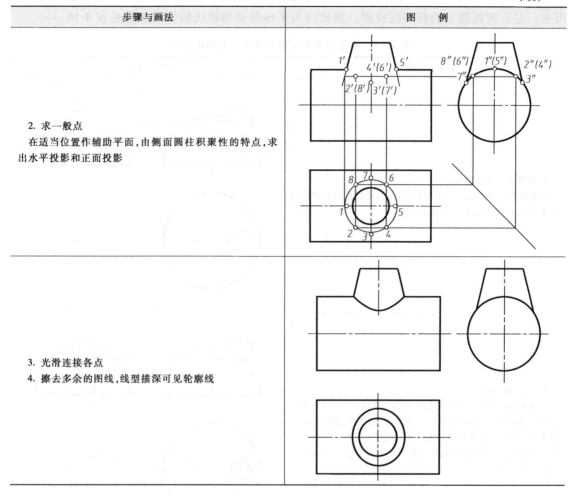

知识拓展

一、圆锥台与半球的相贯线投影

图 3-13 所示为一圆锥台和一半球相交,试补画主、左、俯视图上的相贯线投影。

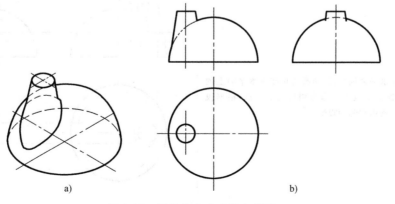

图 3-13 圆锥台和半球偏交相贯

如图 3-13 所示，由于圆锥在各个面上的投影都没有积聚性，所以要利用辅助平面法求出主、左、俯视图上的相贯线投影。圆锥台与半球偏交相贯线的作图步骤见表 3-16。

表 3-16　圆锥台与半球偏交相贯线的作图步骤

步骤与画法	图　例
1. 求最高点和最低点 在主视图上找到最高点 3′和最低点 1′，根据投影规律依次求出侧面 1″、3″和水平面的投影 1、3	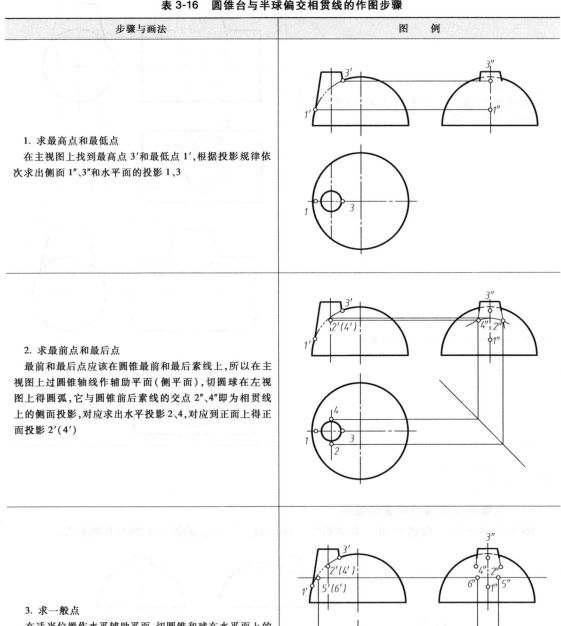
2. 求最前点和最后点 最前和最后点应该在圆锥最前和最后素线上，所以在主视图上过圆锥轴线作辅助平面（侧平面），切圆球在左视图上得圆弧，它与圆锥前后素线的交点 2″、4″即为相贯线上的侧面投影，对应求出水平投影 2、4，对应到正面上得正面投影 2′(4′)	
3. 求一般点 在适当位置作水平辅助平面，切圆锥和球在水平面上的投影都是圆，两圆的交点 5、6 即为相贯线上的点，根据投影规律求出正面投影和侧面投影	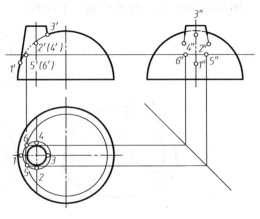

（续）

步骤与画法	图　例
4. 光滑连接各点 　将相贯线上可见部分画成粗实线，不可见部分画成虚线，在左视图上补全圆锥体的最前最后素线 5. 擦去多余的图线，按线型描深可见轮廓线	

二、相贯线的特殊情况

1）当两回转体具有公共轴线时，其相贯线为垂直于轴线的圆，该圆在与轴线平行的投影面上的投影为一段直线段，如图 3-14 所示。

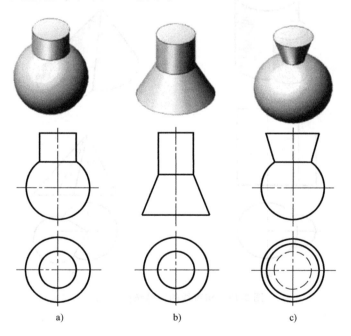

图 3-14　相贯线的特殊情况（一）

2）当圆柱与圆柱、圆柱与圆锥相交，并公切于一个球时，则相贯线为椭圆，它在与两轴线平行的投影面上的投影积聚为直线段，如图 3-15 所示。

3）轴线相互平行的两圆柱相交时，其相贯线是平行于轴线的两条直线段，如图 3-16a 所示。

4）当两圆锥共顶相交时，相贯线为相交的两直线段，如图 3-16b 所示。

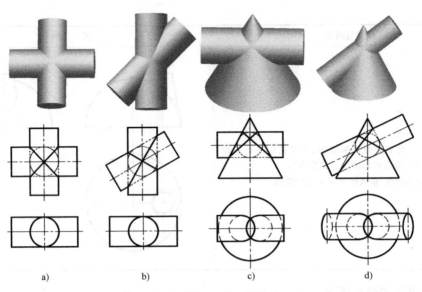

图 3-15 相贯线的特殊情况（二）

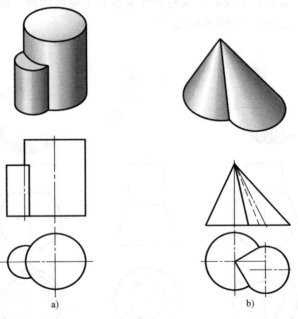

图 3-16 相贯线的特殊情况（三）

项目三 用 AutoCAD 绘制相贯线

任务 用 AutoCAD 绘制正交两圆柱的相贯线

绘制如图 3-17 所示正交两圆柱的三视图。

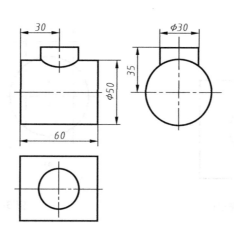

图 3-17 正交两圆柱

▶ 任务分析

由图 3-17 中的尺寸可以看出，可先画出该正交两圆柱的俯视图，然后根据三视图之间的投影规律绘制另外两个视图。

▶ 任务实施

一、启动 AutoCAD 2016

单击快速入门中的"样板"下拉菜单，选择"A4 样板"，即可开始新图形的创建。

二、绘制中心线

将"细点画线"层设置为当前层，打开状态栏的" "按钮、" "按钮、" "按钮，单击"绘图"面板上的" "按钮，绘制各视图的中心线，如图 3-18 所示。

三、绘制俯视图

1）将"粗实线"层设置为当前层，单击"绘图"面板上的" "按钮，绘制直径为 30mm 的圆。

2）单击"绘图"面板上的" "按钮，绘制俯视图的矩形框，如图 3-19 所示。

图 3-18 绘制中心线

四、绘制左视图

1）单击"绘图"面板上的" "按钮，绘制直径为 50mm 的圆。

2）单击"修改"面板上的" "按钮，将竖直点画线对称偏移，偏移距离为 15mm，水平点画线向上偏移，偏移距离为 35mm，如图 3-20a 所示。

3）单击"绘图"面板上的" "按钮，绘制左视图，删除辅助线，如图 3-20b 所示。

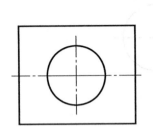

图 3-19 绘制俯视图

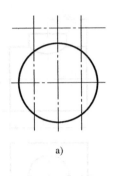 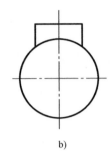

a)　　　　　　　　　b)

图 3-20 绘制左视图

五、绘制主视图

1）单击"修改"面板上的"复制"按钮，将俯视图中的矩形框复制到主视图，如图 3-21a 所示。

2）将"细实线"层设置为当前层，单击"绘图"面板上的"／"按钮，按照"长对正、高平齐"的投影规律绘制辅助线，如图 3-21b 所示。

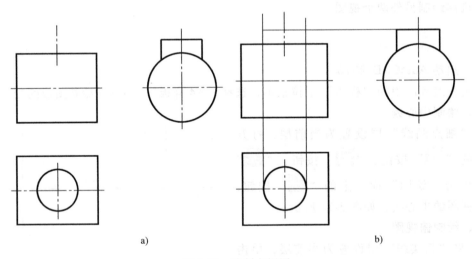

a)　　　　　　　　　b)

图 3-21 绘制主视图

3）将"粗实线"层设置为当前层，单击"绘图"面板上的"／"按钮，绘制主视图，删除辅助线，如图 3-22a 所示。

4）将"细实线"层设置为当前层，单击"绘图"面板上的"／"按钮，按照"高平齐"的投影规律绘制辅助线，如图 3-22a 所示。

5）将"粗实线"层设置为当前层，单击"绘图"面板上的"三点"按钮，绘制相贯线，删除辅助线，如图 3-22b 所示。

六、保存

整理图形，使其符合机械制图标准，完成后保存图形。

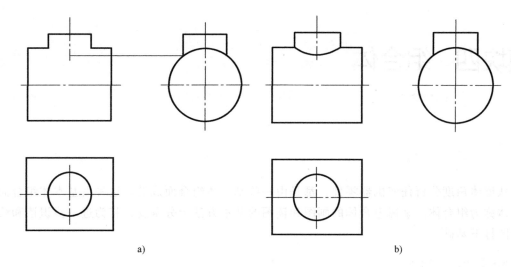

a)   b)

图 3-22 绘制相贯线

七、退出 AutoCAD 2016

单击 AutoCAD 2016 右上角的"关闭"按钮，退出操作。

模块四　组合体

　模块分析

从形体角度分析任何机器零件，都是由一些基本体组合而成的。这种由基本体组合而成的形体称为组合体。掌握组合体的画图和读图的基本方法十分重要，将为进一步识读和绘制零件图打下基础。

　学习目标

1. 掌握组合体三视图的画法，能正确绘制组合体三视图；
2. 了解组合体尺寸的种类，了解尺寸基准的概念；
3. 掌握组合体尺寸标注的基本要求、注意事项和常见尺寸注法；
4. 能够综合运用 AutoCAD 的相关命令，绘制中等复杂组合体的三视图并标注尺寸。

　必学必会

组合体（complex）、定形尺寸（size dimension）、定位尺寸（location dimension）、总体尺寸（general dimensions）、特征视图（characterized view）。

项目一　绘制组合体的三视图

任务一　绘制轴承座的三视图

　任务引入

绘制图 4-1 所示轴承座的三视图。

　任务分析

轴承座是叠加型组合体。绘制叠加型组合体的三视图要运用形体分析法进行分析，即把比较复杂的组合体视为若干个基本形体的组合，对它们的形状和相对位置及表面连接关系进行分析，最终完成组合体三视图绘制。

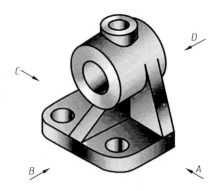

图 4-1　轴承座

　知识链接

一、组合体的组合形式

组合体的组合形式有叠加和切割两种基本形式。由若干基本体叠加而形成的形体称为叠加型组合体,如图 4-2a 所示;由一个完整的基本体经过切割或穿孔后形成的形体称为切割型组合体,如图 4-2b 所示。常见的组合体是这两种形式的综合。

二、表面连接关系

两形体在组合时,由于组合方式或接合面的相对位置不同,形体之间的表面连接关系有以下 4 种。

1. 共面

当两形体相邻表面共面时,在共面处不应有分界线,如图 4-3 所示。

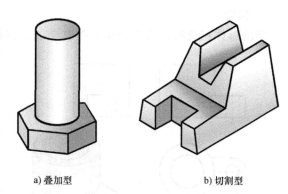

a) 叠加型　　　　b) 切割型

图 4-2　组合体的组合形式

2. 不共面

当两形体相邻表面不共面时,两形体的投影间应该有线隔开,如图 4-4 所示。

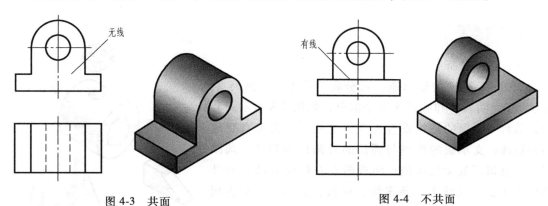

图 4-3　共面　　　　　　　　　　　图 4-4　不共面

3. 相切

当两形体相邻表面相切时,由于相切是光滑过渡,所以相切处不存在分界线,如图 4-5 所示。

特殊情况:如图 4-6 所示,当两圆柱面相切时,若它们的公共切平面垂直于投影面,则应画出相切的素线在该投影面上的投影,也就是两个圆柱面的分界线。

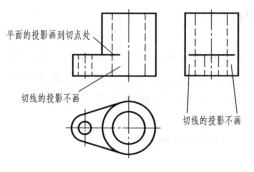

图 4-5　相切的画法

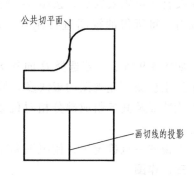

图 4-6　相切的特殊情况

4. 相交

当两形体相交时，两表面交界处有交线，在相交处应画出交线的投影，如图 4-7 所示。

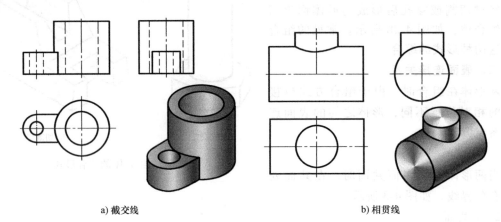

a) 截交线　　　　　　　　　　　　b) 相贯线

图 4-7　相交

一、形体分析

如图 4-1 所示的轴承座，可分解为凸台 1、圆筒 2、支承板 3、肋板 4 和底板 5 五个部分，如图 4-8 所示。其中，凸台与圆筒的轴线垂直正交，内外圆柱面都有交线即相贯线；支承板的两侧与圆筒的外圆柱面相切，画图时应注意相切处无轮廓线；肋板的左右侧面与圆筒的外圆柱面相交，交线为两条素线；底板、支承板、肋板相互叠合，并且底板与支承板的后表面平齐。

二、选择主视图

在三视图中，主视图是最主要的视图，因此主视图的选择尤为重要。选择主视图时通常将物体放正，保证物体的主要平面（或轴线）平行或垂直于投影面，使所选择的投射方向一般最能反映物体结构形状特征。将轴承座按自然位置安放后，按图 4-1 所示箭头的四个方向进行投射，将所得的视图进行比较，以确定主视图的投射方向。

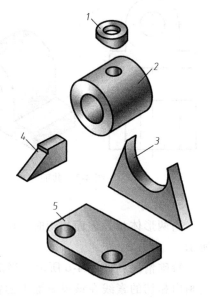

图 4-8　轴承座的形体分析

如图 4-9 所示，若选择 D 向作为主视图，主视图的虚线多，没有 B 向清楚；若选择 C 向作为主视图，左视图的虚线多，没有 A 向好，由于 B 向投射方向最清楚地反映了轴承座的形状特征及其各组成部分相对位置，比 A 向投射好，所以，选择 B 向作为主视图的投射方向。

主视图一旦确定了，俯视图和左视图的投影方向也就相应确定了。

三、作图

1. 选择图纸幅面和比例

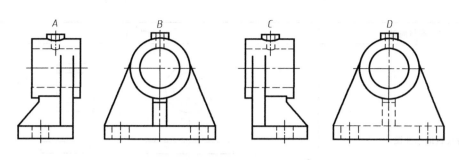

图 4-9 轴承座主视图的选择

根据组合体的复杂程度和尺寸大小,应选择国家标准规定的图幅和比例。在选择时,应充分考虑视图、尺寸、技术要求及标题栏的大小和位置等。在一般情况下,尽量选用 1∶1 的比例。

2. 布置视图,画作图基准线

根据组合体的总体尺寸,通过简单计算,将各视图均匀地布置在图框内,视图间应预留尺寸标注位置。各视图位置确定后,用细点画线或细实线画出作图基准线。作图基准线一般为底面、对称面、主要端面、主要轴线等。

3. 作图

绘制轴承座三视图的作图步骤见表 4-1。

表 4-1 轴承座三视图的作图步骤

步骤与画法	图 例
1. 绘制基准线	
2. 绘制圆筒的三视图	

（续）

步骤与画法	图 例
3. 绘制底板的三视图	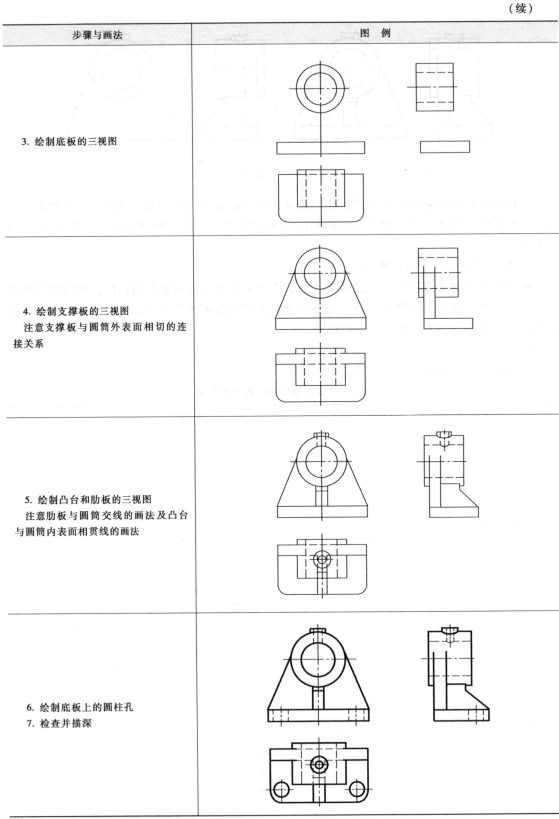
4. 绘制支撑板的三视图 注意支撑板与圆筒外表面相切的连接关系	
5. 绘制凸台和肋板的三视图 注意肋板与圆筒交线的画法及凸台与圆筒内表面相贯线的画法	
6. 绘制底板上的圆柱孔 7. 检查并描深	

任务二 绘制支座的三视图

▶ **任务引入**

绘制图 4-10 所示支座的三视图。

▶ **任务分析**

支座是切割型组合体。切割型组合体的三视图一般采用"减法"进行绘制。

▶ **任务实施**

一、形体分析

分析切割型组合体，要重点弄清楚以下几点。

1) 该组合体在切割之前的形状。

2) 截切面的空间位置、切割顺序及被切去形体的形状。

如图 4-10 所示，该支座是在长方体的基础上，依次进行三次切割所得到的。

二、选择主视图

切割型组合体应使尽量多的截切面（切口）处于投影面的垂直或平行位置，使其具有积聚性或反映实形，以简化作图。

对于图 4-10 所示支座，选择其水平放置，使前后对称面平行于正投影面，将切割较大的部分置于左上方，以此确定主视图的投射方向，这样能较好地反映支座的形体特征。

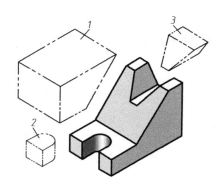

图 4-10 支座

三、作图

绘制支座三视图的作图步骤见表 4-2。

表 4-2 支座三视图的作图步骤

步骤与画法	图例
1. 绘制切割前长方体的三视图	

（续）

步骤与画法	图例
2. 切去第Ⅰ部分 按切割过程逐个减去被切去部分的视图（叠加类组合体是一部分一部分地加在一起，切割类组合体是一部分一部分地减去） 画图时，应先画被切割部分的特征图（即截切面或切口有积聚性的投影），再画其他视图，三个视图同时作图	
3. 切去第Ⅱ部分	
4. 切去第Ⅲ部分 5. 检查并描深	

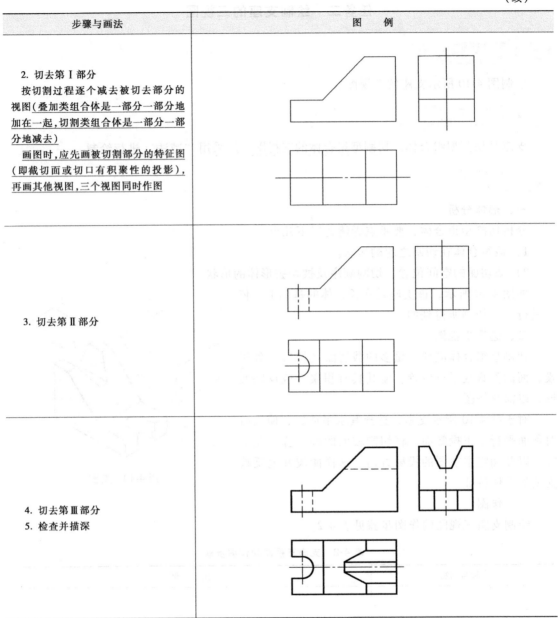

项目二　组合体的尺寸标注

任务　标注支座的尺寸

 任务引入

绘制图 4-11 所示支座的三视图并标注尺寸。

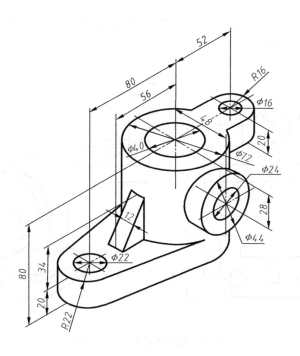

图 4-11 支座

任务分析

视图只能表达组合体的形状，而形体的真实大小及各组成部分的相对位置，则要根据视图上所标注的尺寸来确定。

知识链接

一、尺寸标注的基本要求

组合体尺寸标注的基本要求是正确、完整和清晰。

（1）正确　要求所注的尺寸数值要正确无误，注法要严格遵守国家标准《机械制图 尺寸注法》（GB/T 4458.4—2003）。

（2）完整　要求所注的尺寸必须能完全确定组合体的形状、大小及其相对位置，不遗漏、不重复。

（3）清晰　要求所注的尺寸布局整洁、清晰，便于查找和看图。

二、尺寸种类

（1）定形尺寸　确定组合体形状及大小的尺寸称为定形尺寸。如图 4-12 所示，底板的定形尺寸为长 58mm、宽 34mm、高 10mm，圆角半径 R10mm，两圆柱孔直径 φ10mm；竖板的定形尺寸为宽 12mm，圆弧半径 R17mm，圆孔直径 φ20mm；肋板的定形尺寸为长 8mm，宽 15mm，高 9mm。

（2）定位尺寸　确定组合体上各部分结构相对于基准位置或各部分结构之间相对位置的尺寸称为定位尺寸。如图 4-12 所示，38mm、32mm、24mm 均为定位尺寸。

（3）总体尺寸　表示组合体总长、总宽和总高的尺寸称为总体尺寸。如图 4-12 所示，底板的长度尺寸 58mm 即总长尺寸，底板的宽度尺寸 34mm 即总宽尺寸，尺寸 32mm 和 R17mm 决定了支架的总高尺寸。

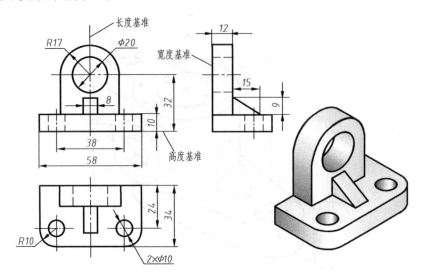

图 4-12 组合体的尺寸标注示例

三、尺寸基准

组合体具有长、宽、高三个方向的尺寸。因此，在标注尺寸时，长、宽、高方向都要选尺寸基准。当组合体较为复杂时，一个基准不够，往往还要选择一个或几个辅助尺寸基准。尺寸基准的确定既与物体的形状有关，也与该物体的加工制造要求、工作位置等有关。对组合体进行尺寸标注时，通常选用底平面、端面、对称面及较大回转体的轴线等作为尺寸基准。

四、标注尺寸的方法和步骤

在对物体进行形体分析的基础上，按下列步骤标注尺寸。

1. 选择尺寸基准

根据组合体的结构特点，选取三个方向的尺寸基准。

2. 标注定形尺寸

假想把组合体分解为若干基本体，逐个注出每个基本体的定形尺寸。

3. 标注定位尺寸

从基准出发，标注各基本体与基准之间的相对位置尺寸。

4. 标注总体尺寸

标注三个方向的总长、总宽、总高尺寸。

5. 核对尺寸，调整布局

标注完尺寸后，应采用形体分析法，对重复和遗漏的尺寸进行修正，并以有利于读图为原则，调整尺寸布局，达到所注尺寸正确、完整、清晰的要求。

五、组合体尺寸标注的注意事项

1）与两视图相关的尺寸，最好注在两视图之间，以保持视图间的联系。长度尺寸尽量标注在主、俯视图上；宽度尺寸尽量标注在俯、左视图上；高度尺寸尽量标注在主、左视图上。

2) 尺寸应标注在表达形状特征最明显的视图上。

3) 同一尺寸只能标注一次,不能重复。

 任务实施

绘制支座三视图并标注尺寸的作图步骤见表 4-3。

表 4-3 支座三视图的作图步骤

步骤与画法	图 例
1. 形体分析 根据支座形体特点,可将其分解为圆柱筒、肋板、底板、凸台和耳板 5 个部分 2. 选择视图 3. 绘制基准线	
4. 绘制圆柱筒	
5. 绘制凸台	

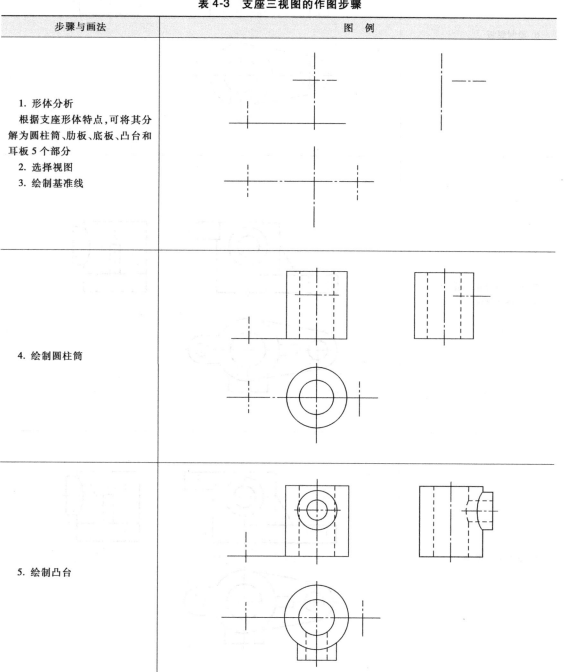

（续）

步骤与画法	图　例
6. 绘制底板	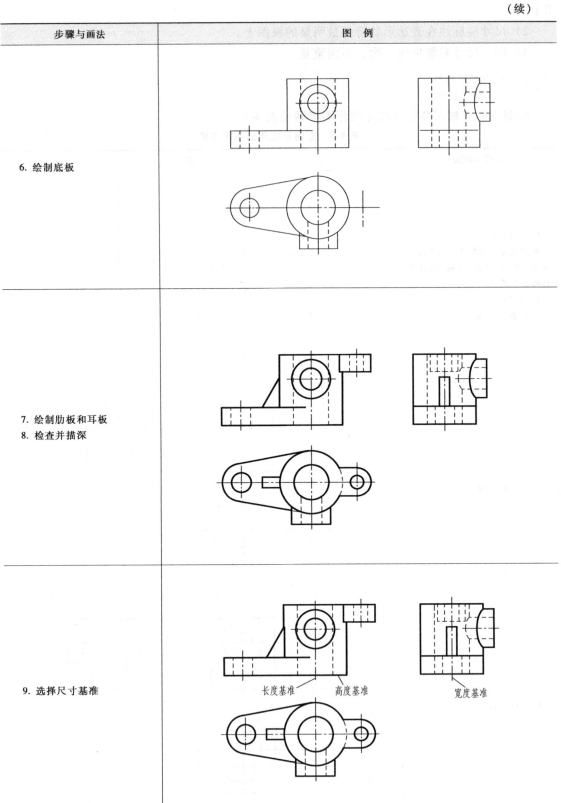
7. 绘制肋板和耳板 8. 检查并描深	
9. 选择尺寸基准	

（续）

步骤与画法	图 例
10. 逐个注出各基本体的定形尺寸	
11. 标注确定各基本体形体相对位置的尺寸	
12. 标注总体尺寸	

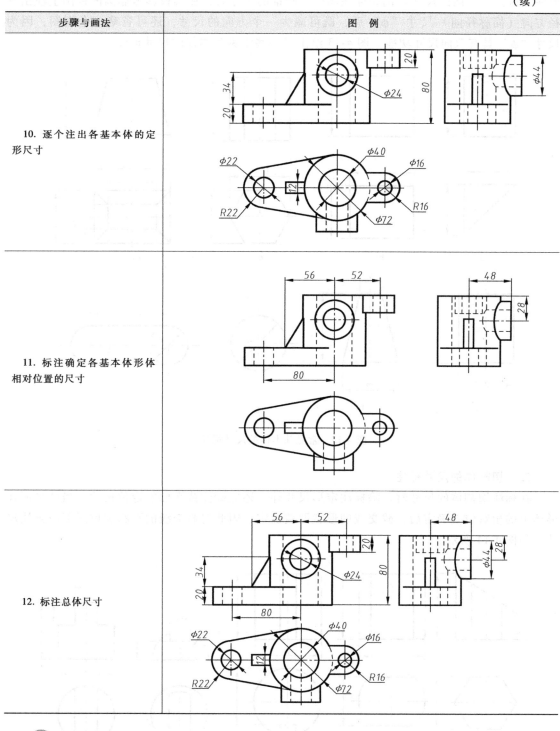

> 知识拓展

一、常见基本体的尺寸标注

对于基本体，一般应注出它的长、宽、高三个方向的尺寸，但并不是每一个基本体都需要注全这三个方向的尺寸。例如标注圆柱、圆锥的尺寸时，在其投影为非圆的视图上注出直径方向（简称径向）尺寸"φ"后，既可减少一个方向的尺寸，还可省略一个视图，因为尺寸"φ"具有双向尺寸功能。图 4-13 给出了一些常见基本体的尺寸标注。

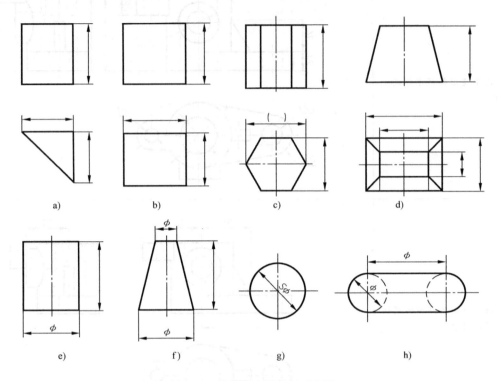

图 4-13　常见基本体的尺寸标注

二、切割体的尺寸标注

在标注切割体的尺寸时，除标注定形尺寸外，还应标注截平面的定位尺寸。当截平面在形体上的相对位置确定后，截交线的形状即被确定，因此对截交线的形状和位置不应再注尺寸，如图 4-14 所示。

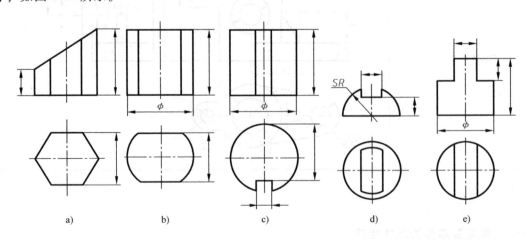

图 4-14　切割体的尺寸标注

三、相交立体的尺寸标注

相交立体除标注相交基本形体的定形尺寸外，还应注出确定两相交基本形体的定位尺寸。当定形、定位尺寸注全后，则两相交体的交线（相贯线）即被确定，因此对相贯线的形状和位置也不要再注出尺寸，如图4-15所示。

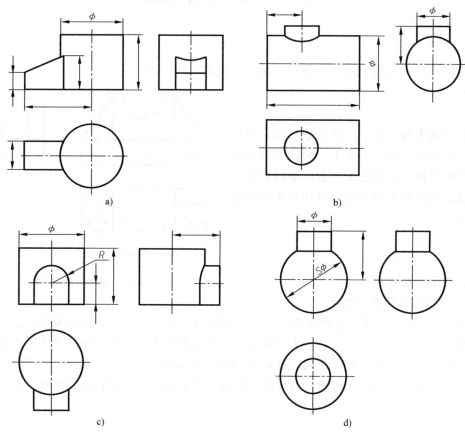

图4-15 相交立体的尺寸标注

四、常见薄板的尺寸标注

由图4-16可以看出，由于板的基本形状和孔、槽的分布形式不同，其中心距定位尺寸的标注形式也不相同。

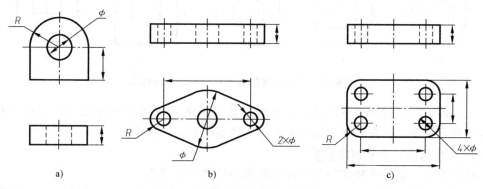

图4-16 常见薄板的尺寸标注

项目三　读组合体视图

任务一　读轴承座的三视图

根据图 4-17 所示轴承座的三视图,想象出它的立体形状。

读图是画图的逆过程,画图是运用正投影法把空间的物体表达在平面上,而读图同样是运用正投影原理,根据视图想象出空间物体的结构形状。读图常用的方法有形体分析法和线面分析法。

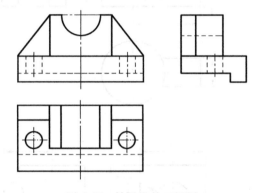

图 4-17　轴承座的三视图

一、读图的基本知识

1. 几个视图要联系起来看

看图是一个构思过程,它的依据是前面学过的投影知识以及从画图的实践中总结归纳出的一些规律。在工程中,机件的形状是通过几个视图来表达的,每个视图只能反映机件一个方向的形状。因此,仅仅由一个视图往往不能唯一地表达某一机件的结构。如图 4-18 所示的 5 组图形,其主视图完全相同,但是联系起俯视图来看,就知道它们表达的是 5 个不同的物体。

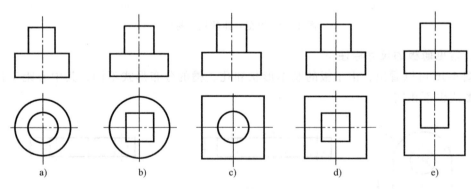

图 4-18　不同形状的物体可有一个相同视图

有时立体的两个视图也不能确定立体的形状。如图 4-19 所示的三组视图,它们有相同的主视图和俯视图,但左视图不同,因此是 3 种不同形状的物体。

2. 抓特征视图,想象物体形状

抓特征视图,就是抓物体的形状特征视图和位置特征视图。

（1）形状特征视图　所谓形状特征视图就是最能表达物体形状的那个视图,如图 4-19

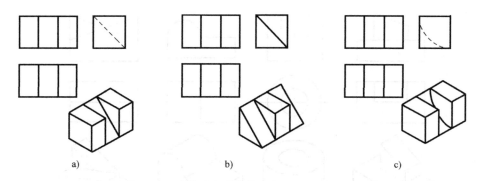

图 4-19 不同形状的物体可有两个相同的视图

所示的左视图。

（2）位置特征视图 所谓位置特征视图就是反映组合体的各组成部分相对位置关系最明显的视图。读图时应以位置特征视图为基础，想象各组成部分的相对位置，如图 4-20 所示的左视图。

特征视图是表达形体的关键视图，读图时应注意找出形体的位置特征视图和形状特征视图，再联系其他视图，就能很容易地读懂视图，想象出形体的空间形状了。

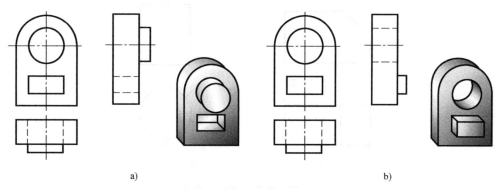

图 4-20 位置特征视图

3. 明确视图中线框和图线的含义

视图中每个封闭线框通常表示物体上的一个表面（平面或曲面）或孔的投影。视图中的每条图线则可能是平面或曲面的积聚性投影，也可能是线的投影。因此，必须将几个视图联系起来对照分析，才能明确视图中的线框和图线的含义。

（1）线框的含义

1）一个封闭线框表示物体上的一个表面（平面或曲面或平面和曲面的组合面）的投影，如图 4-21 所示。

2）大封闭线框内套小封闭线框，可以表示凸起或凹进，如图 4-21a、b 中的俯视图。

3）两个相邻的封闭线框，表示物体不同位置的表面的投影，如图 4-21c、d 中的俯视图。

（2）图线的含义

视图中的每条图线，可能表示三种情况，如图 4-22 所示。

1）垂直于投影面的平面或曲面的投影。

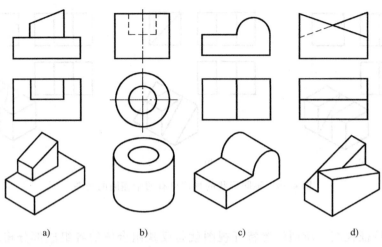

图 4-21 视图中线框的含义

2）两个面交线的投影。
3）回转体转向轮廓线的投影。

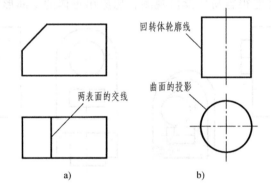

图 4-22 视图中图线的含义

4. 利用线段及线框的可见性，判断形体的形状

1）利用交线的性质确定物体的形状，如图 4-23 所示。

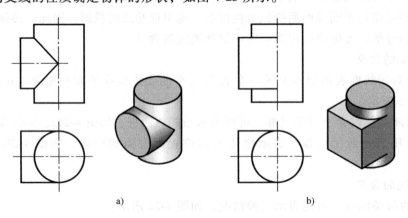

图 4-23 利用交线的性质确定物体的形状

2)利用线的虚实变化判断物体的形状,如图4-24所示。

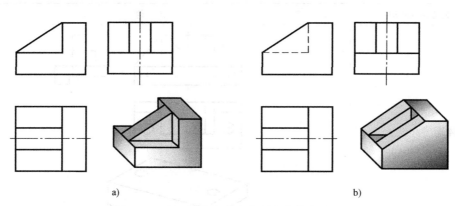

图4-24 利用线的虚实变化判断物体的形状

二、读图的基本方法

读图的基本方法与画图一样,主要也是运用形体分析法,从最能反映物体形状和位置形状特征的视图入手,将复杂的视图按线框分成几个部分,然后运用三视图的投影规律,找出各线框在其他视图上的投影,从而分析各组成部分的形状和它们之间的相对位置,最后综合起来,想象组合体的整体形状。

读轴承座三视图的方法与步骤见表4-4。

表4-4 读轴承座三视图的方法与步骤

读图的方法与步骤	图 例
1. 画线框,分形体 从主视图入手,将该组合体按线框划分为4个部分	
2. 对投影,想形状 想形体 I	

读图的方法与步骤	图 例
3. 想形体Ⅲ	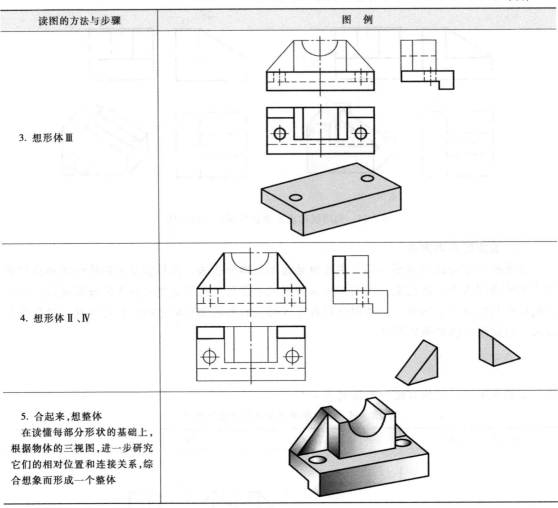
4. 想形体Ⅱ、Ⅳ	
5. 合起来,想整体 在读懂每部分形状的基础上,根据物体的三视图,进一步研究它们的相对位置和连接关系,综合想象而形成一个整体	

知识拓展

根据图 4-25 所示机件的主、俯视图,补画左视图。

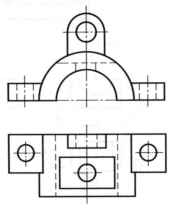

图 4-25 补画机件的左视图

补画机件左视图的作图步骤见表 4-5。

表 4-5　补画机件左视图的作图步骤

步骤与画法	图　　例
1. 画线框，分形体 　按线框分成 4 个组成部分 2. 想形体 Ⅰ 　形体 Ⅰ 是一个半圆柱筒	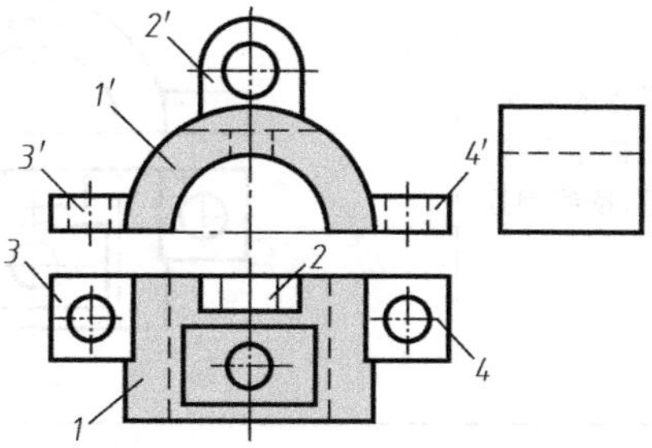
3. 想形体 Ⅱ 　形体 Ⅱ 是一端为圆柱面的小长方体板，上面有一圆孔	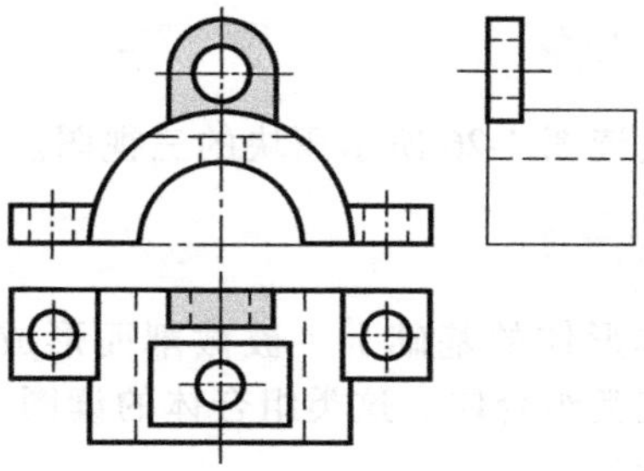
4. 想形体 Ⅲ、Ⅳ 　形体 Ⅲ、Ⅳ 都是长方体，上面有圆孔	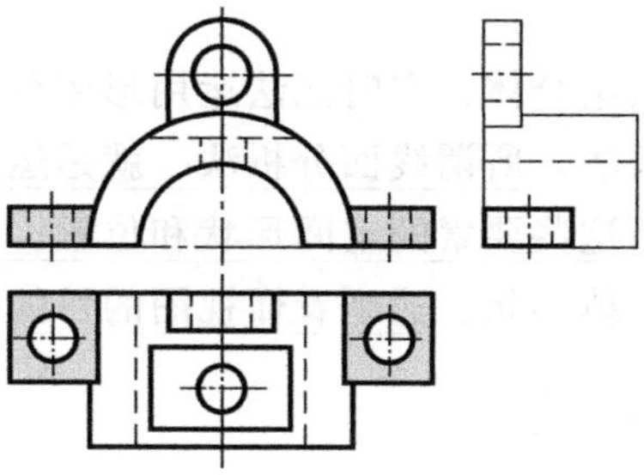
5. 开槽、开孔 　由形体 Ⅰ 可知，上面有一凹槽（底面为水平面）和一铅垂通孔，有截交线和相贯线	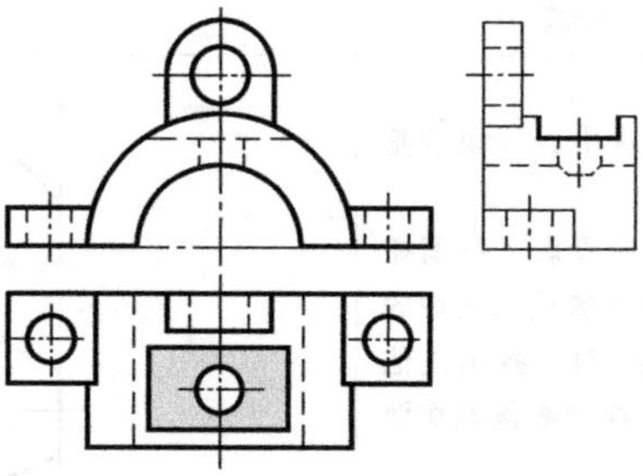

步骤与画法	图 例
6. 综合想象，检查 根据想象出的各形体的形状，综合想象出组合体的整体形状，检查所画视图无误后，按线型描深图线	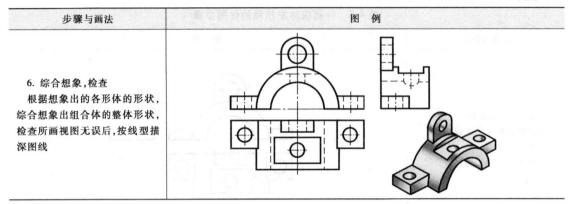

任务二　读压块的三视图

 任务引入

用线面分析法读图 4-26 所示压块的三视图。

 任务分析

压块是在基本形体的基础上，被截割而形成的形体，属于切割类组合体。这类组合体的读图，可以采用线面分析法。

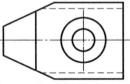

图 4-26　压块的三视图

 知识链接

线面分析法

有许多切割式组合体，有时无法运用形体分析法将其分解成若干个组成部分，这时看图需要采用线面分析法。所谓线面分析法，就是运用投影规律把物体的表面分解为线、面等几何要素，通过分析这些要素的空间形状和位置，来想象物体各表面的形状和相对位置，并借助立体概念想象物体形状，达到看懂视图的目的。

 任务实施

读压块三视图的方法与步骤见表 4-6。

表 4-6　读压块三视图的方法与步骤

读图的方法与步骤	图 例
1. 由压块的三视图看出该压块的基本轮廓是长方体 读图时抓住线段对应投影。所谓抓住线段，是指抓住平面投影成积聚性的线段，按投影对应关系，对应找出其他两投影面上的投影，从而判断该截切面的形状和位置	

（续）

读图的方法与步骤	图 例
2. 分析平面 P 从主视图中的斜线 p' 出发，按长对正、高平齐的对应关系，找出 p 及 p''，可知 P 面为正垂面，即长方体形体被一正垂面切去左上角	
3. 分析平面 Q 从俯视图中的斜线 q 出发，按长对正、宽相等的对应关系，找出 q'' 及 q'，可知 Q 面为铅垂面，即将形体的前（后）角切去	
4. 分析平面 R 从左视图中的直线 r'' 出发，按高平齐、宽相等的对应关系，对应出一直线 r 及线框 r'，可知 R 面为正平面	
5. 分析平面 S 从主视图中的直线 s' 出发，按长对正、高平齐的对应关系，对应出一线框 s 及左视图中的直线 s''，可知 S 面为水平面，由正平面 R 和水平面 S 结合将形体前（后）下部各切去一块长方体	

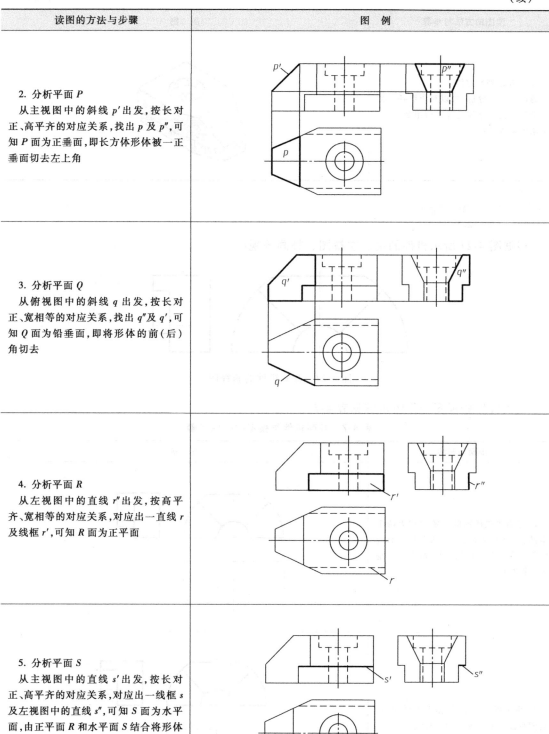

（续）

读图的方法与步骤	图　例
6. 综合起来想整体 通过上面的分析，可以对压块各表面的结构形状与空间位置进行组装，综合想象出整体形状	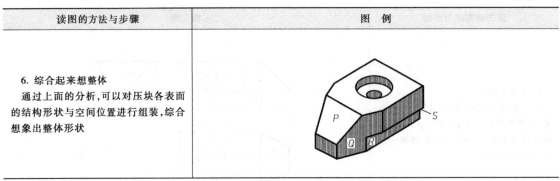

 知识拓展

根据图 4-27 所示机件的主、左视图，补画俯视图。

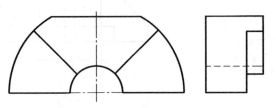

图 4-27　补画机件的俯视图

补画机件俯视图的作图步骤见表 4-7。

表 4-7　补画机件俯视图的作图步骤

步骤与画法	图　例
1. 组合体主视图的主要轮廓为两个半圆，根据高平齐，左视图上与之对应的是两条相互平行的直线，故其原形是半个圆柱筒	
2. 由主视图可见，形体上部被切掉，其俯视图中的投影必定为直线	

（续）

步骤与画法	图　例
3. 从主视图三个线框的空间位置可知，该半圆柱筒的左右两边各切掉一扇形块，深度从左视图上确定	
4. 通过形体和线面分析后，综合想象出物体的整体形状，检查所画视图无误后，按线型描深图线	

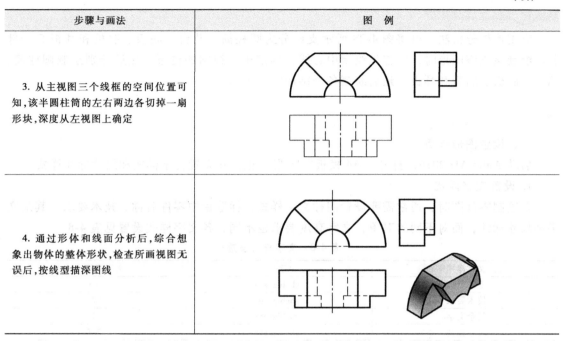

项目四　用 AutoCAD 绘制组合体三视图

任务　用 AutoCAD 绘制支座三视图

绘制图 4-28 所示支座的三视图。

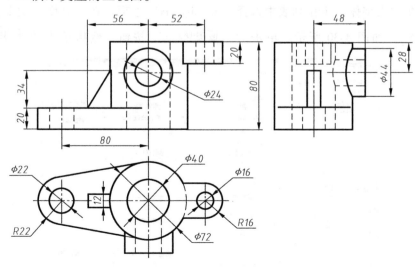

图 4-28　支座的三视图

任务分析

应用形体分析法,可将图 4-28 所示支座分为圆柱筒、凸台、底板、肋板和耳板 5 个部分。绘制该支座图形时,应首先绘制中心线,确定出三视图的位置;然后分别绘制圆柱筒、凸台、底板、肋板和耳板;最后绘制各个结构的细小部分。

任务实施

一、设置图形样板

启动 AutoCAD 2016,打开"A4 模板"图形样板,并设置文字样式和尺寸标注样式。

1. 设置文字样式

在绘制零件图时,通常需要设置四种文字样式,标题栏中零件名称、技术要求、其余文字和尺寸标注,而对不同的对象,文字高度要求也不同,各文字样式设置见表 4-8。

表 4-8 文字样式设置

文字样式	字体	文字高度/mm
零件名称	gbcbig.shx	10
技术要求	gbcbig.shx	7
其余文字	gbcbig.shx	5
尺寸标注	gbcbig.shx	3.5

单击注释面板上的" "按钮,打开"文字样式"对话框,单击"新建(N)..."按钮,弹出"新建文字样式"对话框,在"样式名"文本框中输入文字样式的名称"尺寸标注",如图 4-29 所示。

图 4-29 "新建文字样式"对话框

单击"确定"按钮,返回"文字样式"对话框,在"字体"下拉列表中选择"gbeitc.shx"选项,再选择"使用大字体"复选项,然后在"大字体"下拉列表中选择"gbcbig.shx"选项,在"高度"文本框中输入文字高度"3.5",如图 4-30 所示。单击"应用(A)"按钮,然后单击"置为当前(C)"按

图 4-30 "文字样式"对话框

钮，使新创建的文字样式成为当前样式，退出"文字样式"对话框。

提示

"文字样式"对话框中的常用选项功能如下：

① "新建(N)..." 按钮：单击此按钮，就可以创建新文字样式。

② "删除(D)" 按钮：在"样式"列表框中选择一个文字样式，再单击此按钮，将删除所选择的文字样式。当前样式以及正在使用的文字样式不能被删除。

③ "字体"：在此下拉列表中列出了所有字体的清单。带有双"T"标志的字体是 Windows 系统提供的"TrueType"字体，其他字体是 AutoCAD 自己的字体（*.shx），其中"gbenor.shx"和"gbeitc.shx"（斜体西文）字体是符合国标的工程字体。

④ "使用大字体"复选框：大字体是指专为亚洲国家设计的文字字体。其中，"gbcbig.shx"字体是符合国标的工程汉字字体，该字体文件还包含一些常用的特殊符号。由于"gbcbig.shx"中不包含西文字体定义，因而使用时可将其与"gbenor.shx"和"gbeitc.shx"字体配合使用。

⑤ "高度"：输入字体的高度。如果用户在该文本框中指定了文字高度，则当使用 DTEXT（单行文字）命令时，AutoCAD 命令行将不提示"指定高度"。

⑥ "颠倒"：选择此复选项，文字将上下颠倒显示，该选项仅影响单行文字。

⑦ "反向"：选择此复选项，文字将首尾反向显示，该选项仅影响单行文字。

⑧ "垂直"：选择此复选项，文字将沿竖直方向排列。

⑨ "宽度因子"：默认的宽度因子为1。若输入小于1的数值，则文字将变窄，否则，文字变宽。

⑩ "倾斜角度"：该选项指定文字的倾斜角度。角度值为正时向右倾斜，为负时向左倾斜。

2. 创建标注样式

单击注释面板上的"　"按钮，打开"标注样式管理器"对话框，如图4-31所示。

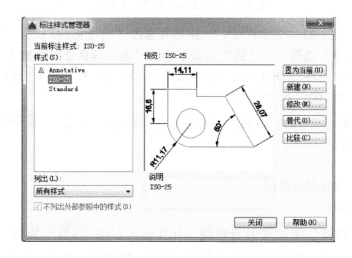

图 4-31 "标注样式管理器"对话框

单击"新建(N)..."按钮,弹出"创建新标注样式"对话框,在"新样式名"文本框中输入新的样式名称"工程标注",如图4-32所示。在"基础样式"下拉列表中指定某个尺寸作为新样式的基础样式,则新样式将包含基础样式的所有设置。此外,还可以在"用于"下拉列表中设定新样式对某一类型尺寸的特殊控制。默认情况下,"用于"下拉列表的选项是"所有标注",即指新样式将控制所有类型尺寸。

图4-32 "创建新标注样式"对话框

单击"继续"按钮,弹出"新建标注样式"对话框,如图4-33所示。

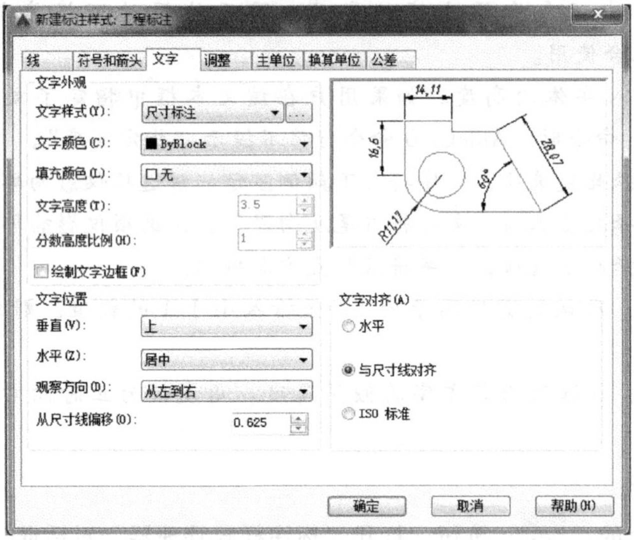

图4-33 "新建标注样式"对话框

在"文字"选项卡的"文字样式"下拉列表选择"尺寸标注";在"文字对齐"区域选择"与尺寸线对齐"选项;在"线"选项卡中的"起点偏移量"中输入"0";在"主单位"选项卡的"线性标注"分组框的"单位格式""精度"和"小数分隔符"下拉列表中分别选择"小数""0.00"和"句点"。

单击"确定"按钮,得到一个新的尺寸样式,再单击"置为当前(U)"按钮,使新样式成为当前样式。

3. 保存

设置完成后,保存图形样板。

二、绘制圆柱筒

1)将"细点画线"层设置为当前层,打开状态栏的"⌐"按钮、"▢"按钮、"∠"按钮,单击"绘图"面板上的"╱"按钮,在绘图区适当位置绘制各视图的主要中心线。

2)将"细实线"层设置为当前层,单击"绘图"面板上的" "按钮,绘制45°辅助线,如图4-34a所示。

3)将"粗实线"层设置为当前层,单击"绘图"面板上的" "按钮,绘制直径为40mm、72mm的同心圆。

4)将"细实线"层设置为当前层,单击"绘图"面板上的" "按钮,按照"长对正"的投影规律绘制辅助线,如图4-34b所示。

5)将"粗实线"层设置为当前层,单击"绘图"面板上的" "按钮,绘制圆柱筒轮廓线,删除辅助线。

6)单击"修改"面板上的" "按钮,将主视图中的竖直点画线对称偏移,偏移距离为20mm,并将偏移后的图线修改为"细虚线"层。

7)单击"修改"面板上的" 修剪 "按钮,修剪图线,如图4-34c所示。

8)单击"修改"面板上的" 复制 "按钮,将主视图中的图线复制到左视图,如图4-34d所示。

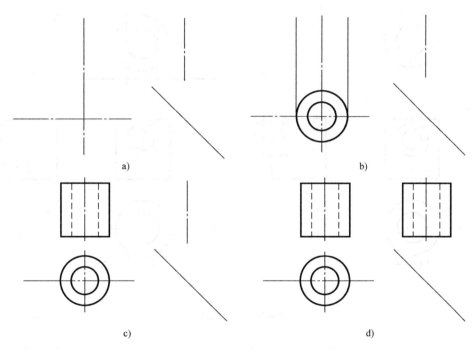

图 4-34 绘制圆柱筒

三、绘制凸台

1)单击"修改"面板上的" "按钮,将主视图、左视图中圆柱筒的上端面轮廓线向下偏移,偏移距离为28mm,并将偏移后的图线修改为"细点画线"层,利用夹点方式调整点画线的长度,如图4-35a所示。

2)单击"绘图"面板上的" "按钮,绘制直径为24mm、44mm的同心圆。

3) 单击"修改"面板上的"凸"按钮，将水平点画线向下偏移，偏移距离为48mm，并将偏移后的图线修改为"粗实线"层；将竖直点画线对称偏移，偏移距离为22mm，并将偏移后的图线修改为"粗实线"层；将竖直点画线对称偏移，偏移距离为12mm，并将偏移后的图线修改为"细虚线"层，如图4-35b所示。

4) 单击"修改"面板上的"修剪"按钮，修剪图线。

5) 单击"修改"面板上的"凸"按钮，将左视图中的竖直点画线向右偏移，偏移距离为48mm，并将偏移后的图线修改为"粗实线"层；将水平点画线对称偏移，偏移距离为12mm，并将偏移后的图线修改为"细虚线"层；将水平点画线对称偏移，偏移距离为22mm，并将偏移后的图线修改为"粗实线"层，如图4-35c所示。

6) 单击"修改"面板上的"修剪"按钮，修剪图线，如图4-35d所示。

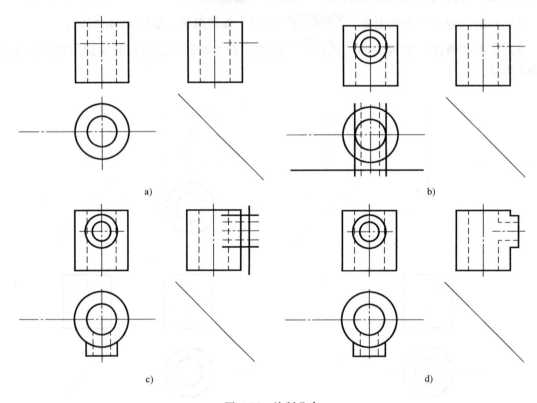

图 4-35　绘制凸台

7) 将"细实线"层设置为当前层，单击"绘图"面板上的"╱"按钮，绘制相贯线的辅助线，如图4-36a所示。

8) 将"粗实线"层设置为当前层，单击"绘图"面板上的"⌒"按钮，AutoCAD命令行提示如下：

指定圆弧的起点或[圆心(C)]：　　　　　　　　（捕捉交点1）
指定圆弧的第二个点或[圆心(C)/端点(E)]：　　（捕捉交点2）
指定圆弧的端点：　　　　　　　　　　　　　　（捕捉交点3,如图4-36b所示）

9)将"细虚线"层设置为当前层,单击"绘图"面板上的" "按钮,绘制圆柱孔的相贯线,并删除辅助线,如图4-36b所示。

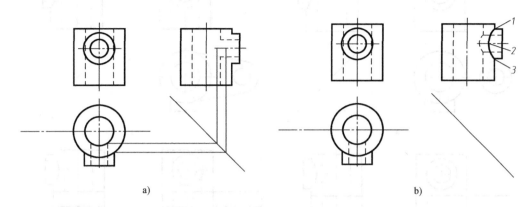

图4-36 绘制相贯线

四、绘制底板

1)单击"修改"面板上的" "按钮,将俯视图中的竖直点画线向左偏移,偏移距离为80mm。

2)将"粗实线"层设置为当前层,单击"绘图"面板上的" "按钮,绘制直径为22mm、半径为22mm的同心圆,如图4-37a所示。

3)单击"绘图"面板上的" "按钮,绘制底板轮廓线。将"细虚线"层设置为当前层,单击"绘图"面板上的" "按钮,绘制底板轮廓线。

4)单击"修改"面板上的" 修剪"按钮,修剪图线,如图4-37b所示。

5)利用夹点方式调整主视图底板轮廓线的长度,单击"修改"面板上的" "按钮,将主视图、左视图中的底板轮廓线向上偏移,偏移距离为20mm,如图4-37c所示。

6)将"细实线"层设置为当前层,单击"绘图"面板上的" "按钮,绘制辅助线,如图4-37d所示。

7)单击"修改"面板上的" "按钮,将主视图中的竖直点画线向左偏移,偏移距离为80mm;将偏移后的点画线对称偏移,将左视图中的竖直点画线对称偏移,偏移距离为11mm,并将偏移后的图线修改为"细虚线"层。

8)单击"修改"面板上的" 修剪"按钮,修剪图线,删除辅助线,如图4-37e所示。

五、绘制耳板

1)单击"修改"面板上的" "按钮,将主视图、俯视图中的竖直点画线向右偏移,偏移距离为52mm,利用夹点方式调整点画线的长度。

2)将"粗实线"层设置为当前层,单击"绘图"面板上的" "按钮,绘制直径为16mm、半径为16mm的同心圆。

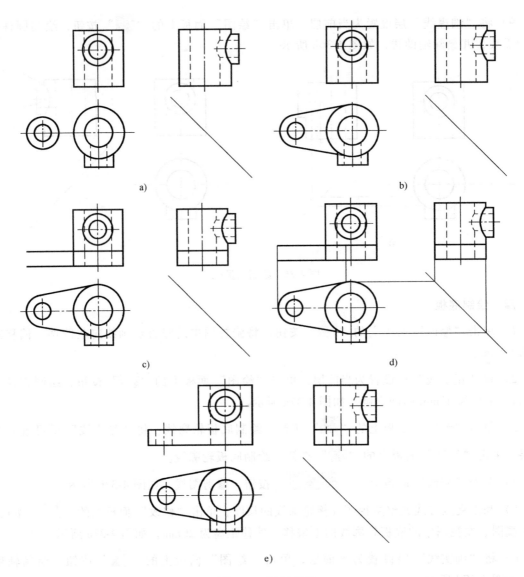

图 4-37 绘制底板

3）单击"绘图"面板上的"╱"按钮，绘制轮廓线，单击"修改"面板上的"—╱—修剪"按钮，修剪图线。

4）将"细虚线"层设置为当前层，单击"绘图"面板上的"○"按钮，绘制直径为72mm圆的虚线部分，单击"修改"面板上的"—╱—修剪"按钮，修剪图线，如图4-38a所示。

5）将"细实线"层设置为当前层，单击"绘图"面板上的"╱"按钮，绘制辅助线。

6）将"粗实线"层设置为当前层，单击"绘图"面板上的"╱"按钮，绘制主视图轮廓线，如图4-38b所示。

7）单击"修改"面板上的"凸"按钮，将主视图中的右侧竖直点画线对称偏移，偏移距离为8mm，并将偏移后的图线修改为"细虚线"层；将左视图中的竖直点画线对称偏移，偏移距离分别为8mm、16mm，并将偏移后的图线修改为"细虚线"层；将左视图中圆柱筒上顶面轮廓线向下偏移，偏移距离为20mm，并将偏移后的图线修改为"细虚线"层，如图4-38c所示。

8）单击"修改"面板上的"修剪"按钮，修剪图线，删除辅助线，如图4-38d所示。

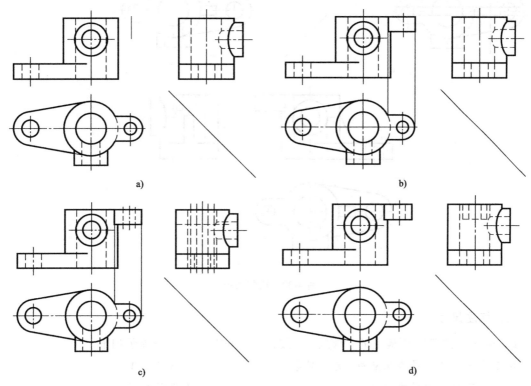

图4-38 绘制耳板

六、绘制肋板

1）单击"修改"面板上的"凸"按钮，将主视图、俯视图中的竖直点画线向左偏移，偏移距离为56mm，并将偏移后的图线修改为"粗实线"层；将主视图、左视图中底板上端面的轮廓线向上偏移，偏移距离为34mm，并将偏移后的图线修改为"粗实线"层；将俯视图中的水平点画线、左视图中的竖直点画线对称偏移，偏移距离为6mm，并将偏移后的图线修改为"粗实线"层，如图4-39a所示。

2）单击"修改"面板上的"修剪"按钮，修剪图线。

3）将"细实线"层设置为当前层，单击"绘图"面板上的"╱"按钮，绘制辅助线，如图4-39b所示。

4）将"粗实线"层设置为当前层，单击"绘图"面板上的"╱"按钮，绘制主视图轮廓线。

5）单击"修改"面板上的"修剪"按钮，修剪图线，删除辅助线，如图4-39c所示。

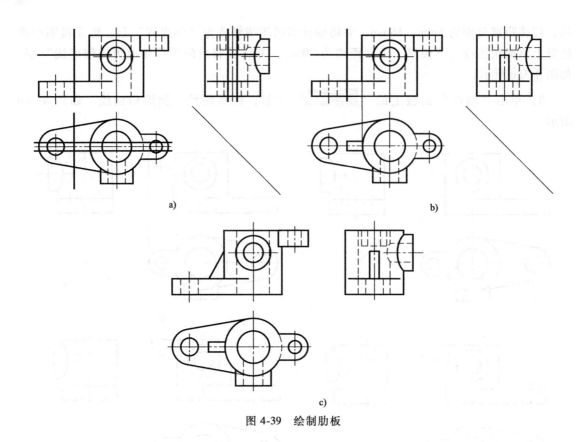

图 4-39 绘制肋板

七、标注尺寸

1）单击"注释"面板上的" 线性 "按钮，AutoCAD 命令行提示如下。

指定第一个尺寸界线原点或<选择对象>：　　　　　　　（捕捉点 A）
指定第二个尺寸界线原点：　　　　　　　　　　　　　　（捕捉点 B）
指定尺寸线位置或
[多行文字(M)/文字(T)/角度(A)/水平(H)/垂直(V)/旋转(R)]：t
　　　　　　　　　　　　　　　　　　　　　　　　　　[选择"文字(T)"选项，回车]
输入标注文字<44>：%%C44　　　　　　　　　　　　　（输入%%C44，回车）
指定尺寸线位置或
[多行文字(M)/文字(T)/角度(A)/水平(H)/垂直(V)/旋转(R)]：
　　　　　　　　　　　　　　　　　　　　　　　　（移动光标将尺寸线放置在适当
　　　　　　　　　　　　　　　　　　　　　　　　位置，单击，如图 4-40 所示）

图 4-40 标注"φ44"

提示

"线性"命令选项如下：

① 多行文字（M）：使用该选项则打开"文字编辑器"，用户可以利用此编辑器输入新的标注文字。

② 文字（T）：此选项使用户可以在命令行上输入新的尺寸文字。

③ 角度（A）：通过该选项设置文字的放置角度。

④ 水平（H）/垂直（V）：创建水平或垂直型尺寸。用户也可通过移动光标指定创建何种类型的尺寸。如左右移动光标，将生成垂直尺寸；上下移动光标，则生成水平尺寸。

⑤ 选择（R）：使尺寸线倾斜一个角度，因此可以利用这个选项，标注倾斜的对象。

绘制机械图样时，经常需要输入一些特殊字符，如 $\phi 35\pm 0.05$、60°等。这些特殊字符不能从键盘上直接输入，可利用 AutoCAD 提供的控制符进行输入。控制符由两个百分号（%）和一个字符组成，常见的控制符见表 4-9。

表 4-9 AutoCAD 的常用控制符及其功能

控制符	功能
%%C	输入直径符号（Φ）
%%P	输入正负号（±）
%%D	输入角度值符号（°）
%%%	输入百分号（%）
%%O	打开/关闭上划线功能
%%U	打开/关闭下划线功能

2) 单击"注释"面板上的"直径"按钮，AutoCAD 命令行提示如下。

选择圆弧或圆： （单击半径为 16mm 的圆弧）

标注文字 = 16

指定尺寸线位置或[多行文字(M)/文字(T)/角度(A)]： （移动光标将尺寸线放置在适当位置，单击）

3) 单击"注释"面板上的"直径"按钮，AutoCAD 命令行提示如下。

选择圆弧或圆： （单击直径为 24mm 的圆）

标注文字 = 24

指定尺寸线位置或[多行文字(M)/文字(T)/角度(A)]： （移动光标将尺寸线放置在适当位置，单击）

4) 用相同的方法，完成其他尺寸的标注，如图 4-41 所示。

八、保存

整理图形，使其符合机械制图标准，完成后保存图形。

九、退出 AutoCAD 2016

单击 AutoCAD 2016 右上角的"关闭"按钮，退出操作。

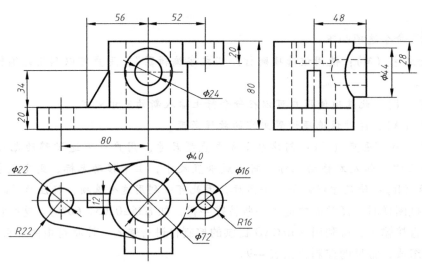

图 4-41 标注尺寸

 知识拓展

标注类型

AutoCAD 2016 提供了 10 多种尺寸标注类型，分别为：快速标注、线性标注、对齐标注、坐标标注、半径标注、直径标注、角度标注、弧长标注、基线标注、连续标注、公差标注、圆心标注等。这些标注方式的名称、对应的工具按钮及功能见表 4-10。

表 4-10　AutoCAD 标注类型

菜单	工具栏按钮	功能
线性		创建两点间的水平、垂直或指定方向的距离标注
对齐		创建与两点连线平行的尺寸线（用于倾斜尺寸的标注）
角度		创建角度标注
弧长		用于测量圆弧或多段线弧上的距离
半径		创建圆或圆弧的半径标注
直径		创建圆或圆弧的直径标注
坐标		用于测量从原点到要素的水平或垂直距离

（续）

菜单	工具栏按钮	功能
折弯		创建圆或圆弧的折弯标注
快速		从选定对象中快速创建一组标注
基线		从上一个或选定标注的基线作一系列线性、角度或坐标标注
连续		从上一个或选定标注的第二条延伸线开始的线性、角度或坐标标注
等距		调整线性标注或角度标注之间的间距
折断		在标注或延伸线与其他对象重叠处打断标注或延伸线
折弯线性		在线性或对齐标注上添加或删除折弯线
检验		添加或删除与选定标注关联的检验信息
标注更新		用当前标注样式更新标注对象
重新关联		将选定的标注关联或重新关联到对象或对象上的点
几何公差		创建包含在特征框中的几何公差标注
圆心		创建圆心和中心线,指出圆或圆弧的圆心
倾斜		使线性标注的延伸线倾斜
文字角度		将标注文字旋转一定角度
左对正		左对齐标注文字
居中对正		标注文字置中
右对正		右对齐标注文字
替代		控制对选定标注中所使用的系统变量的替代

模块五　轴测图

模块分析

　　轴测图是单面投影图,相对三视图而言,轴测图能直观地反映形体的空间结构特征。在工程上,轴测图常被用于在产品说明书中表示产品的外形,或用于产品拆装、使用和维修说明等。在制图教学中,轴测图也是培养空间构思能力的手段之一。通过画轴测图可以帮助想象物体的形状,培养空间想象能力。

　　绘制轴测图所采用的投影法为平行投影法,保持正投影法不变,使形体相对投影面倾斜,所得到的轴测图称为正轴测图;保持形体摆放位置为"正放",使投射光线相对投影面倾斜,所得到的轴测图称为斜轴测图。每一类轴测图根据轴向伸缩系数的不同,又可分别分为三种不同的类型。本模块学习常用的正等轴测图与斜二轴测图。

学习目标

1. 掌握正等轴测图的画法;
2. 掌握斜二轴测图的画法;
3. 熟练应用"等轴测捕捉"的方法绘制正等轴测图。

必学必会

　　轴测图（axonometric drawing）、轴间角（interaxial angle）、轴向伸缩系数（coefficient of axial deformation）、正等轴测图（isometric drawing）、斜二轴测图（cabinet drawing）、草图（sketch）。

项目一　绘制正等轴测图

任务一　绘制正六棱柱的正等轴测图

　　根据图 5-1 所示正六棱柱的三视图,绘制其正等轴测图。

　　绘制正六棱柱的轴测图时,只要画出其一顶面（或底面）的轴测投影,再过顶面（或底面）上各顶点,沿其高度方向作平行线,按高度截取,将所得各点按先后顺序连线（细

虚线不画），即得正六棱柱的轴测图。画图的关键是如何准确地绘制顶面的轴测投影。

一、轴测图的形成

沿不平行于任一坐标面的方向，用平行投影法将物体连同其参考坐标系投射在单一投影面上所得到的图形，称为轴测图，如图 5-2 所示。轴测图又称为轴测投影。该单一投影面称为轴测投影面。

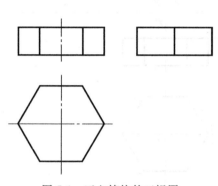

图 5-1 正六棱柱的三视图

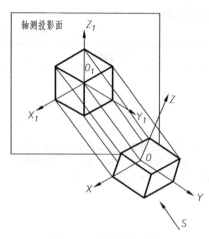

图 5-2 轴测图的形成

二、轴间角和轴向伸缩系数

直角坐标轴 OX、OY、OZ 在轴测投影面上的投影 O_1X_1、O_1Y_1、O_1Z_1 称为轴测轴。轴测轴之间的夹角 $\angle X_1O_1Y_1$、$\angle X_1O_1Z_1$、$\angle Y_1O_1Z_1$ 称为轴间角。

轴测轴的单位长度与相应直角坐标轴上的单位长度的比值称为轴向伸缩系数。OX、OY、OZ 轴上的轴向伸缩系数分别用 p_1、q_1 和 r_1 表示，简化轴向伸缩系数分别用 p、q 和 r 表示。

三、轴测投影的基本性质

1. 平行性

物体上相互平行的线段，在轴测图上仍然平行。平行于坐标轴的线段，轴测投影仍平行于相应的轴测轴，且同一轴向所有线段的轴向伸缩系数相同。

2. 度量性

凡物体上与轴测轴平行的线段的尺寸可沿轴向直接量取（"轴测"之名由此而来）。

画轴测图时，应利用这两个投影特性作图，但对物体上那些与坐标轴不平行的线段，就不能应用等比性量取长度，而应用坐标定位的方法求出直线两端点，然后连成直线。

四、正等轴测图

使描述物体的三直角坐标轴与轴测投影面具有相同的倾角，用正投影法在轴测投影面所得的图形称为正等轴测图（简称正等测），如图 5-2 所示。

正等轴测图的轴间角均为 120°，如图 5-3 所示。由于物体的三坐标轴与轴测投影面的倾角均相同，因此正等轴测图的轴向伸缩系数也相同，即 $p=q=r=0.82$。为了作图、测量和计算都方便，常把正等轴测图的轴向伸缩系数简化成 1，这样在作图时，凡是与轴测轴平行的线段，可按实际长度量取，不必进行换算。这样画出的图形，其轴向尺寸均为原来的 1.22 倍（1∶0.82≈1.22），但形状没有改变。

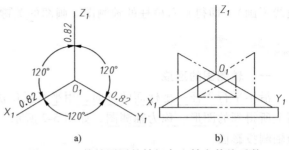

图 5-3 正等轴测图的轴间角和轴向伸缩系数

绘制正六棱柱正等轴测图的作图步骤见表 5-1。

表 5-1 正六棱柱正等轴测图的作图步骤

步骤与画法	图 例
1. 在主、俯视图中确定空间坐标轴（OX、OY、OZ）的投影，正六棱柱前后、左右对称，选顶面中心为坐标原点	
2. 画出轴测轴 OX、OY、OZ，在轴测轴上的点 A_1、B_1、1、4	
3. 过 A_1、B_1 两点作 X_1 轴的平行线，求得正六边形的顶点，连接各点，完成正六棱柱顶面的轴测图	
4. 沿正六棱柱顶面各顶点垂直向下量取正六棱柱的高，得到正六棱柱底面的各端点，用直线连接各点并加深轮廓线，将前面遮住的线条擦去，即得到正六棱柱的正等轴测图	

绘制切割体的正等轴测图

如图 5-4 所示，大多数的平面立体都可以看成由长方体切割而成的，因此，先画出长方体的正等轴测图，然后进行轴测切割，从而完成物体的轴测图的画图方法，称为方箱切割法。

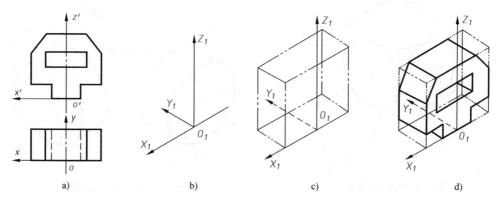

图 5-4 切割体轴测图的画法

作图步骤：

1）首先设置主、俯视图的直角坐标轴。由于物体对称，为作图方便，选择直角坐标系如图 5-4a 所示。

2）画轴测轴，如图 5-4b 所示，这种轴测轴的选择方法是为了将物体的特征面放在前面。

3）根据主、俯视图的总长、总宽、总高作出辅助长方体的轴测图，如图 5-4c 所示。

4）在平行轴测轴方向上按题意进行比例切割，如图 5-4d 所示。

5）擦去多余的线，整理描深，完成轴测图。

任务二　绘制圆柱的正等轴测图

▶ 任务引入

根据图 5-5 所示圆柱的三视图，绘制其正等轴测图。

▶ 任务分析

圆柱是组成机件的常见形体，掌握圆柱正等轴测图的画法，是绘制回转体轴测图的基础。

由图 5-6a 可知，圆柱的轴线垂直于 XOY 坐标轴，即圆柱的上、下底圆平行于坐标面 XOY。而在正等轴测图中，由于三个坐标面都倾斜于轴测投影面，所以其上、下端面圆的轴测投影为椭圆，如图 5-6b 所示。故绘制圆柱正等轴测图的关键是如何绘制圆柱端面圆的正等轴测图，只要将顶面和底面的椭圆画好，然后作两椭圆的公切线，既得圆柱的正等轴测图。

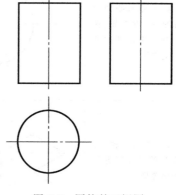

图 5-5 圆柱的三视图

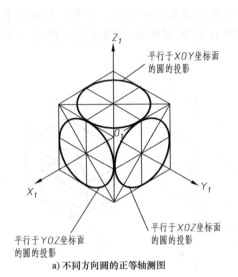
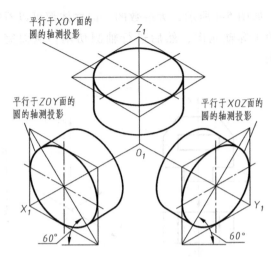

a) 不同方向圆的正等轴测图　　　　　　　　　b) 不同方向圆柱的正等轴测图

图 5-6　平行三个不同坐标面圆的正等轴测图

 知识链接

一、圆的正等测投影

在平面立体的正等轴测图中，平行于坐标面的正方形变成了菱形，如果在正方形内有一个圆与其相切，显然圆随正方形四条边的变化成了内切于菱形的椭圆，如图 5-6b 所示。

二、圆的正等轴测图的画法

由上面的分析可知，平行于坐标面的圆的正等轴测图都是椭圆，虽然椭圆的方向不同，但画法相同。各椭圆的长轴都在外切菱形的长对角线上，短轴在短对角线上。

在正等轴测图中，椭圆一般用四段圆弧代替，平行于水平投影面的圆的正等轴测图的画法见表 5-2。

表 5-2　平行于水平面圆的正等轴测图的画法

步骤与画法	图　例	步骤与画法	图　例
1. 选取圆心为坐标原点作坐标轴，在俯视图中作圆的外切正方形		3. 连接 $1D_1$、$1C_1$、$2A_1$、$2B_1$，交菱形对角线于 3、4，则 1、2、3、4 即为四段圆弧的圆心	
2. 作轴测轴，再按圆的外切正方形画出菱形		4. 分别以 1、2 为圆心，以 $1D_1$ 为半径作圆弧；以 3、4 为圆心，以 $3B_1$ 为半径作圆弧，四个圆弧连成近似椭圆，即为所求	

▶ 任务实施

绘制圆柱正等轴测图的作图步骤见表5-3。

表5-3 圆柱正等轴测图的作图步骤

步骤与画法	图 例	步骤与画法	图 例
1. 选定坐标轴及坐标原点,在投影为圆的视图上作圆的外切正方形	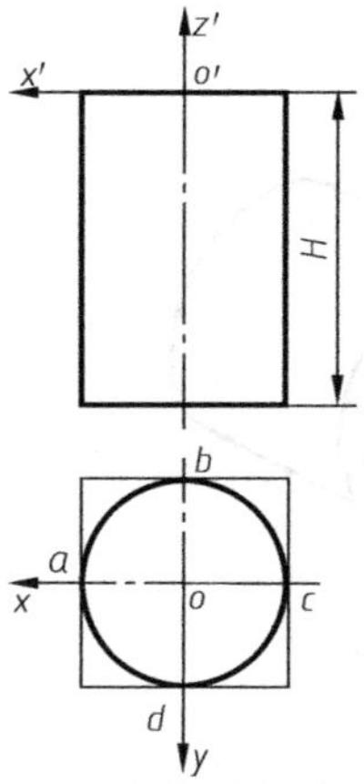	3. 作圆柱顶面圆的轴测投影椭圆 4. 将三个圆心2、3、4沿Z轴平移距离H,作圆柱底面圆的轴测投影椭圆	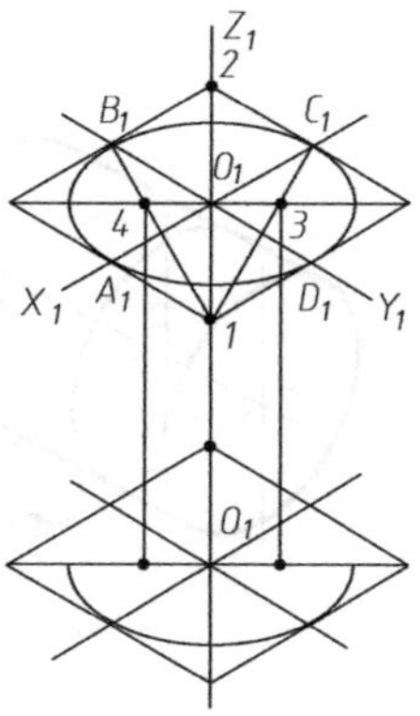
2. 画轴测轴,作顶面圆的外切正方形的轴测图(菱形)。沿着Z轴量取圆柱高度H,用同样的方法作出底面圆的外切正方形	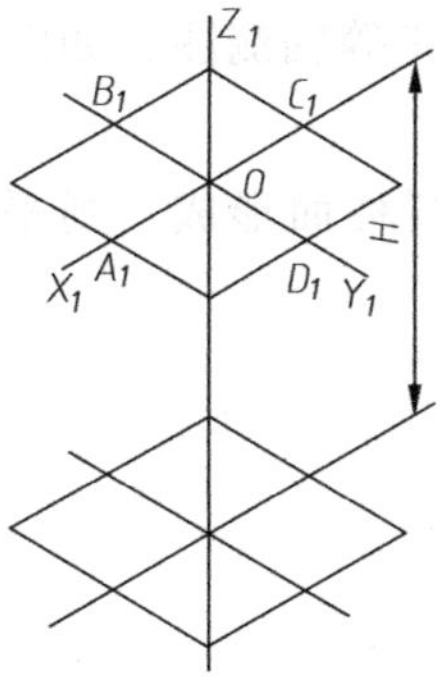	5. 作两椭圆的公切线,擦去多余的作图线并描深	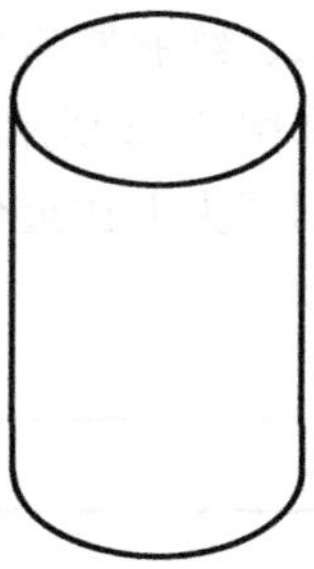

 知识拓展

一、绘制开槽圆柱体的正等轴测图

图5-7a所示为开槽圆柱体的主、左视图,圆柱轴线垂直于侧面,左端中央开一通槽,开槽交线与圆柱底面圆弧是平行关系。

作图步骤:

1)作轴测轴 O_1Y_1、O_1Z_1,画出圆柱左端面的轴测椭圆。作轴测轴 O_1X_1,圆心沿 O_1X_1 轴右移距离等于圆柱长度 L,作右端面轴测椭圆的可见部分,作两椭圆的公切线,如图5-7b所示。

2)将左端面圆心右移槽口深度 H,作槽口底面椭圆,如图5-7c所示。

3)量取槽口宽度 S,作出槽口部分的轴测图,如图5-7d所示。

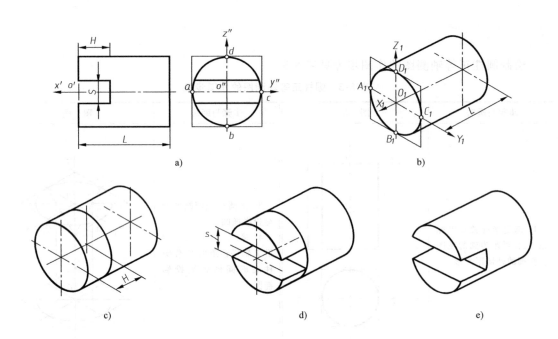

图 5-7 开槽圆柱体正等轴测的画法

4) 描深可见部分轮廓线，完成开槽圆柱体的正等轴测图，如图 5-7e 所示。

二、绘制圆角平板的正等轴测图

如图 5-8a 所示的圆角平板，其圆角由 1/4 的圆柱面形成，则平行于坐标面的圆角的正等轴测图为上述近似椭圆的 4 段圆弧中的一段。

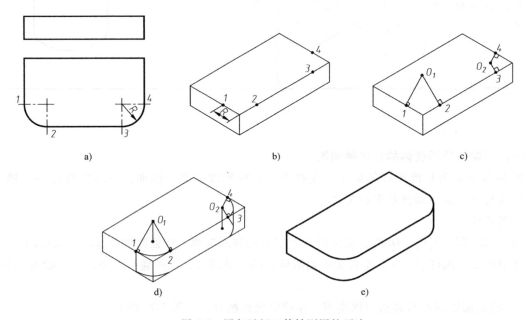

图 5-8 圆角平板正等轴测图的画法

作图步骤：

1）作出平板的轴测图，并根据圆角半径 R，在平板上底面相应的棱线上作出切点 1、2、3、4，如图 5-8b 所示。

2）过切点 1、2 分别作相应棱线的垂线，得交点 O_1，过切点 3、4 分别作相应棱线的垂线，得交点 O_2，如图 5-8c 所示。

3）以 O_1 为圆心、$O_1 1$ 为半径作圆弧，以 O_2 为圆心、$O_2 3$ 为半径作圆弧，得平板上底面两圆角的轴测图。将圆心 O_1、O_2 下移平板厚度，再用与上底面圆弧相同的半径分别作两圆弧，得平板下底面圆角的轴测图，如 5-8d 所示。

4）在平板右端作上、下小圆弧的公切线，描深可见部分轮廓线，完成圆角平板的正等轴测图，如图 5-8e 所示。

三、绘制支座的正等轴测图

图 5-9a 所示的支座由两部分组成，底板为带有圆孔的圆角平板，立板为带有圆孔的半圆头板。

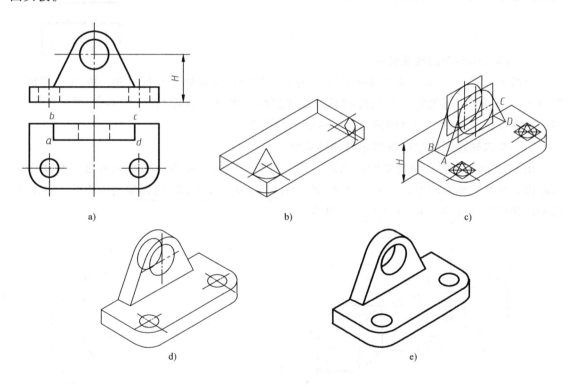

图 5-9　支座正等轴测图的画法

作图步骤：

1）作出圆角平板的轴测图，如图 5-9b 所示。

2）作出底板两侧的圆孔及立板顶部的圆弧，定下角点 A、B、C、D 并作圆的切线，如图 5-9c 所示。

3）作出立板中间的圆孔，如图 5-9d 所示。

4）检查图线，描深可见部分轮廓线，完成轴测图，如图 5-9e 所示。

项目二　绘制斜二轴测图

任务　绘制形体的斜二轴测图

根据图 5-10 所示正面形状复杂形体的视图，绘制其斜二轴测图。

如图 5-10 所示，此形体平行于正面（XOZ 面）的方向上具有较多的圆或圆弧。如果画正等轴测图，就要画很多椭圆，作图烦琐。如果用斜二轴测图来表达，就会大大简化作图步骤。

一、斜二轴测图的形成过程

如图 5-11 所示，如果使物体的 XOZ 坐标面与轴测投影面处于平行的位置，采用平行斜投影法也能得到具有立体感的轴测图，这样所得到的轴测投影就是斜二等测轴测图，简称斜二轴测图。

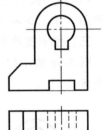

图 5-10　正面形状复杂形体的视图

二、斜二轴测图的轴间角和轴向伸缩系数

图 5-12 所示为斜二轴测图的轴测轴、轴间角和轴向伸缩系数等参数及画法。从图中可以看出，在斜二轴测图中，$O_1X_1 \perp O_1Z_1$ 轴，O_1Y_1 与 O_1X_1、O_1Z_1 的夹角均为 135°，三根轴的轴向伸缩系数分别为 $p_1 = r_1 = 1$，$q_1 = 0.5$。

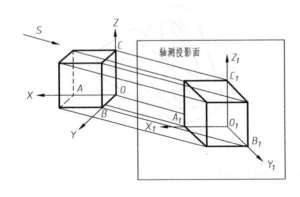

图 5-11　斜二轴测图的形成

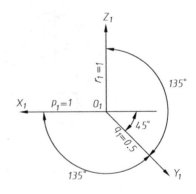

图 5-12　斜二轴测图的轴间角和轴向伸缩系数

绘制如图 5-10 所示形体斜二轴测图的作图步骤见表 5-4。

表 5-4 斜二轴测图的作图步骤

步骤与画法	图 例	步骤与画法	图 例
1. 确定坐标轴		3. 画各层主要部分形状和各细节及孔洞的可见部分形状	
2. 作轴测轴,将形体上各平面分层定位,并画出各平面的对称线、中心线,再画主要平面的形状		4. 擦去多余图线,加深轮廓线	

项目三　绘制轴测草图

不用绘图仪器和工具，通过目测形体各部分之间的相对比例，徒手画出的图样称为草图。草图是创意构思、技术交流、测绘机器常用的绘图方法，具有很大的实用价值。虽然草图是徒手绘制的，但仍应做到图形正确、线型粗细分明、字迹工整、图面整洁。画草图的铅笔一般用 HB 或 B，草图的图纸一般不固定，初学者可在方格纸上进行练习。

任务　绘制螺栓毛坯的正等轴测图草图

绘制图 5-13 所示螺栓毛坯的正等轴测图草图。

如图 5-13 所示，螺栓毛坯由六棱柱、圆柱、圆台组成。徒手绘制该图形时，必须掌握徒手绘制直线、椭圆的基本方法。

一、徒手画直线

1. 直线的画法

徒手画图时，手腕和手指微触纸面。画短线以手腕运笔；画长

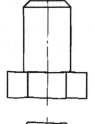

图 5-13　螺栓毛坯

线时，移动手臂运笔，眼睛注视着线段终点，以眼睛的余光控制运笔方向，移动手腕使笔尖沿要画线的方向做直线运动。画水平线时，为了便于运笔，可将图纸微微左倾，自左向右画线，如图 5-14a 所示；画竖直线时，应自上而下运笔画线，如图 5-14b 所示。

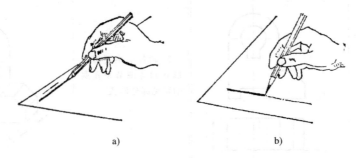

图 5-14　徒手画直线

2. 等分线段

（1）四等分线段（图 5-15a）　先目测取得中点 2，再取等分点 1、3。

（2）五等分线段（图 5-15b）　先目测以 1∶4 的比例将线段分成不相等的两段，然后将较长的一段四等分。

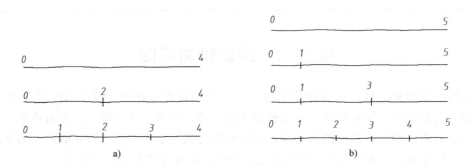

图 5-15　等分线段

3. 常用角度的画法

画 30°、45°、60°等常见角度时，可根据两直角边的比例关系，先定出两端点，然后连接两端点即为所画角度线，如图 5-16 所示。

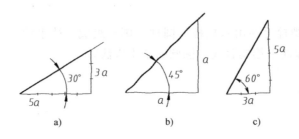

图 5-16　常用角度的画法

二、徒手画圆和椭圆

1. 画圆

画圆时，先确定圆心位置，并过圆心画出两条中心线；画小圆时，可在中心线上按半径目测出四点，然后徒手连点；当圆直径较大时，可以通过圆心多画几条不同方向的直线，按半径目测出一些直径端点，再徒手连点画圆，如图5-17所示。

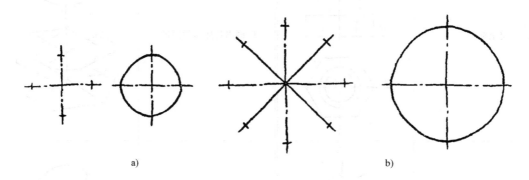

图5-17 徒手画圆

2. 画椭圆

画椭圆时，先在中心线上定出长、短轴的四个端点，作矩形或平行四边形，再作四段椭圆弧，如图5-18所示。

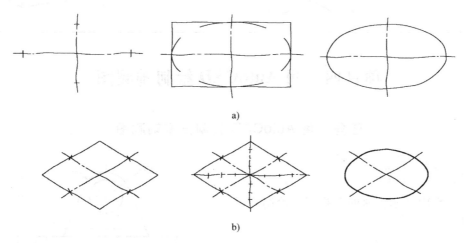

图5-18 徒手画椭圆

徒手画图，最重要的是要保持物体各部分的比例关系，确定出长、宽、高的相对比例。画图过程中随时注意将测定线段与参照线段进行比较、修改，避免图形与实物失真太多。对于小的机件，可利用手中的笔估量各部分的大小；对于大的机件，则应取一参照尺度，目测机件各部分与参照尺度的倍数关系。

绘制螺栓毛坯正等轴测图草图的作图步骤见表5-5。

表 5-5　螺栓毛坯正等轴测图草图的作图步骤

步骤与画法	图　例	步骤与画法	图　例
1. 确定坐标轴		3. 画出各底面的图形	
2. 作轴测轴，在 OZ 轴上定出各底面的中心 O_1、O_2、O_3，过各中心点作平行轴测轴 X、Y 的直线		4. 画出正六棱柱、圆柱、圆台的外形轮廓 5. 擦去多余图线，加深轮廓线	

项目四　用 AutoCAD 绘制轴测图

任务　用 AutoCAD 绘制支座轴测图

根据图 5-19 所示支座的两视图，绘制其正等轴测图。

图 5-19 所示的支座由两部分组成，底板为带有圆孔的圆角平板，立板为带有圆孔的半圆头板。

一、启动 AutoCAD 2016

单击"图层"面板上的"　"按钮，打

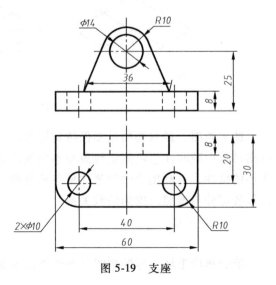

图 5-19　支座

开"图层特性管理器"面板,创建细点画线、粗实线和细实线 3 个图层。

二、设置正等轴测图的绘图环境

打开状态栏的"⌐"按钮、"▯"按钮、"∠"按钮,将光标移到"∠"按钮上单击鼠标右键,在弹出的状态栏快捷菜单中选择"对象捕捉追踪设置"选项,在弹出的"草图设置"对话框中打开"极轴追踪"选项卡,在"增量角"下拉列表框中选择"30",并选中"用所有极轴角设置追踪",如图 5-20 所示,单击"确定"按钮。

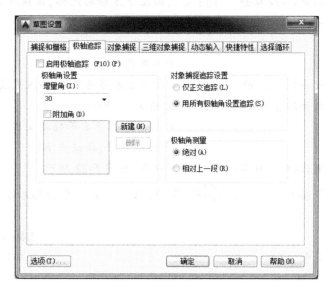

图 5-20 设置对象捕捉追踪

打开状态栏的"▨"按钮,启动等轴测捕捉模式,原来的十字光标变为轴测光标"·",选择"▨"的子命令,可将 3 种不同的轴测面切换为当前绘图面,3 种平面状态时的光标如图 5-21 所示。

a) 左等轴测平面　　　　b) 右等轴测平面　　　　c) 顶部等轴测平面

图 5-21 等轴测方向

三、绘制底板

1)将"粗实线"层设置为当前图层,单击"绘图"面板上的"∠"按钮,AutoCAD 命令行提示如下:

命令:line
指定第一点:　　　　　　　　　　(在当前绘图区域内适当位置单击点 A)
指定下一点或[放弃(U)]:8　　　　(向下移动光标,输入直线长度 8mm,回车)
指定下一点或[放弃(U)]:30　　　　(向右下方移动光标,输入直线长度 30mm,回车)

指定下一点或[闭合(C)/放弃(U)]:8　　　　（向上移动光标,输入直线长度8mm,回车）
指定下一点或[闭合(C)/放弃(U)]:　　　　　（向左上方移动光标,捕捉点A）
指定下一点或[闭合(C)/放弃(U)]:<等轴测平面 俯视> 60

（按<F5>键使顶部等轴测面成为当前绘图面,向右上方移动光标,输入直线长度60mm,回车）

指定下一点或[闭合(C)/放弃(U)]:30　　　（向右下方移动光标,输入直线长度30mm,回车）
指定下一点或[闭合(C)/放弃(U)]:　　　　　（向左下方移动光标,捕捉点B）
指定下一点或[闭合(C)/放弃(U)]:　　　　　（回车）
LINE
指定第一点:　　　　　　　　　　　　　　（捕捉点C）
指定下一点或[放弃(U)]:60　　　　　　　　（向右上方移动光标,输入直线长度60mm,回车）
指定下一点或[放弃(U)]:<等轴测平面 右视>

（按<F5>键使右等轴测面成为当前绘图面,向上方移动光标,捕捉点F）

指定下一点或[闭合(C)/放弃(U)]:　　　　　（回车,如图5-22所示）

2）单击"修改"面板上的" 复制 "按钮,AutoCAD命令行提示如下:
命令:_copy
选择对象:　　　　　　　　　　　　　　　（选择线段AB）
选择对象:找到1个　　　　　　　　　　　（回车）
选择对象:
当前设置:复制模式=多个
指定基点或[位移(D)/模式(O)]<位移>:　　　（捕捉点B）
指定第二个点或[阵列(A)]<使用第一个点作为位移>:10　（向右上方移动光标,输入10mm,回车）
指定第二个点或[阵列(A)/退出(E)/放弃(U)]<退出>:　（回车,如图5-23所示）

单击"修改"面板上的" 复制 "按钮,将线段BF向左上方复制,复制距离为10mm,将线段EF向左下方复制,复制距离为10mm,如图5-23所示。

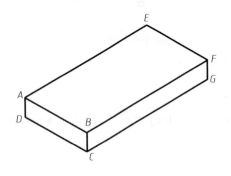

图5-22　绘制水平底板

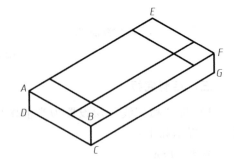

图5-23　复制线段

3）选择状态栏中的" 顶部等轴测平面 ",将顶部等轴测平面设置为当前绘图面,单击

"绘图"面板上的" 轴,端点"按钮,AutoCAD 命令行提示如下:

命令:_ellipse
指定椭圆轴的端点或 [圆弧(A)/中心点(C)/等轴测圆(I)]:i
                [选择"等轴测圆(I)"选项,回车]
指定等轴测圆的圆心: (捕捉交点 O)
指定等轴测圆的半径或 [直径 D]:5 (输入等轴测圆的半径 5mm,回车)
命令:
ELLIPSE
指定椭圆轴的端点或 [圆弧(A)/中心点(C)/等轴测圆(I)]:i
                (选择"等轴测圆"选项,回车)
指定等轴测圆的圆心: (捕捉交点 O)
指定等轴测圆的半径或 [直径 D]:10 (输入等轴测圆的半径 10mm,回车,如图 5-24 所示)

4)单击"绘图"面板上的" 轴,端点"按钮,以 O 和 O_1 为圆心绘制半径分别为 5mm 和 10mm 的等轴测圆,如图 5-24 所示。

5)单击"修改"面板上的" 复制"按钮,向下复制半径分别为 5mm 和 10mm 的等轴测圆,复制距离均为 8mm,如图 5-25 所示。

6)选择状态栏中的" 右等轴测平面",将右等轴测平面设置为当前绘图面,单击"绘图"面板上的" "按钮,连接等轴测圆的两个左象限点,即绘制等轴测圆的公切线,如图 5-26 所示。

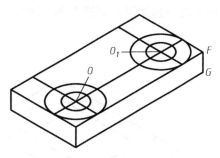

图 5-24 绘制等轴测圆

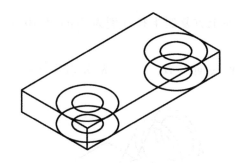

图 5-25 复制等轴测圆

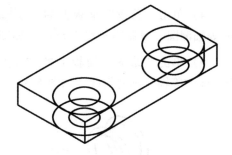

图 5-26 绘制等轴测圆的公切线

7)单击"修改"面板上的" 修剪"按钮,修剪多余线段,如图 5-27 所示。

四、绘制立板

1)选择状态栏中的" 顶部等轴测平面",将顶部等轴测平面设置为当前绘图面,单击"绘图"面板上的" "按钮,绘制立板底面 HIJK,如图 5-28 所示。

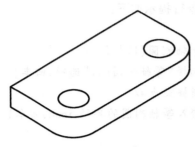
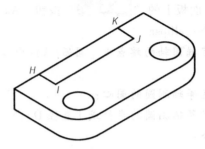

图 5-27 修剪多余线段　　　　　　　图 5-28 绘制立板底面

2) 选择状态栏中的"右等轴测平面",将右等轴测平面设置为当前绘图面,将"细点画线"层设置为当前图层,单击"绘图"面板上的" "按钮,利用"直线"命令和对象自动捕捉模式过线段 IJ 的中点绘制点画线,如图 5-29 所示。

3) 单击"绘图"面板上的"轴,端点"按钮,以 O_2 为圆心绘制半径分别为 7mm 和 10mm 的等轴测圆,如图 5-30 所示。

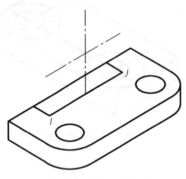
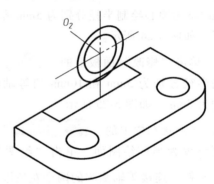

图 5-29 绘制点画线　　　　　　　图 5-30 绘制等轴测圆

4) 单击"修改"面板上的"复制"按钮,向左上方复制半径分别为 7mm 和 10mm 的等轴测圆,复制距离均为 8mm,如图 5-31 所示。

5) 单击"绘图"面板上的" "按钮,过立板底面点 H、I、J、K 分别作半径为 10mm 的等轴测圆的切线,如图 5-32 所示。

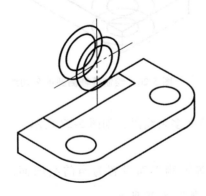
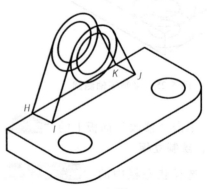

图 5-31 复制等轴测圆　　　　　　　图 5-32 绘制切线

6）选择状态栏中的"顶部等轴测平面",将顶部等轴测平面设置为当前绘图面,单击"绘图"面板上的""按钮,绘制等轴测圆的公切线,如图 5-33 所示。

7）单击"修改"面板上的""按钮,修剪多余线段,如图 5-34 所示。

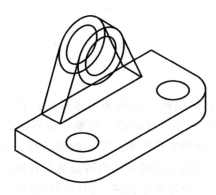

图 5-33 绘制等轴测圆的公切线

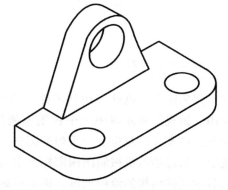

图 5-34 修剪多余线段

五、保存

整理图形,使其符合机械制图标准,完成后保存图形。

六、退出 AutoCAD 2016

单击 AutoCAD 2016 右上角的"关闭"按钮,退出操作。

模块六　机械图样的表达方法

在工程实际中，机件（包括零件、部件和机器）的结构形状是多种多样的，有时仅采用主视图、俯视图和左视图三个视图不能把机件的内、外形状准确、完整、清晰地表达出来。为此，国家标准规定了一系列的图样画法，要求每个工程技术人员在画图时都必须遵守这些规定。通过学习机械制图国家标准中的机件常用表达方法的有关内容及运用各种常用表达方法表达机件结构的绘图训练，能够正确、完整、清晰地表达机件，识读图样中所表达的机件形状结构，初步具备绘制与识读机械图样的能力。国家标准《技术制图》和《机械制图》中规定了表达机件的图样可用视图、剖视图、断面图、局部放大图和简化画法等常用方法。

1. 掌握视图的种类及表达方法；
2. 掌握剖视图的种类及其画法；
3. 掌握断面图的种类及其画法；
4. 能够用 AutoCAD 绘制剖视图。

基本视图（basic view）、向视图（reference arrow view）、局部视图（partial view）、剖视图（sectional view）、剖切面（cutting plane）、剖面线（section line）、全剖视图（full section）、半剖视图（half section）、局部剖视图（local or broken-out section）、断面图（sectional drawing）、局部放大图（drawing of partial enlargement）、简化画法（simplified representation）、规定画法（conventional representation）。

项目一　视　　图

视图是用正投影法将机件向投影面投射所得的图形。在机械图样中，它主要用来表达机件的外部形状。运用视图表达机件时，其画法应遵循有关标准的规定，一般只画出机件可见结构，必要时才用细虚线画出不可见结构。

国家标准规定，表达机件外形的视图有基本视图、向视图、局部视图、斜视图4种。

任务一　绘制组合体的基本视图

组合体结构如图 6-1 所示，将其置于投影体系中，采用正投影法将其向投影面投射，并按照国家标准的相关规定，绘制基本视图。

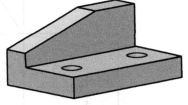

图 6-1　组合体

根据前面内容的学习，我们已经初步掌握了主视图、俯视图、左视图的形成及其投影规律。在原来三个投影面的基础上，能否增加投影面？根据投射方向不同，能否形成其他视图以及其视图的投影规律与原三面视图是否相同？

一、六个基本视图的形成

基本视图是将机件向基本投影面投射所得的视图。

国家标准规定，用正六面体的六个面作为基本投影面，机件的图形按正投影法绘制，并采用第一角投影法（即机件处在观察者与对应投影面之间）。如图 6-2 所示，将机件置于正六面体中，分别由前、后、上、下、左、右六个方向向六个基本投影面作正投影，可得到机件的六个基本视图。六个基本视图的名称及投射方向规定如下：

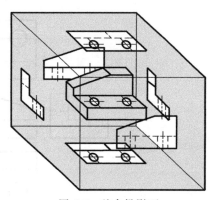

图 6-2　基本投影面

主视图——由前向后投射所得的视图；
俯视图——由上向下投射所得的视图；
左视图——由左向右投射所得的视图；
右视图——由右向左投射所得的视图；
仰视图——由下向上投射所得的视图；
后视图——由后向前投射所得的视图。

二、基本视图的配置

规定六个基本投影面的展开方法如图 6-3 所示，即正投影面保持不动，其他投影面按箭头所指方向展开至与正投影面在同一个平面上。展开后，六个基本视图的固定配置如图 6-4 所示，即称六个基本视图按投影关系配置，不需要标注各视图名称。

三、基本视图的投影规律

1. 投影对应关系

仍然符合"长对正、高平齐、宽相等"的投影规律，即：

主视图、俯视图、仰视图、后视图长对正；
主视图、左视图、右视图、后视图高平齐；
俯视图、仰视图、左视图、右视图宽相等。

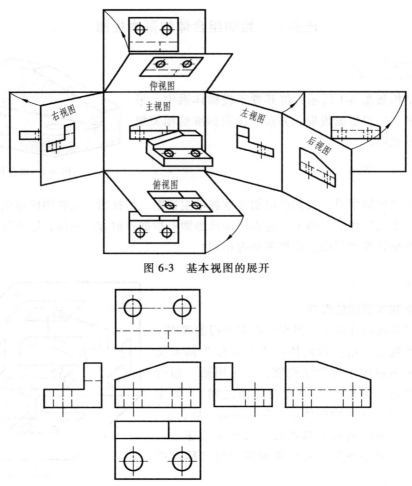

图 6-3　基本视图的展开

图 6-4　六个基本视图的配置

2. 方位对应关系

以主视图为基准，除后视图以外，其他视图中靠近主视图的一侧为机件后面，远离主视图的一侧为机件前面；后视图的右侧表示机件的左面，左侧表示机件的右面，如图 6-5 所示。

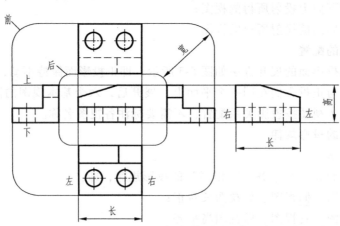

图 6-5　六个基本视图的投影规律

国家标准规定了六个基本视图,但不是任何机件都要用六个基本视图来表达。实际画图时,应根据机件的结构特点,灵活选用必要的基本视图,一般优先选用主、俯、左三个基本视图,然后再考虑其他基本视图。在选择视图时,要求表达完整、清晰又不重复,尽量使视图数量最少。

任务实施

绘制基本视图的作图步骤见表 6-1。

表 6-1 基本视图的作图步骤

步骤与画法	图 例
1. 绘制三视图 2. 绘制右视图 注意:右视图与主视图要高平齐,与俯视图要宽相等	
3. 绘制仰视图 注意:仰视图与主视图要长对正,与左视图要宽相等	
4. 绘制后视图 注意:后视图与主视图长度要相等,高度要平齐	

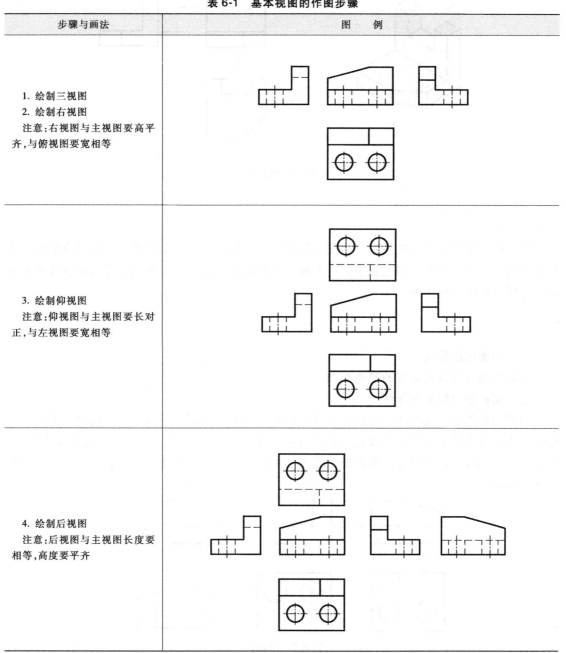

任务二　绘制组合体的向视图

任务引入

根据图 6-6b 所示组合体的三视图，参照图 6-6a 所示轴测图，绘制 A、B、C 三个方向的向视图。

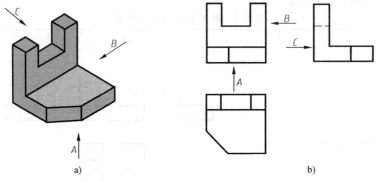

图 6-6　组合体

任务分析

根据机械制图国家标准规定，必须按照相关规定配置六个基本视图，不能随意放置，故缺乏灵活性。而在实际绘图过程中，经常难以按规定形式配置基本视图，那么能否按照实际绘图需要自由配置视图呢？

知识链接

一、向视图的形成

向视图是可以自由配置的基本视图。

二、向视图的配置与标注

国家标准规定了向视图，可以不按规定位置配置基本视图。但为了便于读图，需要进行标注。在向视图的上方中间位置用大写字母标注视图的名称"×"（"×"为大写拉丁字母，如 A、B、C 等），并在相应视图附近，用箭头指明投射方向，并标注相同的字母"×"，如图 6-7 所示。

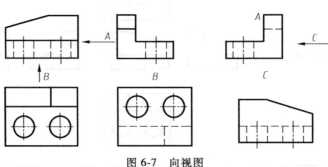

图 6-7　向视图

绘制向视图时应注意，向视图中表示投射方向的箭头应尽可能配置在主视图上，使得到的视图与基本视图一致，如图 6-7 中 A 向视图、B 向视图所示；而表示后视的投射方向应配置在左视图或右视图，如图 6-7 中 C 向视图所示。

> 任务实施

绘制向视图的作图步骤见表 6-2。

表 6-2　向视图的作图步骤

步骤与画法	图　例
1. 绘制 A 向视图	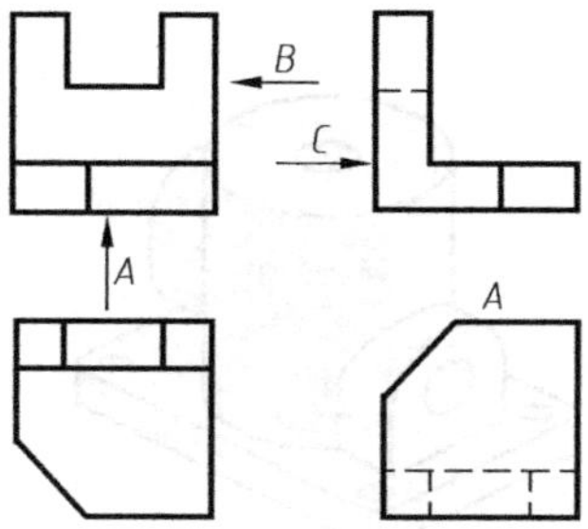
2. 绘制 B 向视图	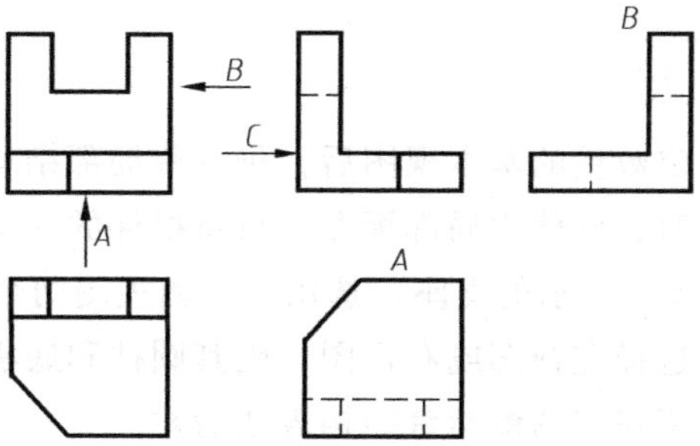
3. 绘制 C 向视图	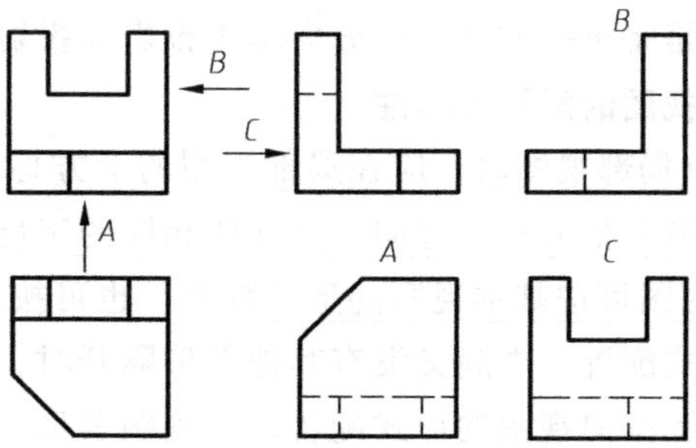

任务三 绘制支座的局部视图

支座结构如图 6-8a 所示，根据国家标准规定，在不增加基本视图的基础上，采用局部视图将支座的结构表达清楚。

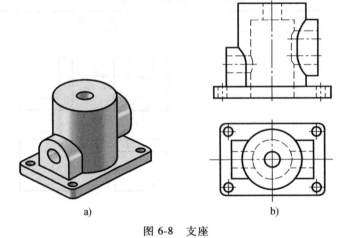

图 6-8 支座

当采用一定数量的基本视图后，仍有些局部结构尚未表达清晰，而又不必再画出完整的其他基本视图时，可使用局部视图，只将机件的一部分向投影面投射，得到的是一个不完整的视图。如图 6-8 所示的支座，选用主、俯视图两个基本视图后，左右两侧凸台结构尚未表达清楚，若再选择左视图或右视图，则其圆柱和底板的投影与主、俯视图上的重复，这时可采用局部视图将左右两侧凸台结构表达清楚。

一、局部视图的形成

局部视图是将机件的某一部分向基本投影面投射所得的视图。

二、局部视图的配置与标注

1）在绘制局部视图时，应在局部视图的上方标注"×"（×为大写拉丁字母），在相应视图的附近用箭头指明投射方向，并注明相同的字母。

2）局部视图可按基本视图的形式配置，也可按向视图的配置形式配置。当局部视图按基本视图的形式配置，中间又没有其他图形隔开时，可省略标注，见表 6-3 中的 A 向局部视图；当局部视图按向视图的形式配置时，视图名称不能省略，见表 6-3 中的 B 向局部视图。

3）绘制局部视图时，局部视图的断裂边界用波浪线或双折线表示。当所表达的局部视图结构是完整的，且外轮廓线封闭时，波浪线可省略不画，见表 6-3 中的 B 向局部视图。波浪线应画在机件的实体上，不能超过机件的轮廓线，不能与其他图线重合。

绘制支座局部视图的作图步骤见表 6-3。

表 6-3 支座局部视图的作图步骤

步骤与画法	图 例
1. 绘制 A 向局部视图	
2. 绘制 B 向局部视图	
3. 按向视图配置 B 向局部视图	

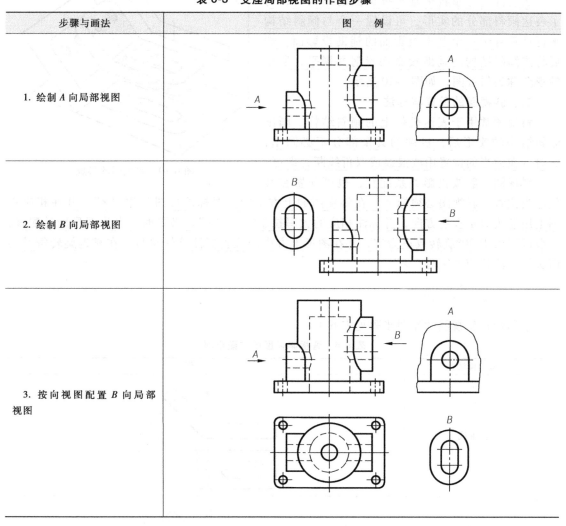

任务四 绘制弯板的斜视图

用适当的视图合理地表达图 6-9 所示的弯板。

图 6-9 所示的弯板存在倾斜于基本投影面的结构，该结构在基本视图中既不能反映实形，也不便于绘图、读图或标注尺寸。因此，可采用斜视图来表达倾斜部分的结构形状。

图 6-9 弯板

知识链接

一、斜视图的形成

当机件上有倾斜于基本投影面的结构时,为了表达倾斜部分的实形,可设置一个与倾斜结构平行且垂直于一个基本投影面的辅助投影面,然后将该倾斜结构向辅助投影面投射并展平,所得的视图称为斜视图,如图 6-10 所示。

二、斜视图的配置与标注

斜视图常用于表达机件上的倾斜结构。画出倾斜结构的实形后,机件的其余部分不必画出,此时可在适当的位置用波浪线或双折线断开即可。

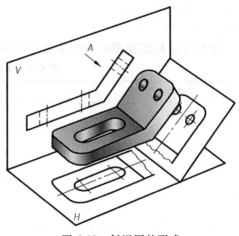

图 6-10 斜视图的形成

斜视图一般按投影关系配置,也可配置在其他适当位置。斜视图必须标注,在斜视图的上方中间位置标注视图名称"×",并在相应视图上用箭头表示投射方向,并标注相应的大写拉丁字母"×"。必要时,允许图形旋转配置,一般以不大于 90°旋转放正为宜,并在图形上方中间位置标注旋转符号,在靠近旋转符号的箭头端标注相应的字母"×"。

 任务实施

绘制弯板斜视图的作图步骤见表 6-4。

表 6-4 弯板斜视图的作图步骤

步骤与画法	图 例
1. 绘制作图基准线	
2. 绘制斜视图	
3. 如果必要可以将斜视图旋转配置	

项目二 绘制剖视图

视图主要用来表达机件的外部形状，机件上看不见的内部结构（如孔、槽等）用虚线表示。当机件内部比较复杂时，视图上会出现许多虚线。这些虚线与其他图线相交或重叠，使图形结构不清晰，不便于画图、读图和标注尺寸。为了将内部结构表达清楚，避免出现虚线，按国家标准 GB/T 17452—1998 和 GB/T 4458.6—2002 的有关规定，采用剖视图来表达。

任务一 绘制机件的全剖视图

如图 6-11 所示，按照国家标准规定，用合理的剖切形式将该机件的内部结构表达清楚。

为了清晰地表达零件的内部结构，假想用一剖切平面将其剖开，用剖视图来表达机件的内部结构。该机件的内部结构比较复杂，外部结构比较简单，因此可以采用全剖视图进行表达。

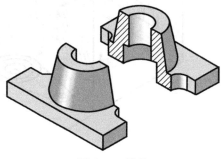

图 6-11 机件

一、剖视图的形成

假想用剖切平面剖开机件，将处在观察者和剖切面之间的部分移去，而将其余部分向投影面投射所得到的图形，称为剖视图，简称剖视。剖视图的形成过程如图 6-12c 所示，图 6-12d 中的主视图即为机件的剖视图。

二、剖面区域与剖面线

剖切平面与被剖机件相接触的部分称为剖面区域。原来在视图中，机件的内部结构为虚线，如图 6-12b 所示，采用剖视图后则变为粗实线，如图 6-12d 所示。按国家标准标定，需在剖面区域内画出剖面符号，以便区别机件的实体与空心部分。

剖面符号一般与机件的材料有关，见表 6-5。在各类机械中，机件多采用金属材料制造，根据国家标准 GB/T 4457.5—2013 规定，金属材料的剖面符号是一组间隔相等的平行细实线，称为剖面线，在 GB/T 17453—2005《技术制图图样画法剖面区域的表示法》中，称之为通用剖面线。当不需要在剖面区域中表明材料类别时，可采用通用剖面线表示。

绘制剖面线时，其方向应与主要轮廓或剖面区域的对称线成 45°，如图 6-13 所示。剖面线的间隔与剖面区域的大小有关，区域大则间隔大；反之则小。同一机件，所画剖面线方向和间隔必须一致，如图 6-14 所示。

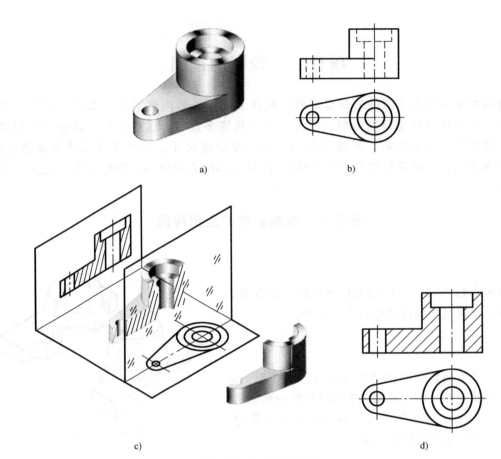

图 6-12　剖视图的形成

表 6-5　剖面符号

材料名称	剖面符号	材料名称	剖面符号
金属材料 （已有规定剖面符号者除外）		木质胶合板 （不分层数）	
线圈绕组元件		基础周围的泥土	
转子、电枢、变压器和 电抗器等的叠钢片		混凝土	
非金属材料 （已有规定剖面符号者除外）		钢筋混凝土	
型砂、填砂、粉末、冶金、砂轮、 陶瓷刀片、硬质合金刀片等		砖	

（续）

材料名称		剖面符号	材料名称	剖面符号
玻璃及供观察用的其他透明材料			格网（筛网、过滤网等）	
木材	纵剖面		液体	
	横剖面			

注：1. 剖面符号仅表示材料的类别，材料的代号和名称必须另行注明。
　　2. 叠钢片的剖面线方向，应与束装中叠钢片的方向一致。
　　3. 液面用细实线绘制。

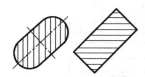

图 6-13　通用剖面线的画法（一）

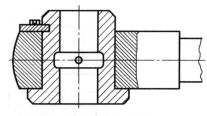

图 6-14　通用剖面线的画法（二）

三、剖视图的标注与配置

剖切符号用于指示剖切平面的起止和转折位置，用粗短线（线宽为轮廓粗实线的 1～1.5 倍）表示，箭头用于指明投射方向。剖切符号的粗短线不能与轮廓线相交或重合，应留少量间隙；箭头垂直于起止位置的粗短线的外侧，如图 6-15 所示。

一般应在剖视图上方居中位置标注剖视图的名称"×—×"（"×"为大写拉丁字母），并在相应视图的剖切符号起止或转折处标注相同字母"×"。同一图样上同时有几个剖视图时，应采用不同的字母标注，如图 6-15 中的"A—A""B—B"。

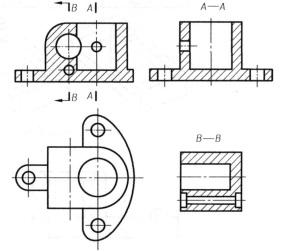

图 6-15　剖视图的标注

绘制剖视图时，首先考虑按投影关系进行配置，一般将剖视图配置在基本视图位置，如图 6-15 中的"A—A"；必要时可根据图面布局将剖视图配置在其他适当位置，如图 6-15 中的"B—B"。

剖视图标注的内容，在下列情况下可以省略。

1) 当剖视图按投影关系配置，且中间没有其他图形隔开时，可省略箭头，如图 6-15 中的"A—A"剖切符号的箭头可省略。

2）当单一剖切面通过机件对称平面或基本对称平面，且剖视图按投影关系配置、中间没有其他图形隔开时，可以省略标注，如图6-15中的主视图。

四、绘制剖视图应注意的问题

1）剖视只是假想把机件切开，因此在表达机件结构的一组视图中，除剖视图外，其他视图仍完整地画出，如图6-12d中的俯视图。

2）剖切平面一般应垂直于某一投影面，且通过零件上孔、槽的轴线或对称面，以避免剖切后产生不完整的结构要素。

3）剖切平面后面的可见轮廓线的投影，需用粗实线画出，如图6-16所示；剖切平面后面的不可见轮廓线，若其结构已在剖视图或其他视图中表达清楚，应该省略虚线，如图6-17a所示；但对没有表达清楚的结构，在保证图面清晰的情况下允许画少量虚线，以减少视图的数量，如图6-17b所示。尤其注意空腔中存在的线、面的投影，不能遗漏或多画，如图6-18所示。

4）当机件上的肋板被剖切平面纵向剖切时，规定肋板不画剖面线，而用粗实线将其与相邻部分区分开，如图6-19所示。

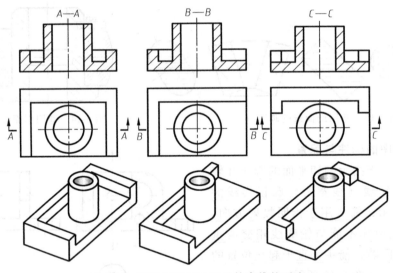

图6-16 剖切平面后面可见轮廓线的画法

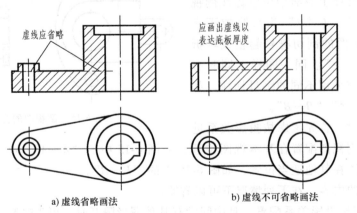

a）虚线省略画法　　b）虚线不可省略画法

图6-17 剖视图中虚线的画法

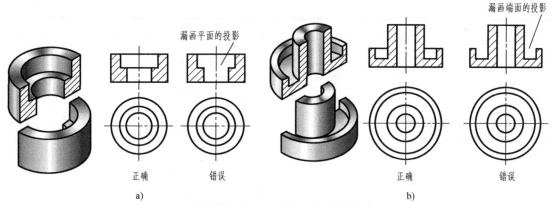

图 6-18 剖视图画法的常见错误

五、全剖视图

用剖切平面完全地剖开机件所得到的剖视图称为全剖视图（简称全剖视），如图 6-20 所示。全剖视图主要用于外形简单、内部复杂的不对称机件。有些外形简单的对称机件，为了将内部结构显示完整，便于标注尺寸，也常采用全剖视图。

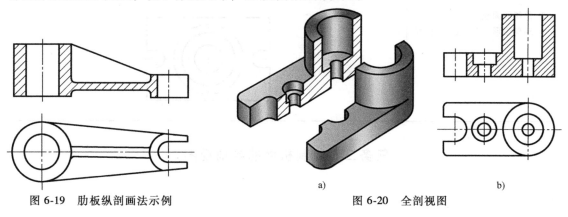

图 6-19 肋板纵剖画法示例　　　　图 6-20 全剖视图

绘制机件全剖视图的作图步骤见表 6-6。

表 6-6　机件全剖视图的作图步骤

步骤与画法	图　　例
1. 画出机件的视图	

(续)

步骤与画法	图 例
2. 确定剖切平面的位置，画出剖切区域及剖切平面后所有可见部分	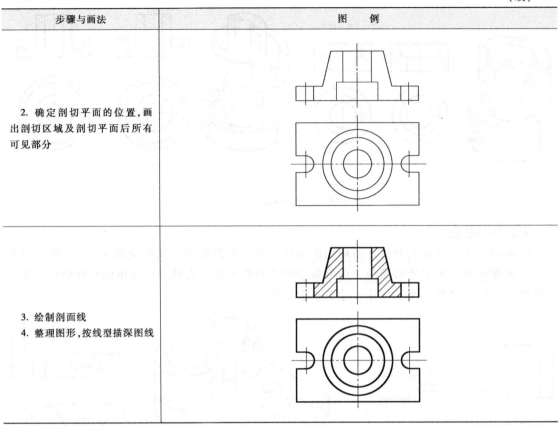
3. 绘制剖面线 4. 整理图形，按线型描深图线	

任务二　绘制机件的半剖视图

如图 6-21 所示，按照国家标准规定，用合理的剖切形式将该机件的外部、内部结构表达清楚。

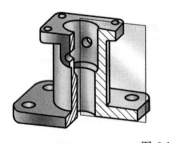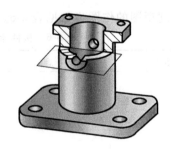

图 6-21　支架

该机件的内、外形状都比较复杂，主体部分是一个圆柱筒，上、下底板上分别有 4 个小

圆柱孔，圆筒的上方有小凸台，如果采用全剖视图，则无法表达小凸台的形状，采用半剖视图可兼顾内、外形状的表达。

 知识链接

一、半剖视图

当机件具有对称平面时，把向垂直于对称平面的基本投影面上投射所得到的图形，以对称中心线为界，一半画成剖视图，别一半画成视图，这样的图形称为半剖视图，如图 6-22 所示。半剖视图既能表达机件内部结构，又能表达外部形状。因此，半剖视图常用于表达内、外形状都比较复杂的对称机件。

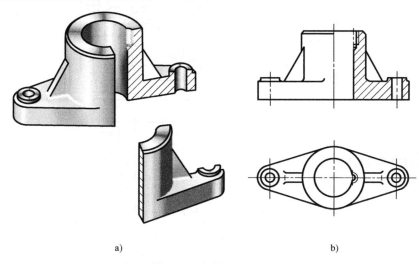

图 6-22 半剖视图（一）

二、半剖视图的标注与配置

半剖视图的标注与配置和全剖视图一致。

三、绘制半剖视图应注意的问题

1) 半剖视图与半个视图之间的分界线应是细点画线（对称中心线），不能画粗实线，也不应与轮廓线重合。

2) 鉴于图形对称，机件的内部结构在半剖视图中已表达清楚的，则在另半个视图中的虚线应省略；否则，应该画出相应的虚线。

3) 画半剖视图时，若视图与剖视图左右配置，通常把剖视图画在右边，如图 6-22 所示；若上下配置时，通常把剖视图画在下边。

4) 若机件的结构形状接近于对称，且不对称部分已在其他视图中表达清楚，则可以采用半剖视图，如图 6-23 所示。

 任务实施

绘制机件半剖视图的作图步骤见表 6-7。

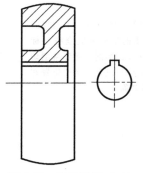

图 6-23 半剖视图（二）

表 6-7　机件半剖视图的作图步骤

步骤与画法	图　例
1. 画出机件的视图	
2. 将主视图的右半部分绘制成剖视图	
3. 将主视图的左半部分绘制成视图，虚线部分省略	
4. 将俯视图改画成半剖视图（主视图的半剖可完全省略标注，俯视图的半剖不能省略剖切符号和字母，以表示剖切位置和剖视图名称）	

(续)

步骤与画法	图例
5. 为了表达上、下底板上的小孔结构,在主视图中还采用了局部剖视图的表达方法(下个任务重点讨论) 6. 整理图形,按线型描深图线	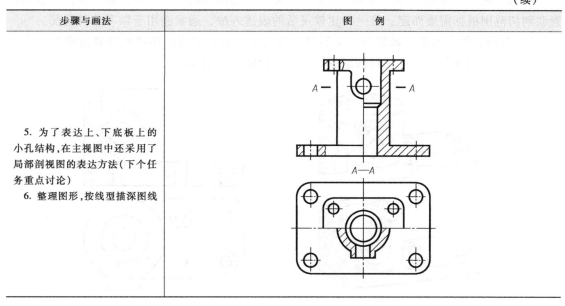

任务三　绘制机件的局部剖视图

按照国家标准规定,用合理的剖切形式将图 6-24 所示机件的外部、内部结构表达清楚。

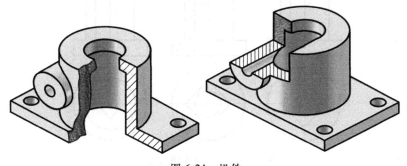

图 6-24　机件

任务分析

该机件的主视图若采用全剖视图,虽然机件的内部空腔结构可以表达清楚,但凸台被剖掉,底板上的小孔也没有表达清楚。另外,由于其结构不对称,也不适合采用半剖视图表达。这时可采用局部剖视图。

知识链接

一、局部剖视图

用剖切面局部地剖开机件所得到的剖视图,称为局部剖视图,如图 6-25 所示。

局部剖视图既能把机件的局部内形表达清楚，又能保留机件的某些外形特征，其剖切位置和剖切范围根据需要而定，是一种比较灵活的表达方法，通常适用于以下几种情况。

1）对内、外形状都比较复杂而又不对称的机件，为了把内、外形状都表达清楚，不必或不宜采用全剖视图时，可用局部剖视图表达，如图 6-25 所示。

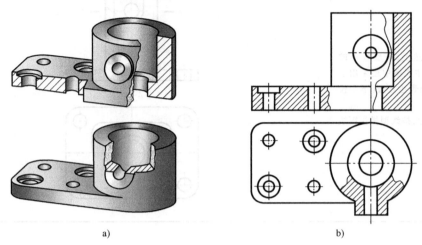

图 6-25　局部剖视图（一）

2）对内、外形状都要表达的对称机件，因其轮廓线与对称中心线重合，不宜采用半剖视图时，可用局部剖视图表达，如图 6-26 所示。

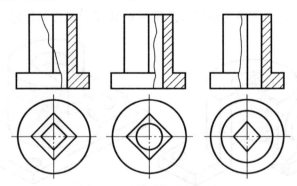

图 6-26　局部剖视图（二）

3）轴、杆等实心机件上有孔或槽等结构时，可用局部剖视图表达，如图 6-27 所示。

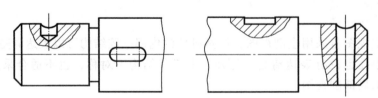

图 6-27　局部剖视图（三）

二、绘制局部剖视图应注意的问题

1）一个视图中，局部剖视图的数量不宜过多，在不影响外形表达的情况下，应尽可能用大面积的局部剖视，以减少局部剖视图的数量。

2）局部剖视图用波浪线分界，波浪线应画在机件的实体上，不能超出实体轮廓线，也不能画在机件的中空处，如图 6-28a 所示。

3）波浪线不能画在轮廓的延长线上，也不能用轮廓线代替，或与图样上其他图像重合，如图 6-28b 所示。

4）当被剖物体是回转体时，允许将该结构的轴线作为局部剖视图中剖与不剖的分界线，如图 6-28c 所示。

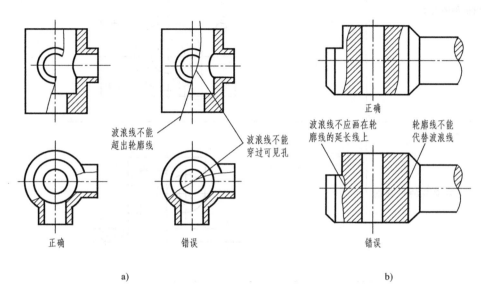

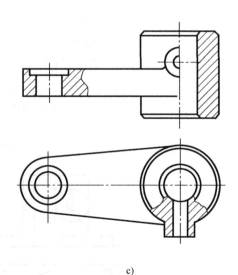

图 6-28 绘制局部剖视图的注意事项

绘制机件局部剖视图的作图步骤见表 6-8。

表 6-8　机件局部剖视图的作图步骤

步骤与画法	图　例
1. 画出机件的视图	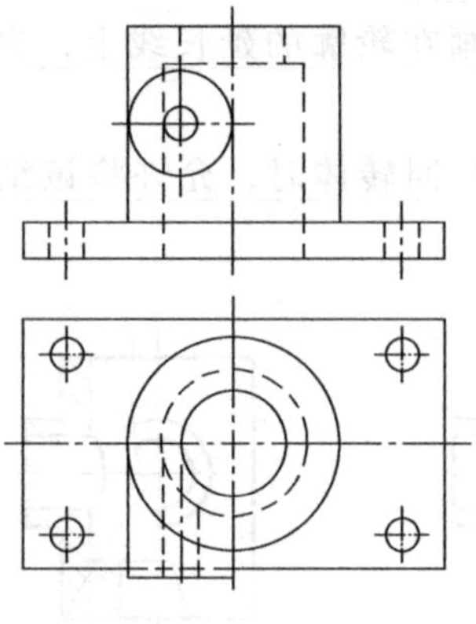
2. 绘制壳体部分的局部剖视图	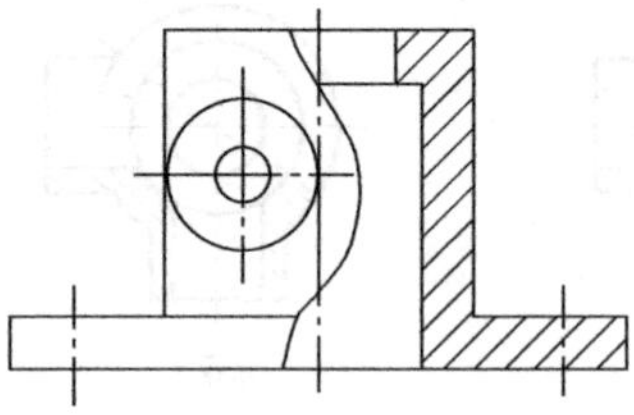
3. 绘制底板部分的局部剖视图	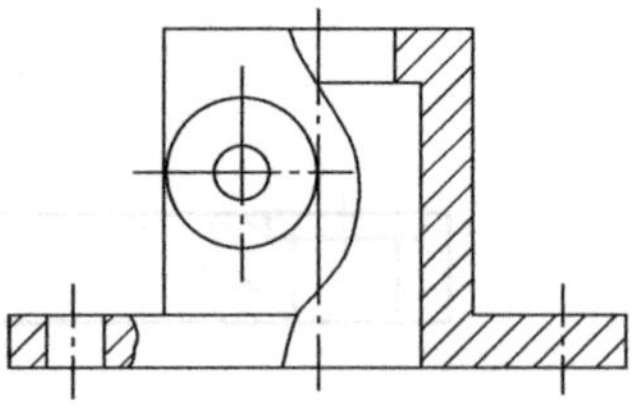
4. 绘制俯视图的局部剖视图 5. 整理图形，按线型描深图线	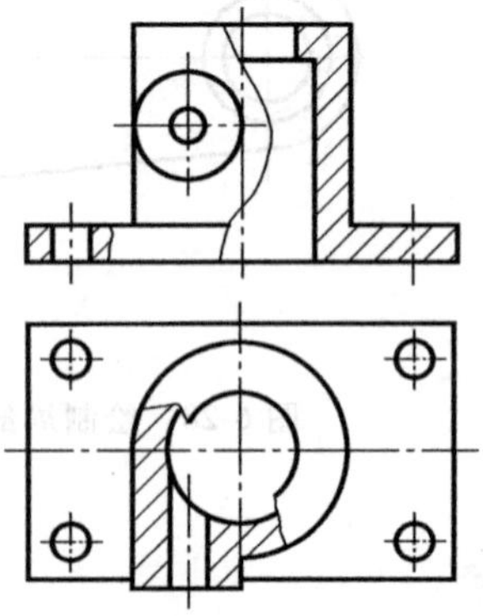

任务四　绘制机件的剖视图

如图 6-29 所示，按照国家标准规定，用合理的剖切形式将该机件的外部、内部结构表达清楚。

该机件上有倾斜结构，当采用水平面进行剖切时，没办法表达出倾斜结构的孔的内部形状。这时，可采用与倾斜结构平行的剖切平面进行剖切。这种剖切面称为不平行于基本投影面的剖切面。

图 6-29　机件

一、剖切面的种类

由于机件的内部结构多种多样，因此画剖视图时，应根据机件的结构特点，选用不同的剖切面，以便使机件的内部形状得到充分的表达。

根据国家标准（GB/T 17452—1998）的规定，可选择以下剖切面剖切物体：单一剖切面、几个平行的剖切面、几个相交的剖切面。

二、单一剖切面

单一剖切面包括以下两种。

1. 平行于基本投影面的单一剖切平面

如前所述的全剖视、半剖视和局部剖视所举图例大多是用平行于基本投影面的单一剖切平面剖开机件而得到的剖视图。

2. 不平行于基本投影面的单一剖切平面

这种剖视图一般应与倾斜部分保持投影关系，但也可以配置其他位置。为了画图和读图方便，可把视图转正，但必须按规定标注，如图 6-30 所示。

三、几个平行的剖切面

当机件上的孔、槽的轴线或对称面位于几个相互平行的平面上时，可以用几个相互平行且平行于基本投影面的剖切平面剖开机件，再向投影面投射，如图 6-31 所示。

采用这类剖切面绘制剖视图时应注意以下几点。

1）因为剖切平面是假想的，应把几个平行的剖切面作为一个平面来考虑，不要在剖视图上画出剖切平面转折界线的投影，如图 6-31c 所示。

2）不应出现不完整的结构要素，如图 6-31d 所示。仅当两个要素在图形上有公共对称中心线或轴线时，才允许以对称中心线或轴线为界线各画一半，如图 6-32 所示。

3）应对剖视图加以标注。剖切符号的起止及转折处用相同字母标出，剖切符号的转折处不得与轮廓线重合，但当转折处空间狭小又不致引起误解时，转折处允许省略字母。

四、几个相交的剖切面

用几个相交的剖切面（须保证其交线垂直于某一基本投影面）剖切机件，可以用来表达内部结构用单一剖切面不能完整表达而又具有回转轴的机件，如图 6-33 所示。

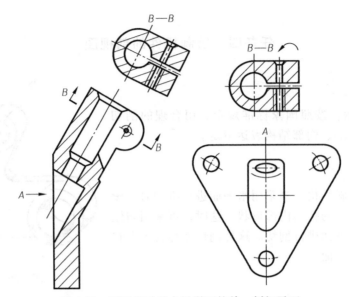

图 6-30 不平行于基本投影面的单一剖切平面

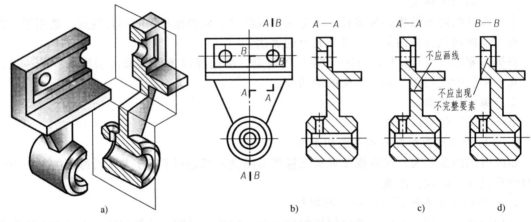

图 6-31 用两个平行剖切平面剖切

采用这类剖切面剖切,绘制剖视图时应注意以下几点。

1) 相邻两剖切平面的交线应垂直于某一投影面。

2) 应按"先剖切,后旋转"的方法画出剖视图。即先假想按剖切位置剖开机件,然后将被剖结构的倾斜部分旋转到与选定基本投影面平行时再进行投射,旋转部分的某些结构与原相应视图就不再保持投影关系,如图 6-33b 所示机件中倾斜部分的剖视图。位于剖切面后面的其他可见机构,一般仍按原来位置投射,如图 6-33b 所示的小圆孔。

3) 当剖切后产生不完整的要素时,此部分按不剖绘制,如图 6-34 所示。

4) 应对剖视图加以标注。剖切符号的起止及转折处用相同字母标出,但当转折处空间狭小又不致引起误解时,转折处允许省略字母。

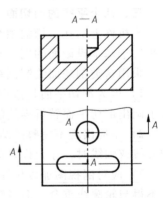

图 6-32 具有公共对称中心线要素的剖视图

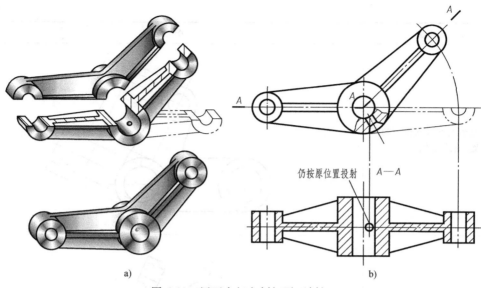

图 6-33 用两个相交剖切平面剖切

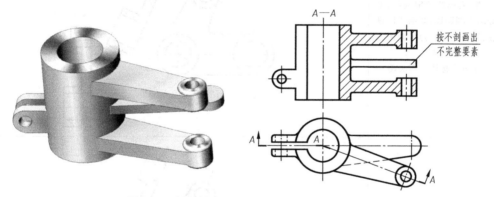

图 6-34 剖切后产生的不完整要素按不剖绘制

任务实施

绘制机件剖视图的作图步骤见表 6-9。

表 6-9 机件剖视图的作图步骤

步骤与画法	图 例
1. 画基准线	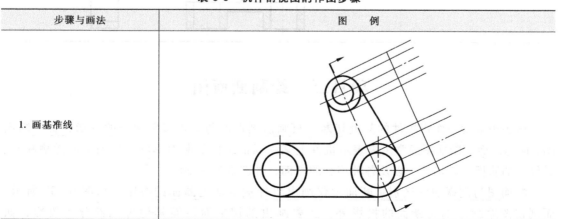

（续）

步骤与画法	图 例
2. 根据斜视图画剖视图的断面形状及其他轮廓线	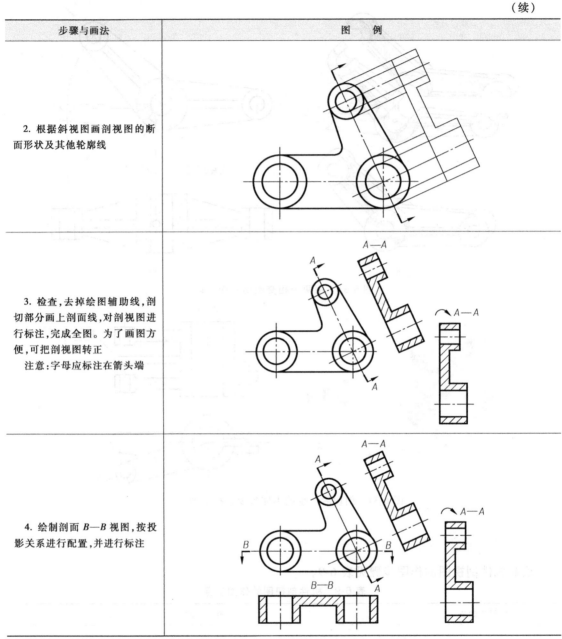
3. 检查，去掉绘图辅助线，剖切部分画上剖面线，对剖视图进行标注，完成全图。为了画图方便，可把剖视图转正 注意：字母应标注在箭头端	
4. 绘制剖面 B—B 视图，按投影关系进行配置，并进行标注	

项目三　绘制断面图

假想用剖切平面将机件的某处切断，只画出剖切面与机件接触部分的图形，称为断面图，简称断面。断面图通常用来表示机件上某一局部结构的断面形状，如轴上的键槽和孔、零件上的肋板、轮辐等，以及各种型材的断面，如图 6-35 所示。

断面图与剖视图的区别是断面图仅画出机件被剖切处断面的投影，如图 6-35b 所示，而剖视图除画出剖切断面的投影外，还要画出剖切平面后面其他可见部分的投影，如

6-35c 所示。

根据断面图配置位置的不同，断面图分为移出断面图和重合断面图。

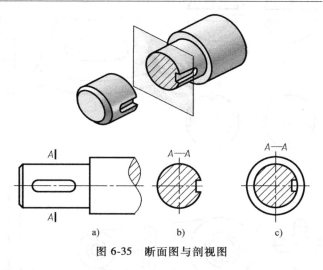

图 6-35　断面图与剖视图

任务一　绘制移出断面图

按照国家标准规定，用合理的表达形式将图 6-36 所示轴的结构表达清楚。

如果采用左视图表达轴的键槽和小孔，既不清晰也不便于标注尺寸，所以采用断面图来表达。

图 6-36　轴

一、移出断面图的画法

1）移出断面图的轮廓线用粗实线绘制。

2）当剖切平面通过回转体形成的孔或凹坑的轴线时，这些结构的断面图应按剖视图的规则绘制，如图 6-37a 所示。

3）当剖切平面通过非圆孔并导致出现完全分离的断面时，这些结构也应按剖视图画出，如图 6-37b 所示。

4）为了看图方便，移出断面图应尽量画在剖切位置线的延长线上，如图 6-37c 所示，必要时也可配置在其他适当位置。

5）如果机件的断面形状一致或按一定规律变化，移出断面图可画在视图的中断处，如图 6-37d 所示。

6）剖切平面一般应垂直于被剖切部分的主要轮廓。由两个或多个相交的剖切面得到的移出断面图，中间一般用波浪线断开，如图 6-37e 所示。

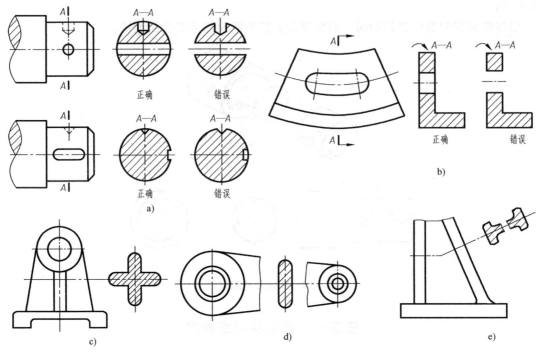

图 6-37 移出断面图的画法

二、移出断面图的标注与配置

移出断面图通常配置在剖切线的延长线上,也可以配置在其他位置。移出断面图的标注方法与剖视图的标注方法基本一样,用剖切符号表示剖切位置和投射方向(用箭头表示),并标注字母"×",在相应的移出断面图上方中间位置标注"×—×"。移出断面图具体的标注与配置见表 6-10。

表 6-10 移出断面图的配置与标注

断面配置	移出断面图形状对称	移出断面图形状不对称
配置在剖切线或剖切符号延长线上	省略标注	省略字母
按投影关系配置	省略箭头	省略箭头

(续)

断面配置	移出断面图形状对称	移出断面图形状不对称
配置在其他位置	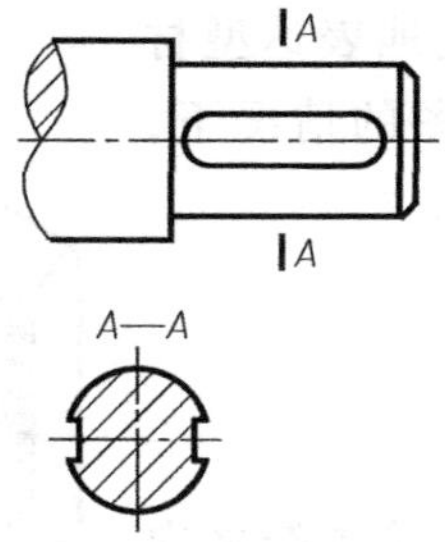 省略箭头	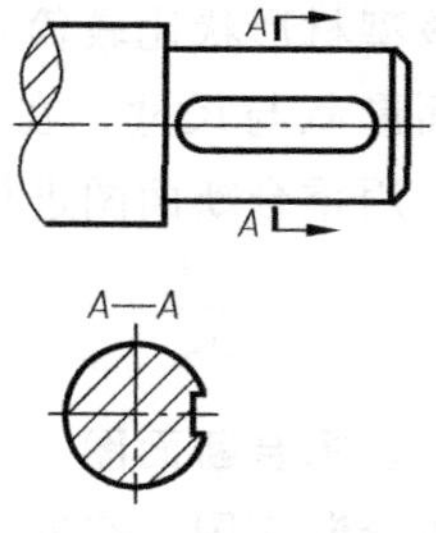 完整标注

 任务实施

绘制移出断面图的作图步骤见表 6-11。

表 6-11 移出断面图的作图步骤

步骤与画法	图 例
1. 确定轴的放置位置,绘制主视图	
2. 在主视图的键槽和孔中心线所在的位置,绘制断面符号,并标注字母 A、B	
3. 绘制断面图,断面图 A—A 按剖视图绘制,并在断面图上方的中间标注视图名称	

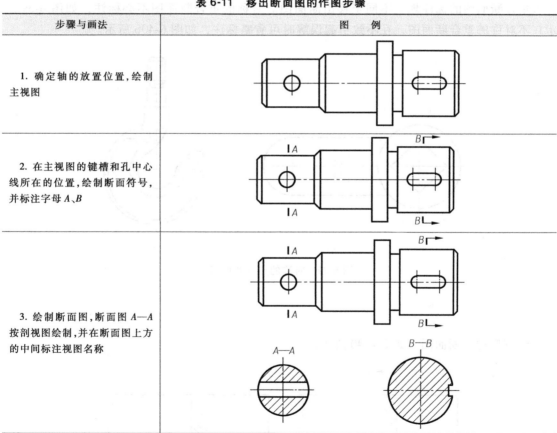

任务二　绘制重合断面图

 任务引入

按照国家标准规定,用合理的表达形式将图 6-38 所示型材的结构表达清楚。

任务分析

该型材形状比较简单，为了能清楚地表达型材的截面形状与尺寸，在不增加基本视图的情况下，可以采用重合断面图进行表达。

 知识链接

一、重合断面图

重合断面图是将断面图形画在视图轮廓线之内的断面图。重合断面图的轮廓线用细实线绘制。当视图中的轮廓线与重合断面图重叠时，视图中的轮廓线仍应连续画出，不可间断。

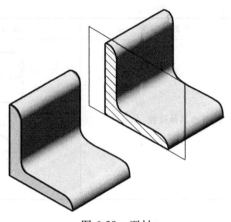

图 6-38　型材

二、重合断面图的标注

重合断面图的标注规定不同于移出断面图。对称的重合断面图不必标注，如图 6-39 所示；不对称的重合断面图，在不致引起误解时可省略标注，如图 6-40b 所示。

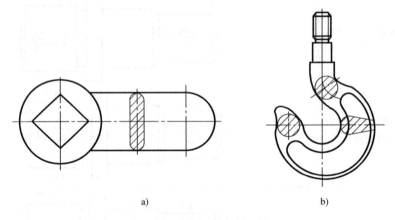

a)　　　　　　　　　　　　b)

图 6-39　对称的重合断面图

 任务实施

绘制型材的断面图，如图 6-40 所示。

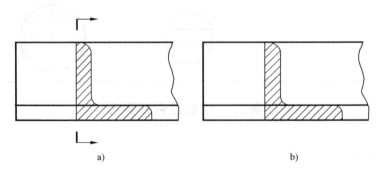

a)　　　　　　　　　　　　b)

图 6-40　不对称的重合断面图

项目四 其他表达方法

在表达机件的图样中，除了可以采用上述视图、剖视图和断面图等表达方法之外，在不影响表达完整和清晰的前提下，应力求制图简便，因而国家标准规定了一些规定画法和简化画法，如局部放大图和简化画法等表达方法。

任务一 绘制轴的局部放大图

如图 6-41 所示轴的视图，其键槽、孔等结构通过断面图已表达清楚，按照国家标准规定，用合理的表达形式将该轴的细小特征表达清楚。

针对机件中一些细小的结构相对于整个视图较小，无法在视图中清晰地表达出来，或无法标注尺寸、添加技术要求，可以引入局部放大图，将机件的这部分结构用大于原图形的比例绘制出来，将其表达清楚。

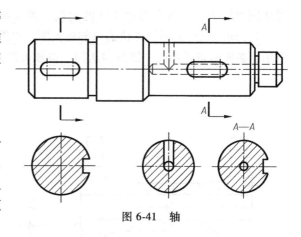

图 6-41 轴

一、局部放大图

局部放大图就是对机件上细小的结构采用大于原图的作图比例绘制得到的图形。

二、局部放大图的画法

1）局部放大图可画成视图、剖视图和断面图，它与被放大部位的表达方法有关，但应尽量配置在被放大部位的附近。

2）局部放大图必须标注。标注时，用细实线圆或长圆将待放大的局部圈起来。当图样中只有一处局部放大时，只需在局部放大图上方标注放大的比例，如图 6-42 所示；若有多处局部放大时，须从圆圈上画指引线和标注罗马数字依次标明放大部位，并在局部放大图的上方标注相应的罗马数字和作图比例，如图 6-43 所示。

3）局部放大图的绘图比例应根据结构需要选定，与原图形的绘图比例无关。同一机件上有几个部位

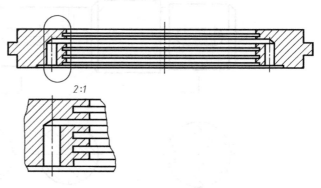

图 6-42 局部放大图（一）

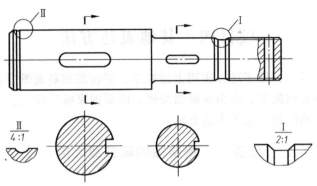

图 6-43　局部放大图（二）

需要同时放大时，各局部放大图的比例不要求统一，如图 6-43 所示。

4）同一机件上不同部位的局部放大图，当图形相同或对称时，只需画出一个，如图 6-44 所示；必要时可采用几个图形表达同一被放大部分的结构，如图 6-45 所示。

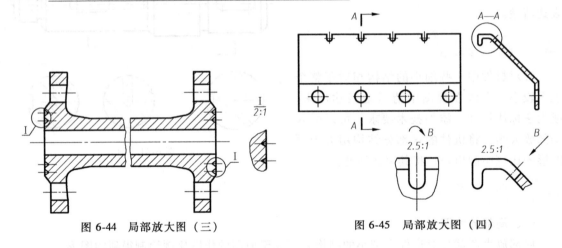

图 6-44　局部放大图（三）　　　　图 6-45　局部放大图（四）

任务实施

轴的局部放大图如图 6-46 所示。

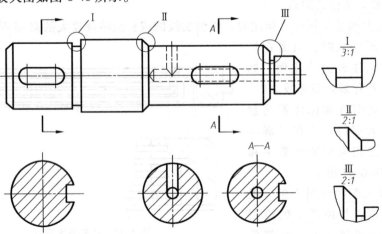

图 6-46　轴的局部放大图

任务二　用规定画法和简化画法绘制机件的剖视图

▶ 任务引入

按照国家标准规定，用合理的表达形式将图 6-47 所示机件的结构表达清楚。

▶ 任务分析

对于这种结构的表达，可以采用国家标准中规定的一些规定画法和简化画法。

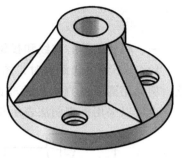

图 6-47　机件

▶ 知识链接

一、肋板剖切的画法

对于机件上的肋、轮辐和薄壁等结构，当剖切面沿纵向（通过轮辐、肋等的轴线或对称平面）剖切时，规定在这些结构的剖切面上不画剖面符号，但必须用粗实线将它与邻接部分分开，如图 6-48 中的左视图。但当剖切平面沿横向（垂直于结构轴线或对称面）剖切时，须画出剖面符号，如图 6-48 中的俯视图。

二、均布肋、轮辐、孔剖切的画法

当回转体机件上均匀分布的肋、轮辐、孔等结构不处于剖切平面上时，可将这些结构假想旋转到剖切平面上画出，如图 6-49 所示。

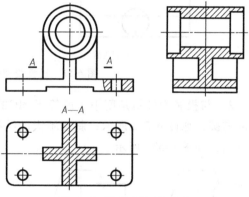

图 6-48　肋板剖切的画法

三、均布孔的简化画法

国家标准规定，按一定规律分布的相同结构，可只画一个，其余的只表示其中心位置。

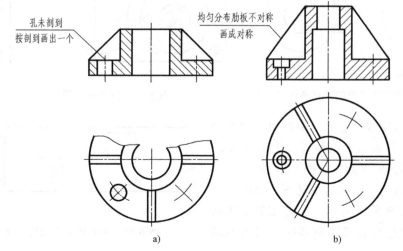

图 6-49　均布肋、孔剖切的画法

任务实施

用规定画法和简化画法绘制机件的视图,如图 6-49b 所示。

 知识拓展

一、机件上某些交线和投影的简化画法

1) 在不致引起误解时,图形中的过渡线、相贯线可以简化。例如用圆弧或直线代替非圆曲线,如图 6-50、图 6-51 所示。也可以采用模糊画法表示相贯线,如图 6-52 所示。

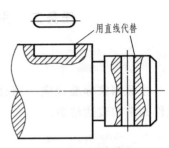

图 6-50 过渡线和相贯线的简化画法(一)

图 6-51 过渡线和相贯线的简化画法(二)

2) 与投影面倾斜角度小于或等于 30°的圆或圆弧,其投影可以用圆或圆弧代替真实投影的椭圆,如图 6-53a 所示;斜度不大的结构,在一个图中已表达清楚,其他图形按实体小端画出,如图 6-53b 所示。

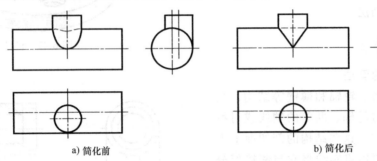

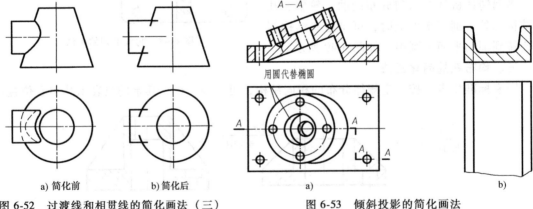

a) 简化前　　b) 简化后

图 6-52 过渡线和相贯线的简化画法(三)

图 6-53 倾斜投影的简化画法

3) 当回转体零件上的平面在视图中不能充分表达时,可采用平面符号(两条相交的细实线)表示这些平面,如图 6-54 所示。

4) 在不致引起误解的情况下,剖面符号可以省略,如图 6-55 所示。允许在剖面区域内用点阵或涂色代替通用剖面线,如图 6-56 所示。

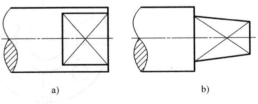

图 6-54 回转体上平面的简化画法

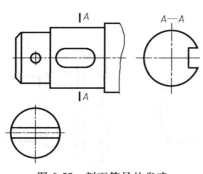

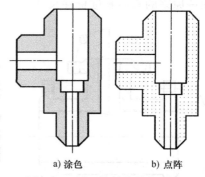

图 6-55 剖面符号的省略　　　　　图 6-56 剖面符号的简化画法
　　　　　　　　　　　　　　　　　　　　a）涂色　　b）点阵

5) 在不致引起误解时,对于对称机件的视图可只画 1/2 或 1/4,并在对称中心线的两端画出两条与其垂直的平行细实线,如图 6-57 所示。

二、相同结构的简化画法

1) 若干直径相同且按规律分布的孔（圆孔、螺孔、沉孔等）、管道等,可以仅画出一个或几个,其余只需表明其中心位置,但在零件图中应注明其总数,如图 6-58 所示。

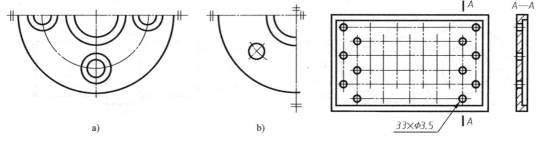

图 6-57 对称机件视图的简化画法　　　图 6-58 相同结构的简化画法（一）

2) 当机件具有若干相同结构（齿、槽等），并按一定规律分布时,只需画出几个完整的结构,其余用细实线连接,但必须在图中注明该结构的总数,如图 6-59 所示。

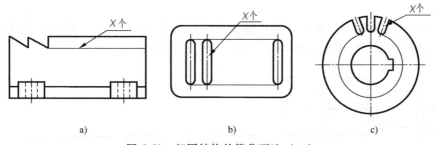

图 6-59 相同结构的简化画法（二）

3) 圆盘形法兰和类似结构上按圆周均匀分布的孔,可按图 6-60 所示的方式表达。

4) 网状物、编织物或机件上的滚花部分,可在轮廓线之内示意地画出一部分细实线,并加旁注或在技术要求中注明这些结构的具体要求,如图 6-61 所示。

5) 较长的机件（轴、型材、连杆等）沿其长度方向的形状一致或按一定规律变化时,可断开后缩短绘制,如图 6-62 所示。断裂处的边界线可采用波浪线、中断线、双折线绘制,但必须按原来的实际长度标注尺寸。

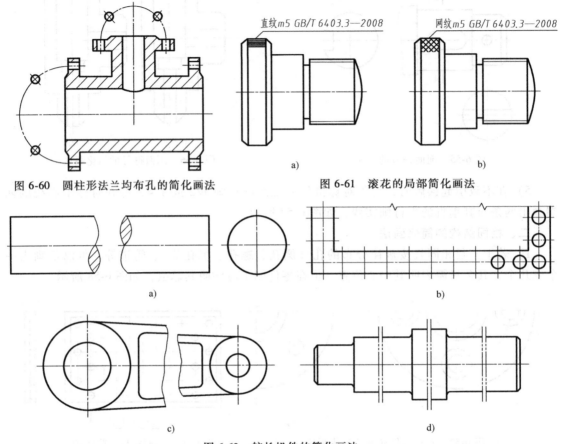

三、机件上较小结构的简化画法

1）机件上的较小结构，若已在一个图形中表示清楚，在其他图形中可简化或省略，如图 6-63 所示。

2）在不致引起误解时，机件上的小圆角、小倒圆或 45° 小倒角，在图上允许省略不画，但必须注明其尺寸或在技术要求中加以说明，如图 6-64 所示。

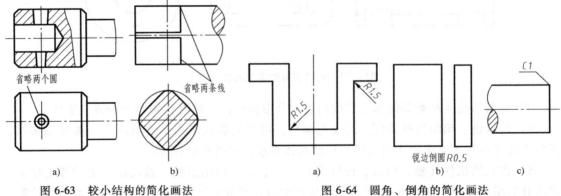

项目五 用 AutoCAD 绘制剖视图

任务 用 AutoCAD 绘制机件的局部剖视图

任务引入

绘制图 6-65 所示机件的视图。

任务分析

图 6-65 所示机件的两视图均采用局部剖视的形式表达机件的内部结构。

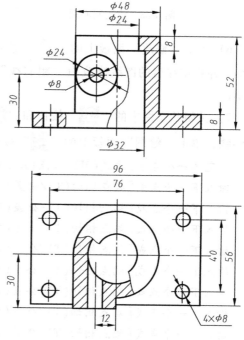

图 6-65 机件的视图

任务实施

一、启动 AutoCAD 2016

单击快速入门中的"样板"下拉菜单,选择"A4 样板",即可开始新图形的创建。

二、绘制主视图

1)将"细点画线"层设置为当前层,打开状态栏的" "按钮、" "按钮、" "按钮,单击"绘图"面板上的" "按钮,在绘图区适当位置绘制中心线。

2)将"粗实线"层设置为当前层,单击"绘图"面板上的" "按钮,绘制轮廓线,如图 6-66 所示。

3)单击"修改"面板上的" "按钮,将点画线向左偏移,偏移距离为 12mm,将点画线向左、向右偏移,偏移距离为 38mm,将底面轮廓线向上偏移,偏移距离为 30mm,并将偏移后的图线修改为"细点画线"层,利用夹点方式调整点画线的长度,如图 6-67 所示。

4)单击"绘图"面板上的" "按钮,绘制直径为 8mm、24mm 的同心圆,如图 6-68 所示。

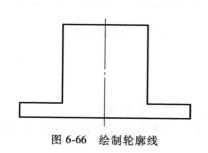

图 6-66 绘制轮廓线

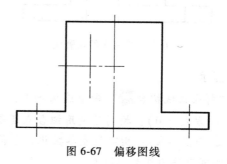

图 6-67 偏移图线

5）单击"绘图"面板上的" "按钮，绘制机件内部轮廓线，如图6-69所示。

图6-68　绘制同心圆

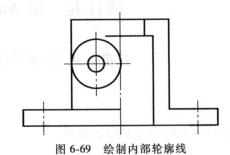

图6-69　绘制内部轮廓线

6）单击"修改"面板上的" "按钮，将底板左侧的点画线对称偏移，偏移距离为4mm，并将偏移后的图线修改为"粗实线"层，利用夹点方式调整直线的长度，如图6-70所示。

7）关闭状态栏中的" "按钮和" "按钮，将"细实线"层设置为当前层，绘制波浪线，单击"绘图"面板上的" "按钮，AutoCAD命令行提示如下：

指定第一个点或[方式(M)/节点(K)/对象(O)]：　　　　　　（单击点A）
输入下一个点或[起点切向(T)/公差(L)]：　　　　　　　　　（单击点B）
输入下一个点或[端点相切(T)/公差(L)/放弃(U)]：　　　　（单击点C）
输入下一个点或[端点相切(T)/公差(L)/放弃(U)/闭合(C)]：（单击点D）
输入下一个点或[端点相切(T)/公差(L)/放弃(U)/闭合(C)]：（单击点E）
输入下一个点或[端点相切(T)/公差(L)/放弃(U)/闭合(C)]：（单击点F）
输入下一个点或[端点相切(T)/公差(L)/放弃(U)/闭合(C)]：（单击点G）
输入下一个点或[端点相切(T)/公差(L)/放弃(U)/闭合(C)]：（单击点H）
输入下一个点或[端点相切(T)/公差(L)/放弃(U)/闭合(C)]：（回车，如图6-71所示）

8）单击"绘图"面板上的" "按钮，绘制底板上的波浪线，如图6-71所示。

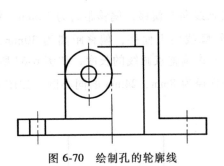

图6-70　绘制孔的轮廓线　　　　　　　图6-71　绘制波浪线

提示

"样条曲线拟合 "命令选项如下：

① 方式（M）：控制是使用拟合点还是使用控制点来创建样条曲线。

② 节点（K）：指定节点参数化，它是一种计算方法，用来确定样条曲线中连续拟合点之间的零部件曲线如何过渡。

③ 对象（O）：将二维或三维的二次或三次样条曲线拟合多段线转换成等效的样条曲线。

④ 起点切向（T）：指定在样条曲线起点的相切条件。

⑤ 端点相切（T）：指定在样条曲线终点的相切条件。

⑥ 公差（L）：指定样条曲线可以偏离指定拟合点的距离。

⑦ 放弃（U）：删除最后一个指定点。

⑧ 闭合（C）：通过定义与第一个点重合的最后一个点，闭合样条曲线。默认情况下，闭合的样条曲线为周期性的，沿整个环保持曲率连续性。

9）打开状态栏中的"" 按钮和 "" 按钮，单击"修改"面板上的""按钮，修剪波浪线和轮廓线，如图 6-72 所示。

10）将"细实线"层设置为当前层，单击"绘图"面板上的""按钮，在弹出的"图案填充创建"面板上，将图案类型均设置为 ANSI31，角度设置为 0，比例设置为 1，如图 6-73 所示，在主视图中需要的填充区域内单击，即可绘制剖面线，如图6-74所示。

图 6-72 修剪图线

图 6-73 "图案填充创建"面板

三、绘制俯视图

1）将"细点画线"层设置为当前层，利用""命令和"对象捕捉追踪"模式绘制俯视图的水平中心线和竖直中心线。

2）将"粗实线"层设置为当前层，单击"绘图"面板上的""按钮，绘制轮廓线，如图 6-75 所示。

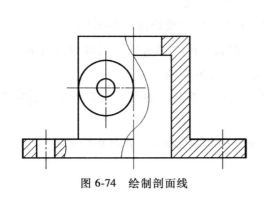

图 6-74 绘制剖面线

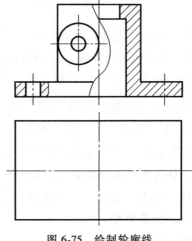

图 6-75 绘制轮廓线

3）单击"修改"面板上的"⌐"按钮，将竖直点画线向左偏移，偏移距离为38mm，将水平点画线向上偏移，偏移距离为20mm，利用夹点方式调整点画线的长度，如图6-76所示。

4）单击"绘图"面板上的"⊙"按钮，绘制直径为8mm的圆。

5）单击"修改"面板上的"▲ 镜像"按钮，完成底板上孔的绘制，如图6-77所示。

图6-76　偏移图线

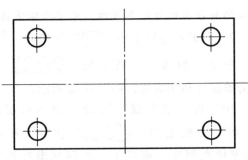

图6-77　绘制底板上的孔

6）单击"绘图"面板上的"⊙"按钮，绘制直径为24mm、32mm、48mm的同心圆，如图6-78所示。

7）单击"修改"面板上的"⌐"按钮，将竖直点画线向左偏移，偏移距离为12mm，将水平点画线向下偏移，偏移距离为30mm，如图6-79所示。

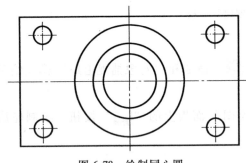

图6-78　绘制同心圆

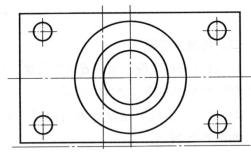

图6-79　偏移图线

8）单击"绘图"面板上的"／"按钮，绘制轮廓线。

9）单击竖直辅助线，利用夹点方式调整点画线的长度。

10）单击"修改"面板上的"✂"按钮，将水平辅助线删除，如图6-80所示。

11）关闭状态栏中的"⌐"按钮和"▢"按钮，将"细实线"层设置为当前层，单击"绘图"面板上的"∿"按钮，绘制波浪线，如图6-81所示。

12）打开状态栏中的"⌐"按钮和"▢"按钮，单击"修改"面板上的"－/－－修剪"按钮，修剪波浪线和轮廓线，如图6-82所示。

13）单击"绘图"面板上的"▨ 图案填充"按钮，绘制剖面线，如图6-83所示。

四、标注尺寸

标注机件的尺寸。

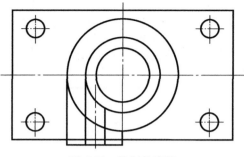

图 6-80　绘制轮廓线

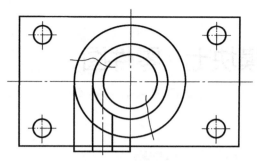

图 6-81　绘制波浪线

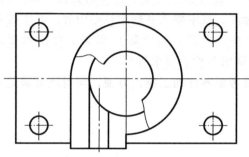

图 6-82　修剪波浪线和轮廓线

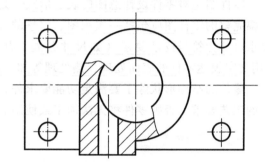

图 6-83　绘制剖面线

五、保存

整理图形，使其符合机械制图标准，完成后保存图形。

六、退出 AutoCAD 2016

单击 AutoCAD 2016 右上角的"关闭"按钮，退出操作。

模块七　零件图

零件图是对零件设计意图的表达形式,是对零件进行加工制造、检验的直接技术资料,一幅完整的零件图应包括一组视图、完整的尺寸标注、技术要求和标题栏等内容。其中技术要求可分为符号技术要求(如尺寸公差、几何公差、表面粗糙度等)和文字性技术要求(用文字表达零件的表面处理、热处理等加工制造要求与检验要求等)。

零件的结构形状除了要满足功能要求外,还要考虑零件加工制造方便,同时还要满足零件的工艺要求,否则零件将无法加工或使用。

1. 掌握零件图的表达方式,能够正确标注零件图的尺寸和技术要求;
2. 了解零件的结构工艺要求;
3. 能够识读零件图;
4. 能够用 AutoCAD 熟练绘制零件图。

零件图(detail drawing)、技术要求(technical requirement)、表面粗糙度(surface roughness)、尺寸公差(dimensional tolerance)、极限偏差(limit deviation)、形状公差(form tolerance)、位置公差(position tolerance)、轴(shaft,axle)、法兰盘(flange)、杠杆(lever)、泵体(pump body)、泵盖(pump cover)。

项目一　认识零件图

任务一　认识齿轮轴零件图

认识图 7-1 所示齿轮轴的零件图。

表达零件结构、大小及技术要求的图样称为零件图。在零件的生产过程中,要根据零件图上注明的材料和数量备料,然后根据零件图表达的形状、大小和技术要求进行加工制造,最后还要根据零件图要求进行检验。

图 7-1 所示齿轮轴零件图就是一张完整的零件图，包括图形、尺寸、技术要求和标题栏。

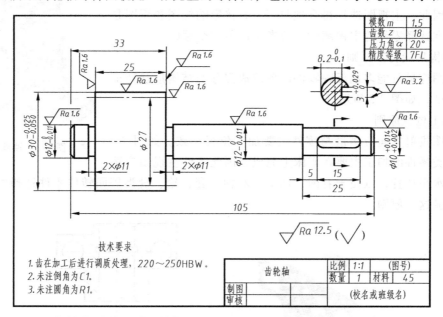

图 7-1　齿轮轴零件图

一、一组图形

选用适当的视图、剖视图、断面图等各种表达方法，正确、完整、清晰、简便地表示出零件的内外结构形状。如图 7-1 中的主视图和断面图。

二、尺寸

应正确、完整、清晰、合理地标注出制造和检验该零件所需的全部尺寸。

三、技术要求

用国家标准中规定的符号、代号、标记和文字说明等简明地给出零件在制造和检验时所应达到的各项技术指标和要求，如尺寸公差、几何公差、表面结构以及热处理等。

四、标题栏

填写零件的名称、比例、数量、材料、图号以及责任人员的签名和日期等。

任务二　轴承座零件图的视图选择

图 7-2 所示为轴承座立体图，为其选择合适的表达方式。

从形体上看，轴承座是由轴承孔、底板、支撑板、肋板等组成的。这 4 部分主要形体的相对位置关系是支撑板外侧及肋板左、右两面与轴承孔外表面相交。

知识链接

一、选择主视图

主视图是一组视图的核心。无论是绘图还是识图，都从主视图开始。因此，主视图选择得合理与否，直接影响绘图和识图是否方便。在选择零件的主视图时，应考虑以下三个原则。

1. 结构形状特征原则

主视图应尽可能多地反映零件的各组成部分的结构形状特征和位置特征，如图 7-3 所示。

2. 加工位置原则

主视图投射方向应尽量与零件主要加工位置一致。如图 7-4 所示，轴类零件的加工主要在车床上完成，因此零件主视图应选择其轴线水平放置，以便于看图、加工。对轴、套、轮、盘类等回转体零件选择主视图时，一般应遵循这一原则。

图 7-2 轴承座

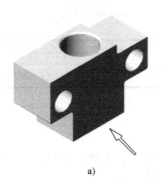
a)

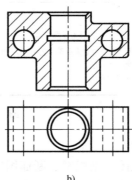
b)

图 7-3 阀体主视图的选择

3. 工作位置原则

主视图的投射方向应符合零件在机器中的工作位置。对支架、箱体等加工方法和加工位置多变的零件，主视图应选择工作位置，以便与装配图直接对照。如图 7-5 所示，吊钩主视

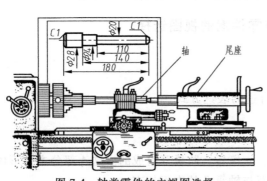

图 7-4 轴类零件的主视图选择

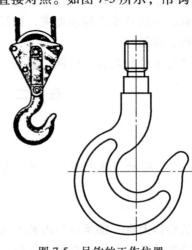

图 7-5 吊钩的工作位置

图既显示了吊钩的形状特征，又反映了工作位置。

以上是零件主视图的选择原则，在运用时必须灵活掌握。三项原则中，在保证表达清楚结构形状特征的前提下，先考虑加工位置原则。但有些零件形状比较复杂，在加工过程中装夹位置经常发生变化，加工位置难分主次，则主视图应考虑选择其工作位置。还有一些零件无明显的主要加工位置，又无固定的工作位置，或者工作位置倾斜，则可将它们的主要部分放正（水平或竖直），以利于布图和标注尺寸。

二、选择其他视图

零件主视图确定后，要分析还有哪些形状结构没有表达清楚，以及如何将主视图未表达清楚的部位用其他视图进行表达，并使每个视图都有表达的重点。其他视图的选择一般应遵循以下原则。

1) 在选择视图时，应优先采用基本视图及在基本视图上作剖视图，并尽可能按投射方向配置各视图。

2) 在完整、清晰地表达零件结构形状的前提下，尽量减少视图的数量，力求制图简便。

3) 尽量避免使用细虚线。

任务实施

一、主视图的选择

按其工作位置选择，主视图表达了零件的主要部分：轴承孔的形状特征，各组成部分的相对位置，三个螺钉孔、凸台也得到了表达，如图7-6所示。

二、其他视图的选择

方案一：如图7-7所示。

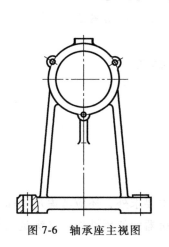

图7-6 轴承座主视图

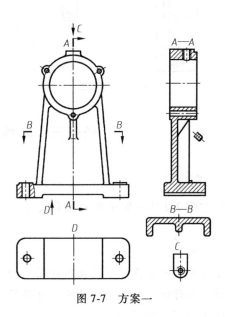

图7-7 方案一

1) 选全剖的左视图，表达轴承孔的内部结构及肋板形状。
2) 选择 D 向视图表达底板的形状。

3）选择移出断面图表达支撑板断面及肋板断面的形状。
4）C 向局部视图表达上面凸台的形状。

方案二：如图 7-8 所示。
1）将方案一的主视图和左视图位置对调。
2）俯视图选用 B—B 剖视表达底板与支撑板断面及肋板断面的形状。
3）C 向局部视图表达上面凸台的形状。

缺点：俯视图前后方向较长，图纸幅面安排欠佳。

方案三：如图 7-9 所示。

俯视图采用 B—B 剖视图，其余视图同方案一。

比较、分析三个方案，选第方案三较好。

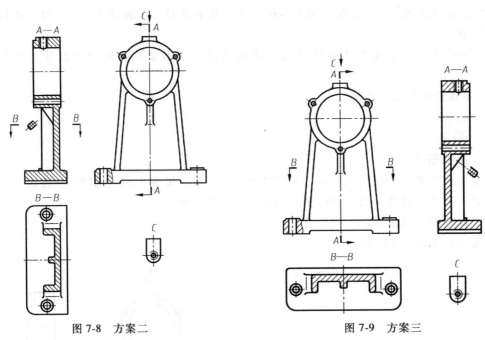

图 7-8　方案二　　　　　　　　　　图 7-9　方案三

任务三　轴承座零件图的尺寸标注

任务引入

标注图 7-2 所示轴承座的所有尺寸。

任务分析

零件尺寸的标注除了前面所述的正确、清晰、完整的基本要求外，还应考虑尺寸标注的合理性。合理标注尺寸是指所注尺寸既符合设计要求、保证机器的使用性能，又满足工艺要求，便于加工、测量和检验。

标注轴承座的尺寸应该包括组成轴承座 5 部分的尺寸及 5 部分相互之间的位置关系尺寸，不能遗漏，还要考虑加工制造以及检验方便。

一、合理选择尺寸基准

1. 尺寸基准的分类

尺寸基准是标注尺寸和量取尺寸的起点,分为设计基准和工艺基准。

1) 设计基准:根据零件的结构和设计要求而确定的基准称为设计基准。如轴类零件的轴线为径向尺寸的设计基准,箱体类零件的底面为高度方向的设计基准。

任何零件都有长、宽、高三个方向的尺寸,每个方向只能选择一个设计基准。常见的设计基准有:

① 零件上主要回转结构的轴线;

② 零件结构的对称面;

③ 零件的重要支承面、装配面及两零件重要接合面;

④ 零件主要加工面。

2) 工艺基准:在零件加工过程中,为满足加工和测量要求而确定的基准称为工艺基准。为了减小误差,保证零件的设计要求,在选择基准时,最好使设计基准和工艺基准重合。当零件较复杂时,一个方向只选一个基准往往不够用,还要附加一些基准,其中起主要作用的是主要基准,起辅助作用的为辅助基准。主要基准与辅助基准之间及两辅助基准之间应有尺寸直接联系。

2. 选择尺寸基准的注意事项

1) 相互关联的零件,在标注其相关的尺寸时,应以同一个平面或直线(如接合面、对称面、轴线等)作为尺寸基准,如图 7-10 所示。

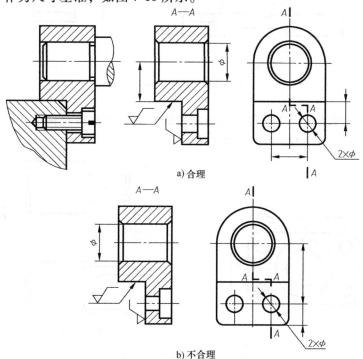

图 7-10 相互关联零件的尺寸基准的选择

2）以加工面作为尺寸基准时，在同一方向，同一个加工表面不能作为两个或两个以上的非加工面的基准，如图7-11所示。

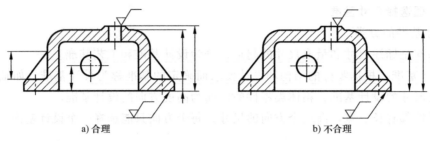

a) 合理　　　　　　　　　　　　　　b) 不合理

图 7-11　以加工面为基准

3）要保证轴线之间的距离时，应以轴线为基准，注出轴线之间的距离。如图7-12a所示，以零件底面为高度方向的主要尺寸基准注出尺寸 $87_{\ 0}^{+0.1}$ mm 以后，又以上孔轴线为基准直接注出两孔中心距尺寸 $39_{\ 0}^{+0.03}$ mm；图7-12b也是直接注出两孔中心距尺寸72mm。

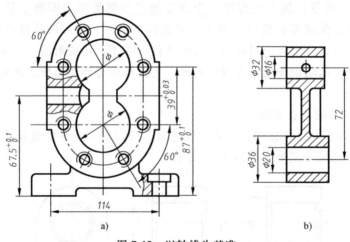

图 7-12　以轴线为基准

4）要求对称的要素，应以对称面（或对称线）为基准注出对称尺寸，如图7-13a中的尺寸26mm和52mm、图7-13b中的尺寸 $8_{\ 0}^{+0.1}$ mm。

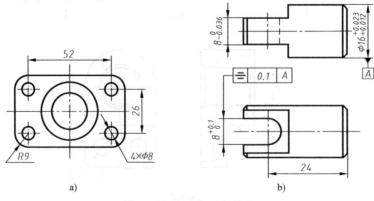

图 7-13　以对称面为基准

二、尺寸标注的注意事项

1. 直接注出功能尺寸

零件的功能尺寸又称主要尺寸，是指影响机器规格性能、工作精度和零件在部件中的准确位置及有配合要求的尺寸。这些尺寸应该直接注出，而不应由计算得出。如图7-14a所示，轴孔中心高 h_1 是主要尺寸，若按图7-14b标注，则尺寸 h_2 和 h_3 将产生较大的累积误差，使孔的中心高不能满足设计要求。另外，为安装方便，图7-14a中底板上两孔的中心距 l_1 也应该直接注出，若按图7-14b所示标注尺寸 l_3，间接确定 l_1，则不能满足装配要求。

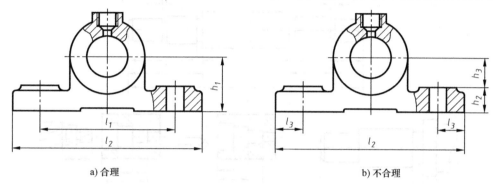

图 7-14　直接注出功能尺寸

2. 避免注成封闭尺寸链

如图7-15b所示，轴长度方向的尺寸，除了标注总长度以外，又对轴的各段长度进行了标注，即注成了封闭尺寸链。由于 $l=l_1+l_2+l_3$，在加工时，尺寸 l_1、l_2、l_3 都可能产生误差，每一段的误差都会累积到尺寸 l 上，使总长 l 不能保证设计的精度要求。若要保证尺寸 l 的精度要求，就要提高每一段的精度要求，造成加工困难且成本提高。为此，选择其中一个不重要的尺寸不标注，称为开口环，使所有的尺寸误差都累积在这一段上。

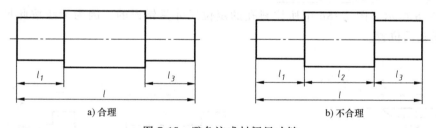

图 7-15　避免注成封闭尺寸链

3. 标注尺寸要尽量适应加工方法及加工过程

同一零件的加工方法及加工过程可以不同，所以适应于它们的尺寸注法也应不同。图7-16所列是一些常见图例。

图7-16a及图7-16b所示为在车床上一次装夹加工阶梯轴时，长度尺寸的两种注法。尺寸 A 将主要尺寸基准与工艺上的支承基准联系起来。

图7-16c所示为在车床上两次装夹加工时，轴的长度尺寸的注法。

图7-16d所示为用圆钢棒料车制轴时的尺寸注法。

图7-16e所示为一般阶梯孔深度尺寸的注法。但若采用扩孔钻加工，其深度尺寸的注法需与扩孔钻的尺寸相符，如图7-16f所示。

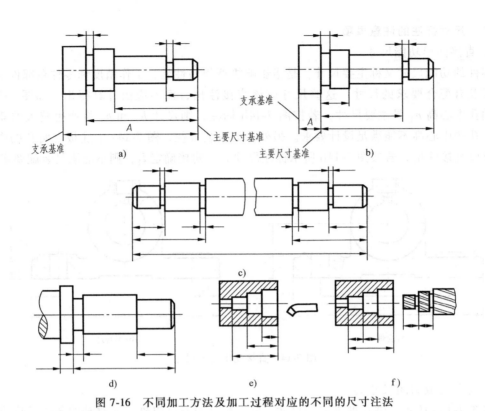

图 7-16 不同加工方法及加工过程对应的不同的尺寸注法

4. 标注尺寸应符合使用的工具

如图 7-17 所示,用圆盘铣刀铣键槽,在主视图上应注出所用的铣刀直径,以便选定铣刀。

5. 标注尺寸应考虑加工的可能性

如图 7-18 所示,图 7-18b 中所注斜孔的定位尺寸是错误的,因为无法按此尺寸由大孔内部确定斜孔的位置。

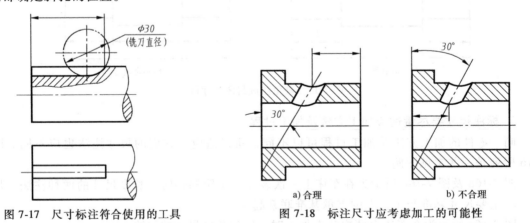

图 7-17 尺寸标注符合使用的工具　　图 7-18 标注尺寸应考虑加工的可能性

6. 尽可能不标注不便于测量的尺寸

如图 7-19 所示,所注尺寸要便于测量。图 7-19b 中标注的尺寸,测量时几何中心是无法实际测量的。图 7-19d 中当台阶孔中小孔的直径较小时,这样标注将不利于孔深的测量。

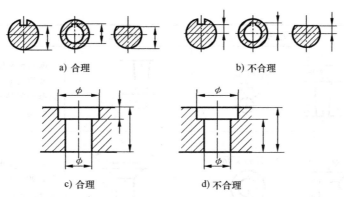

图 7-19 尽可能不标注不便于测量的尺寸

7. 同一个工序的尺寸应集中标注

如图 7-20 所示，两个安装孔的定位尺寸集中在俯视图中标注，定形尺寸集中在主视图中标注，使看图方便。

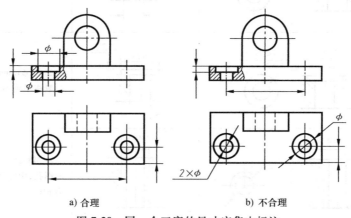

图 7-20 同一个工序的尺寸应集中标注

三、各种孔的简化注法

零件上各种孔（光孔、沉孔、螺孔）的简化注法见表 7-1。标注尺寸时应尽可能使用符号和缩写词，见表 7-2。

表 7-1　各种孔的简化注法

零件结构类型		简化注法	一般注法	说　　明
光孔	一般孔	$4\times\phi5\downarrow10$　　　$4\times\phi5\downarrow10$	$4\times\phi5$	$4\times\phi5$ 表示直径为 5mm 的四个光孔，孔深可与孔径连注
	精加工孔	$4\times\phi5^{+0.012}_{\ 0}\downarrow10$　孔$\downarrow12$　　$4\times\phi5^{+0.012}_{\ 0}\downarrow10$　孔$\downarrow12$	$4\times\phi5^{+0.012}_{\ 0}$	光孔深为 12mm，钻孔后需精加工至 $\phi5^{+0.012}_{\ 0}$ mm，深度为 10mm

（续）

零件结构类型		简化注法	一般注法	说 明
光孔	锥销孔	锥销孔φ5 配作	锥销孔φ5 配作	φ5mm 为与锥销孔相配的圆锥销小头直径（公称直径）。锥销孔通常是两零件装在一起后加工的，故应注明"配作"
沉孔	锥形沉孔	4×φ7 ∨φ13×90°	90° φ13 4×φ7	4×φ7 表示直径为 7mm 的四个孔。90° 锥形沉孔的最大直径为 φ13mm
沉孔	柱形沉孔	4×φ7 ⌴φ13▽3	φ13 3 4×φ7	四个柱形沉孔的直径为 φ13mm，深度为 3mm
沉孔	锪平沉孔	4×φ7 ⌴φ13	φ13 锪平 4×φ7	锪孔 φ13mm 的深度不必标注，一般锪平到不出现毛面为止
螺孔	通孔	2×M8-6H	2×M8-6H	2×M8 表示公称直径为 8mm 的两螺孔，中径和顶径的公差带代号为 6H
螺孔	不通孔	2×M8-6H▽12 孔▽15	2×M8-6H 12 15	表示两个螺孔 M8 的螺纹长度为 12mm，钻孔深度为 15mm，中径和顶径的公差带代号为 6H

表 7-2　常用符号和缩写词

名　　称	符号和缩写词	名　　称	符号和缩写词
直径	φ	45°倒角	C
半径	R	深度	↓
球直径	Sφ	沉孔或锪平	⌴
球半径	SR	埋头孔	∨
厚度	t	均布	EQS
正方形边长	□		

一、选择基准

根据轴承的工作状态，高度方向应选择底面为基准，轴承孔为高度方向的辅助基准，长度方向选择左右对称面为基准，宽度方向选择轴承孔后端面为基准。

二、标注尺寸

1）标注轴承座孔及外圆尺寸、深度尺寸、三个小孔尺寸。
2）标注底板尺寸。
3）标注支承板及肋板尺寸。
4）标注上凸台尺寸。
5）标注各部分之间的相对位置尺寸。
6）调整、整理尺寸，如图 7-21 所示。

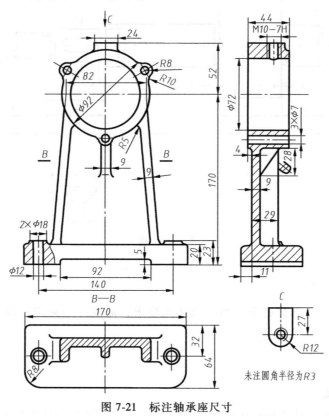

图 7-21 标注轴承座尺寸

项目二　零件图中的技术要求

零件图中除了图形和尺寸外，还有制造该零件时应满足的一些加工要求，通常称为"技术要求"，如表面粗糙度、尺寸公差、几何公差以及材料热处理等。技术要求一般是用符号、代号或标记标注在图形上，或者用文字注写在图样的适当位置。

任务一　在零件图上标注表面结构要求

根据要求在图 7-22 所示零件图上标注以下表面结构要求：

1) $\phi50\text{mm}$ 圆柱外表面用去除材料方法得到的表面结构要求为 $Ra1.6\mu\text{m}$，两侧面用去除材料方法得到的表面结构要求为 $Ra0.8\mu\text{m}$；
2) 两处 $\phi20\text{mm}$ 圆柱外表面用去除材料方法得到的表面结构要求为 $Ra1.6\mu\text{m}$；
3) $\phi16\text{mm}$ 圆柱外表面用去除材料方法得到的表面结构要求为 $Ra=3.2\mu\text{m}$；
4) 键槽两侧面用去除材料方法得到的表面结构要求为 $Ra6.3\mu\text{m}$；
5) 其余各表面用去除材料方法得到的表面结构要求为 $Ra12.5\mu\text{m}$。

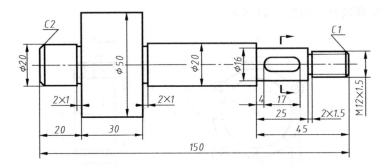

图 7-22　轴

如图 7-22 所示轴各部分有不同的表面结构要求，需要一一标注正确，不能遗漏，也不能重复标注。

一、表面粗糙度

由于机床的振动、材料的塑性变形、刀痕等原因，经加工的零件表面，看起来很光滑平整，但在显微镜下观察时，却可看到如图 7-23 所示的许多微小的高低不平的峰谷。零件加工表面上由具有的较小间距的峰谷所组成的微观几何形状特性，称为表面粗糙度。

表面粗糙度是评定零件表面质量的一项重要技术指标，对零件的耐磨性、耐蚀性、密封性以及配合质量等都有很大影响，是零件图中必不可少的一项技术要求。表面粗糙度的选用应该既满足零件表面的功能要求，又要考虑经济合理性。一般情况下，表面粗糙度参数值越小，表面质量越高，加工成本也越高。因此，应根据零件表面的作用，选择适当的表面粗糙度。

国家标准规定了评定表面粗糙度的几个主要参数,其中,轮廓参数是我国机械图样中最常用的评定参数,评定粗糙度轮廓有两个高度参数 Ra 和 Rz。

(1) 轮廓算术平均偏差 Ra 在一个取样长度内,轮廓偏距绝对值的算术平均值称为轮廓算术平均偏差,其计算公式为

$$Ra = \frac{1}{n} \sum_{i=1}^{n} |y_i|$$

(2) 轮廓最大高度 Rz 在一个取样长度内,最大轮廓峰高与最大轮廓谷深之间的距离。

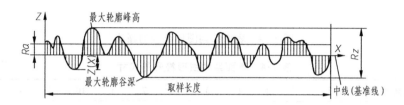

图 7-23　轮廓算术平均偏差 Ra 和轮廓最大高度 Rz

二、表面结构的图形符号

国家标准 GB/T 131—2006 中规定了表面结构的图形符号,见表 7-3。

表 7-3　表面结构的图形符号

符　号	说　明
∨	基本图形符号。仅用于简化代号标注,没有补充说明时不能单独使用
∀	扩展图形符号。在基本符号上面加一横线,表明指定表面是用去除材料的方法获得的,如通过车、铣、刨、磨、钻、抛光、腐蚀、电火花等机械加工方法获得的表面
⩗	扩展图形符号。在基本符号上面加一个圆圈,表明指定表面是用不去除材料的方法获得的,如通过铸、锻、冲压变形、热轧、冷轧、粉末冶金等方法获得的表面
✓ ∇ ⩗	完整图形符号。当要求标注表面结构特征的补充信息时,在基本图形符号和扩展图形符号的长边上加一横线
✓ ∇ ⩗	当在图样某个视图上构成封闭轮廓的各表面有相同的表面结构要求时,应在完整图形符号上加一圆圈,并且标注在图样中工件的封闭轮廓线上,如下图所示

三、表面结构图形符号的画法和尺寸

表面结构图形符号的画法如图 7-24 所示，图形符号及附加标注的尺寸见表 7-4。

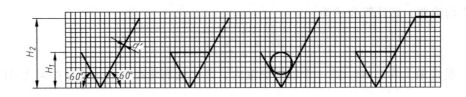

图 7-24　表面结构图形符号的画法

表 7-4　表面结构图形符号的尺寸　　　　　　　　　　（单位：mm）

数字和字母的高度	2.5	3.5	5	7	10	14	20
符号线宽 d'	0.25	0.35	0.5	0.7	1	1.4	2
字母线宽 d	0.25	0.35	0.5	0.7	1	1.4	2
高度 H_1	3.5	5	7	10	14	20	28
高度 H_2（最小值）	7.5	10.5	15	21	30	42	60

四、表面结构要求在图形符号中的注写位置

为了明确表面结构要求，除了标注表面结构参数和数值外，必要时应标注补充要求，包括取样长度、加工工艺、表面纹理及方向、加工余量等。这些要求在图形符号中的注写位置如图 7-25 所示。

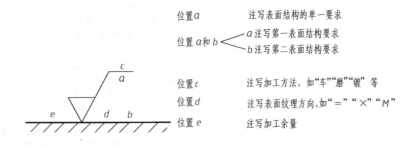

图 7-25　补充要求的注写位置

五、表面结构的标注

表面结构要求对每一表面一般只标注一次，并尽可能标注在相应的尺寸及公差所在的同一视图上。除非另有说明，否则所标注的表面结构要求均是对完工零件表面的要求。

（1）表面结构符号、代号的标注方向　表面结构要求的注写和读取方向应与尺寸的注写和读取方向一致，如图 7-26 所示。

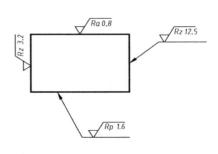

图 7-26　表面结构要求的注写方向

（2）表面结构要求的标注　表面结构要求在图样中的标注位置和方向见表 7-5。

表 7-5　表面结构要求在图样中的标注位置和方向

标注位置	标注图例	说　明
标注在轮廓线或其延长线上	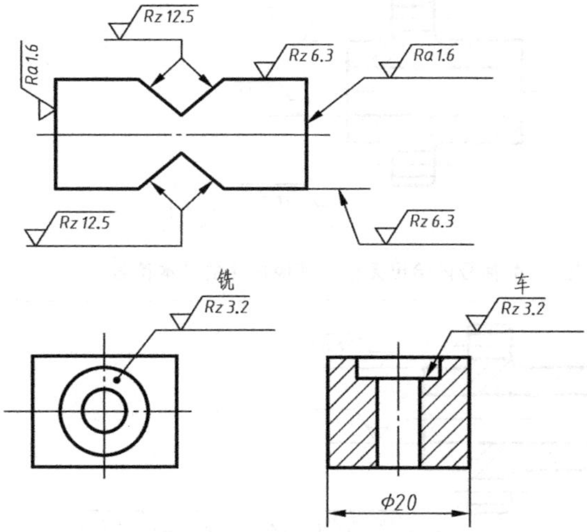	其符号应从材料外指向并接触表面或其延长线，或用箭头指向表面或其延长线。必要时可以用黑点或箭头引出标注
标注在特征尺寸的尺寸线上	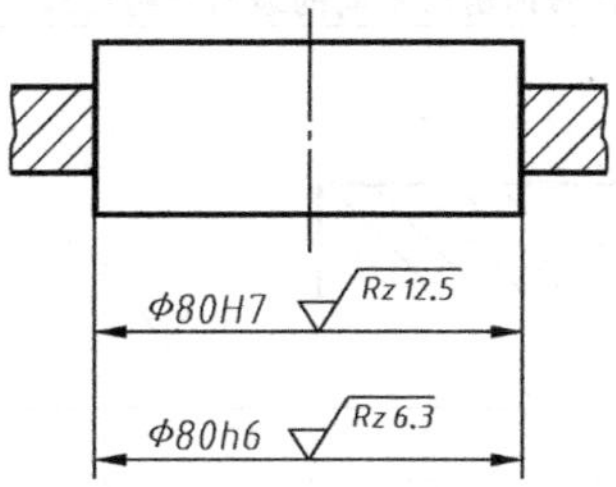	在不至于引起误解时，表面结构要求可以标注在给定的尺寸线上
标注在几何公差框格的上方	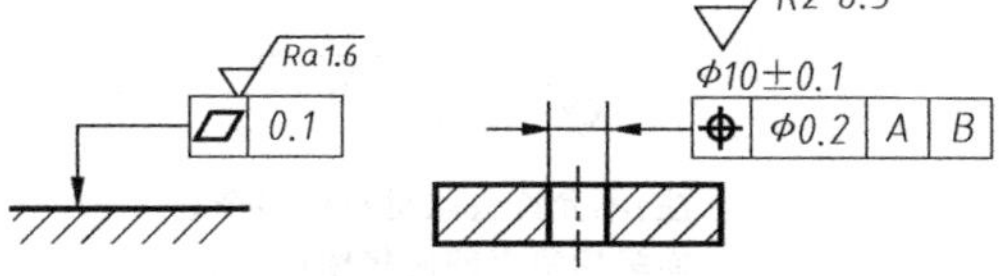	表面结构要求可以标注在几何公差框格的上方
标注在圆柱和棱柱表面上	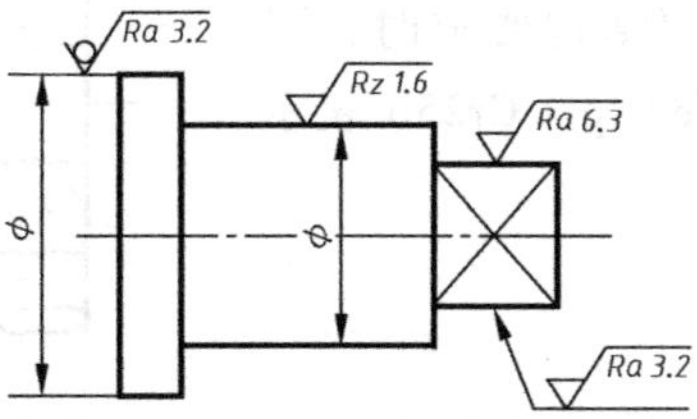	圆柱和棱柱表面的结构要求只标注一次，如果每个表面有不同的表面结构要求，则应分别单独标注

（3）表面结构要求的简化注法　表面结构要求的简化注法见表7-6。

表7-6　表面结构要求的简化注法

项　目	标注图例		说　　明
有相同表面结构要求的简化注法	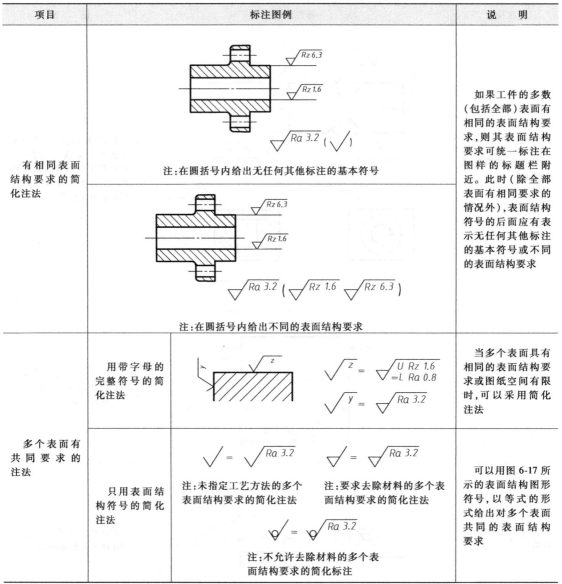 注：在圆括号内给出无任何其他标注的基本符号 注：在圆括号内给出不同的表面结构要求		如果工件的多数（包括全部）表面有相同的表面结构要求，则其表面结构要求可统一标注在图样的标题栏附近。此时（除全部表面有相同要求的情况外），表面结构符号的后面应有表示无任何其他标注的基本符号或不同的表面结构要求
多个表面有共同要求的注法	用带字母的完整符号的简化注法		当多个表面具有相同的表面结构要求或图纸空间有限时，可以采用简化注法
	只用表面结构符号的简化注法	注：未指定工艺方法的多个表面结构要求的简化注法 注：不允许去除材料的多个表面结构要求的简化标注	注：要求去除材料的多个表面结构要求的简化注法	可以用图6-17所示的表面结构图形符号，以等式的形式给出对多个表面共同的表面结构要求

（4）两种或多种工艺获得同一表面的表面粗糙度要求的注法　由几种不同的工艺方法获得的同一表面，当需要明确每种工艺方法的表面结构要求时，可按图7-27所示的方法标注，其中 Fe/Ep·Cr25b 表示钢件，镀铬。

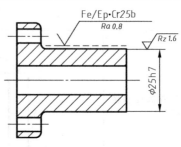

图7-27　不同工艺获得同一表面的表面结构要求的注法

 任务实施

图7-22所示零件表面结构要求的标注如图7-28所示。

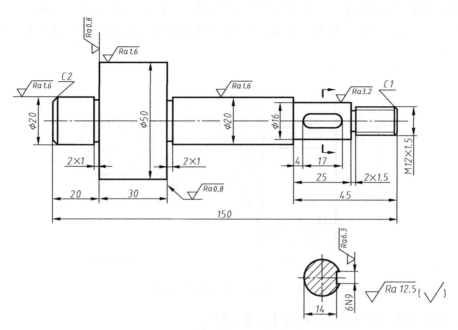

图 7-28 轴（标注表面粗糙度）

任务二　在零件图上标注尺寸公差

根据要求在图 7-28 所示轴上标注以下尺寸公差：
1）尺寸 φ50mm 基本偏差代号为 f，公差等级为 7 级；
2）两处尺寸 φ20mm 基本偏差代号为 f，公差等级为 7 级；
3）尺寸 30mm 基本偏差代号为 f，公差等级为 7 级；
4）尺寸 φ16mm 基本偏差代号为 k，公差等级为 6 级；
5）键槽宽度基本偏差代号为 N，公差等级为 9 级；
6）键槽深度尺寸上极限偏差为 0mm，下极限偏差为 -0.1mm。

任务分析

大规模生产要求零件具有互换性，即从一批规格相同的零件中任取一件，不经修配就能立即装到机器或部件上，并能保证使用要求，零件的这种性质称为互换性。零件具有互换性，不仅给机器的装配、维修带来了方便，而且能满足生产部门广泛的协作要求，为大批量生产、缩短生产周期、降低成本提供了有利条件。

为使零件具有互换性，建立了极限与配合制度。

知识链接

一、尺寸公差

为保证零件之间的互换性，应对其尺寸规定一个允许变动的范围，这个允许尺寸变动的量称为尺寸公差，简称公差。零件加工后测量出的尺寸（即实际尺寸），只要在尺寸允许变动的范围内，该尺寸就是合格的。以图7-29所示圆柱孔尺寸为例，简要说明关于尺寸公差的一些名词。

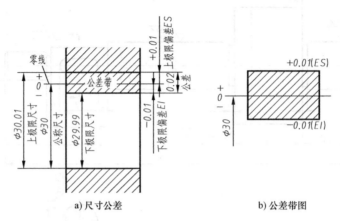

a) 尺寸公差　　　　b) 公差带图

图7-29　尺寸公差名词解释与公差带图

（1）公称尺寸　指设计给定的尺寸，如 $\phi 30$mm。

（2）极限尺寸　允许尺寸变化的两个极限值，即上极限尺寸和下极限尺寸。

上极限尺寸：30mm+0.01mm＝30.01mm

下极限尺寸：30mm-0.01mm＝29.99mm

（3）实际尺寸　零件经过测量所得到的尺寸，若实际尺寸在上极限尺寸和下极限尺寸之间，则为合格。

（4）极限偏差　极限尺寸与公称尺寸的代数差。上极限尺寸减其公称尺寸所得的代数差为上极限偏差；下极限尺寸减其公称尺寸所得的代数差为下极限偏差。孔的上、下极限偏差分别用ES和EI表示；轴的上、下极限偏差分别用es和ei表示。

上极限偏差：ES＝30.01mm-30mm＝+0.01mm

下极限偏差：EI＝29.99mm-30mm＝-0.01mm

（5）尺寸公差　允许尺寸的变动量。即上极限尺寸与下极限尺寸之差：30.01mm-29.99mm＝0.02mm；也等于上极限偏差减去下极限偏差：0.01mm-（-0.01mm）＝0.02mm。公差总是大于零的正数。

（6）零线　在公差带图中，确定偏差的一条基准直线。通常以零线表示公称尺寸。

（7）公差带　在公差带图中，由代表上、下极限偏差的两条直线限定的区域。

二、标准公差与基本偏差

国家标准 GB/T1800.2—2009 中规定，公差带是由标准公差和基本偏差组成的。标准公差确定公差带的大小，基本偏差确定公差带的位置，如图7-30所示。

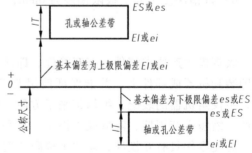

图7-30　公差带大小及位置

（1）标准公差　由国家标准规定的公差值。其大小由两个因素决定，一个是公差等级，

另一个是公称尺寸。公差等级用来确定尺寸的精确程度。国家标准将标准公差分为20级，即IT01、IT0、IT1、IT2、…、IT18。IT 表示标准公差，数字表示公差等级。IT01 公差最小，尺寸精度最高；IT18 公差最大，尺寸精度最低。公称尺寸在 1000mm 内的各级标准公差的数值可查阅表 7-7。

表 7-7 标准公差数值（摘自 GB/T 1800.1—2009）

公称尺寸 /mm		标 准 公 差 等 级																
大于	至	IT1	IT2	IT3	IT4	IT5	IT6	IT7	IT8	IT9	IT10	IT11	IT12	IT13	IT14	IT15	IT16	IT17	IT18
		μm											mm						
	3	0.8	1.2	2	3	4	6	10	14	25	40	60	0.1	0.14	0.25	0.4	0.6	1	1.4
3	6	1	1.5	2.5	4	5	8	12	18	30	48	75	0.12	0.18	0.3	0.48	0.75	1.2	1.8
6	10	1	1.5	2.5	4	6	9	15	22	36	58	90	0.15	0.22	0.36	0.58	0.9	1.5	2.2
10	18	1.2	2	3	5	8	11	18	27	43	70	110	0.18	0.27	0.43	0.7	1.1	1.8	2.7
18	30	1.5	2.5	4	6	9	13	21	33	52	84	130	0.21	0.33	0.52	0.84	1.3	2.1	3.3
30	50	1.5	2.5	4	7	11	16	25	39	62	100	160	0.25	0.39	0.62	1	1.6	2.5	3.9
50	80	2	3	5	8	13	19	30	46	74	120	190	0.3	0.46	0.74	1.2	1.9	3	4.6
80	120	2.5	4	6	10	15	22	35	54	87	140	220	0.35	0.54	0.87	1.4	2.2	3.5	5.4
120	180	3.5	5	8	12	18	25	40	63	100	160	250	0.4	0.63	1	1.6	2.5	4	6.3
180	250	4.5	7	10	14	20	29	46	72	115	185	290	0.46	0.72	1.15	1.85	2.9	4.6	7.2
250	315	6	8	12	16	23	32	52	81	130	210	320	0.52	0.81	1.3	2.1	3.2	5.2	8.1
315	400	7	9	13	18	25	36	57	89	140	230	360	0.57	0.89	1.4	2.3	3.6	5.7	8.9
400	500	8	10	15	20	27	40	63	97	155	250	400	0.63	0.97	1.55	2.5	4	6.3	9.7
500	630	9	11	16	22	32	44	70	110	175	280	440	0.7	1.1	1.75	2.8	4.4	7	11
630	800	10	13	18	25	36	50	80	125	200	320	500	0.8	1.25	2	3.2	5	8	12.5
800	1000	11	15	21	28	40	56	90	140	230	360	560	0.9	1.4	2.3	3.6	5.6	9	14
1000	1250	13	18	24	33	47	66	105	165	260	420	660	1.05	1.65	2.6	4.2	6.6	10.5	16.5
1250	1600	15	21	29	39	55	78	125	195	310	500	780	1.25	1.95	3.1	5	7.8	12.5	19.5
1600	2000	18	25	35	46	65	92	150	230	370	600	920	1.5	2.3	3.7	6	9.2	15	23
2000	2500	22	30	41	55	78	110	175	280	440	700	1100	1.75	2.8	4.4	7	11	17.5	28
2500	3150	26	36	50	68	96	135	210	330	540	860	1350	2.1	3.3	5.4	8.6	13.5	21	33

注：1. 公称尺寸大于 500mm 的 IT1~IT5 的标准公差数值为试行的。
　　2. 公称尺寸小于或等于 1mm 时，无 IT14~IT18。

（2）基本偏差　用以确定公差带相对于零线位置的那个极限偏差，一般指靠近零线的那个偏差（上极限偏差或下极限偏差）。基本偏差代号用字母或字母组合表示，孔用大写字母表示，轴用小写字母表示。GB/T 1800.1—2009 对孔和轴各规定了 28 个基本偏差，如图 7-31 所示。

从基本偏差系列图中可以看到：

孔的基本偏差 A~H 为下极限偏差，J~ZC 为上极限偏差；

轴的基本偏差 a~h 为上极限偏差，j~zc 为下极限偏差；

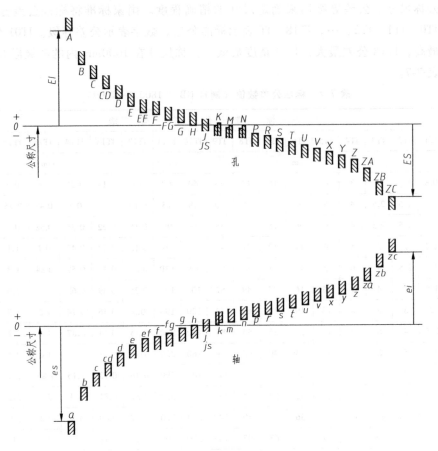

图 7-31 基本偏差系列

JS 和 js 的公差带对称分布于零线两边，孔和轴的上、下极限偏差分别是 +IT/2、−IT/2。

基本偏差系列图只表示公差带的位置，不表示公差的大小，因此，公差带一端是开口的，由标准公差限定。

（3）公差带代号　由基本偏差代号与公差等级代号组成，例如：

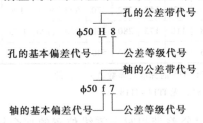

三、配合

公称尺寸相同的两个互相结合的孔和轴公差带之间的关系，称为配合。根据使用要求不同，国家标准规定配合分三类：即间隙配合、过盈配合、过渡配合。

（1）间隙配合　孔与轴配合时，孔的公差带在轴的公差带之上，具有间隙（包括最小间隙等于零）的配合，如图 7-32a 所示。

（2）过盈配合　孔与轴配合时，孔的公差带在轴的公差带之下，具有过盈（包括最小过盈等于零）的配合，如图 7-32b 所示。

(3) 过渡配合 孔与轴配合时，孔的公差带与轴的公差带相互交叠，可能具有间隙或过盈的配合，如图 7-32c 所示。

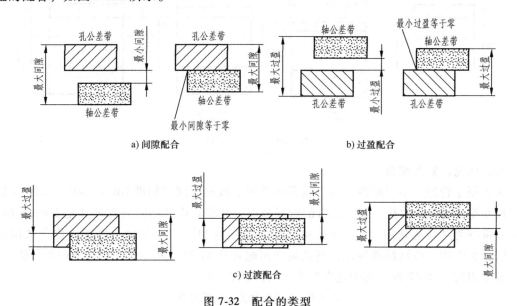

图 7-32 配合的类型

四、配合制

在制造相互配合的零件时，使其中一种零件作为基准件，它的基本偏差固定，通过改变另一种零件的基本偏差来获得各种不同性质配合的制度，称为配合制。国家标准规定了两种配合制，即基孔制和基轴制。

(1) 基孔制 基本偏差为一定的孔的公差带，与不同基本偏差的轴的公差带形成各种配合的一种制度，如图 7-33 所示。基孔制配合中的孔称为基准孔。基准孔的下极限偏差为零，并用代号 H 表示。

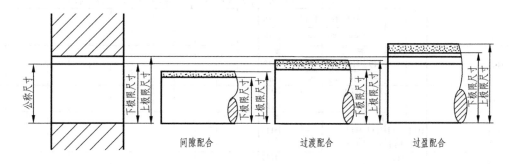

图 7-33 基孔制配合

(2) 基轴制 基本偏差为一定的轴的公差带，与不同基本偏差的孔的公差带形成各种配合的一种制度，如图 7-34 所示。基轴制中的轴称为基准轴，基准轴的上极限偏差为零，并用代号 h 表示。

由于孔的加工比轴的加工难度大，国家标准中规定，优先选用基孔制配合。同时，采用基孔制可以减少加工孔所需要的定值刀具的品种和数量，降低生产成本。

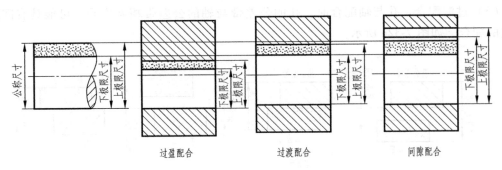

图 7-34 基轴制配合

五、优先、常用配合

为了便于管理,尽量减少刃具、量具的品种、规格,国家标准 GB/T 1801—2009 规定了公称尺寸至 3150mm 的孔、轴公差带的选择范围,并将允许选用的公称尺寸至 500mm 的孔、轴公差带分为"优先选用""其次选用"和"最后选用"三个层次,通常将优先选用和其次选用称为常用。按该标准规定:基孔制常用配合共 59 种,其中优先配合 13 种(表 7-8);基轴制常用配合共 47 种,其中优先配合 13 种(表 7-9)。

表 7-8 基孔制优先、常用配合

基准孔	轴																			
	a	b	c	d	e	f	g	h	js	k	m	n	p	r	s	t	u	v	x	y	z
	间隙配合								过渡配合				过盈配合								
H6						H6/f5	H6/g5	H6/h5	H6/js5	H6/k5	H6/m5	H6/n5	H6/p5	H6/r5	H6/s5	H6/t5					
H7						H7/f6	H7/g6	H7/h6	H7/js6	H7/k6	H7/m6	H7/n6	H7/p6	H7/r6	H7/s6	H7/t6	H7/u6	H7/v6	H7/x6	H7/y6	H7/z6
H8					H8/e7	H8/f7	H8/g7	H8/h7	H8/js7	H8/k7	H8/m7	H8/n7	H8/p7	H8/r7	H8/s7	H8/t7	H8/u7				
				H8/d8	H8/e8	H8/f8		H8/h8													
H9				H9/c9	H9/d9	H9/e9	H9/f9	H9/h9													
H10				H10/c10	H10/d10			H10/h10													
H11	H11/a11	H11/b11	H11/c11	H11/d11				H11/h11													
H12		H12/b12						H12/h12													

注:1. H6/n5、H7/p6 在公称尺寸≤3mm 和 H8/r7 在公称尺寸≤100mm 时,为过渡配合。

2. 带▼的配合为优先配合。

六、极限与配合在图样中的标注

1. 在零件图中的标注

极限与配合在零件图中的标注有三种形式,如图 7-35 所示。

(1)标注公差带代号(图 7-35a) 公差带代号由基本偏差代号及标准公差等级代号组

成，注在公称尺寸的右边，代号字体与尺寸数字字体的高度相同。这种注法一般用于大批量生产，由专用量具检验零件的尺寸。

表 7-9 基轴制优先、常用配合

基准轴	孔																				
	A	B	C	D	E	F	G	H	JS	K	M	N	P	R	S	T	U	V	X	Y	Z
	间隙配合								过渡配合				过盈配合								
h5						F6/h5	G6/h5	H6/h5	JS6/h5	K6/h5	M6/h5	N6/h5	P6/h5	R6/h5	S6/h5	T6/h5					
h6						F7/h6	G7/h6	H7/h6	JS7/h6	K7/h6	M7/h6	N7/h6	P7/h6	R7/h6	S7/h6	T7/h6	U7/h6				
h7					E8/h7	F8/h7		H8/h7	JS8/h7	K8/h7	M8/h7	N8/h7									
h8				D8/h8	E8/h8	F8/h8		H8/h8													
h9				D9/h9	E9/h9	F9/h9		H9/h9													
h10				D10/h10				H10/h10													
h11	A11/h11	B11/h11	C11/h11	D11/h11				H11/h11													
h12		B12/h12						H12/h12													

注：带 ▼ 的配合为优先配合。

（2）标注极限偏差（图 7-35b）　上极限偏差标注在公称尺寸的右上方，下极限偏差与公称尺寸注在同一底线上，偏差数字的字体比尺寸数字字体小一号，小数点必须对齐，小数点后的位数也必须相同。当某一偏差为"零"时，用数字"0"标出，并与上极限偏差或下极限偏差的小数点前的个位数对齐。这种注法用于少量或单件生产。

当上、下极限偏差值相同时，偏差值只需要注一次，并在偏差值与公称尺寸之间注出"±"符号，偏差数值的字体高度与公称尺寸数字的字体相同。

注意： 所注的上、下极限偏差的单位为 mm。

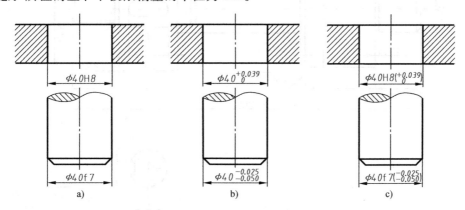

图 7-35　极限与配合在零件图中的标注

（3）公差带代号与极限偏差一起标注（图7-35c） 偏差数值注在尺寸公差带代号之后，并加圆括号。这种注法在设计过程中因便于审图，故使用较多。

2. 在装配图中的注法

在装配图上标注极限与配合时，其代号必须在公称尺寸的右边，用分数形式注出，分子为孔公差带代号，分母为轴公差带代号。其注写形式有三种，如图7-36a、b、c所示。当标注标准件、外购件与零件的配合关系时，可仅标注相配零件的公差带代号，如图7-36d中滚动轴承与轴和孔的配合尺寸 $\phi 62JS7$ 和 $\phi 30k6$。

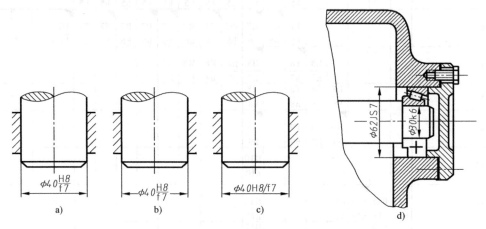

图7-36 极限与配合在装配图中的标注

任务实施

标注图7-28所示轴的尺寸公差，如图7-37所示。

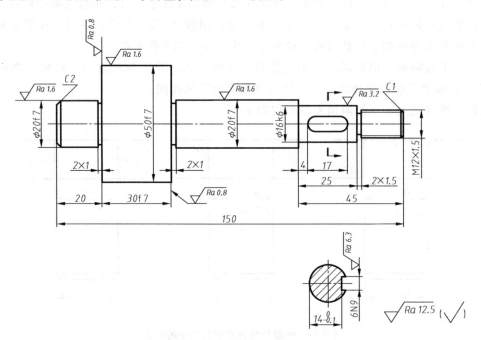

图7-37 轴（标注尺寸公差）

任务三 在零件图上标注几何公差

根据要求在图 7-37 上标注几何公差。
1）φ50f7 圆柱外表面圆柱度要求为 0.05mm；
2）φ50f7 圆柱左端面相对于两处 φ20f7 圆柱轴线的垂直度要求为 0.015mm；
3）φ50f7 圆柱轴线相对于两处 φ20f7 圆柱轴线的同轴度要求为 φ0.05mm；
4）φ20f7 圆柱表面相对于两处 φ20f7 圆柱轴线的圆跳动为 0.015mm。

由于零件的表面形状和相对位置的误差过大会影响机器的性能，因此对精度要求高的零件，除了尺寸精度外，还应控制其几何误差。对几何误差的控制是通过几何公差来实现的。在零件图上正确标识几何公差十分重要。

一、几何公差的代号及注法

GB/T 1182—2008 和 GB/T 13319—2003 对几何公差的特征项目、名词、术语、代号、数值、标注方法等都做了明确规定。几何公差的特征项目及符号见表 7-10。

几何公差代号包括：几何公差框格及指引线、几何公差特征项目符号、几何公差数值和其他有关符号、基准符号等，如图 7-38 所示。

几何公差特征项目符号大小与框格中的字体同高，几何公差框格应水平或竖直放置，框格内的字高（h）与图样中的尺寸数字等高，框格的高度为字高的 2 倍，长度可根据需要画出。框格的内容如图 7-38a 所示。几何公差符号、公差数字、框格线的宽均为字高的 1/10。

表 7-10 几何公差的特征项目及符号

公　　差		特征项目	符　　号	有或无基准要求
形状公差		直线度	—	无
		平面度	⌓	无
		圆度	○	无
		圆柱度	⌭	无
形状或位置公差		线轮廓度	⌒	有或无
		面轮廓度	⌓	有或无
位置公差	定向	平行度	∥	有
		垂直度	⊥	有
		倾斜度	∠	有
	定位	位置度	⌖	有或无
		同轴(同心)度	◎	有
		对称度	=	有
跳动公差		圆跳动	↗	有
		全跳动	⌰	有

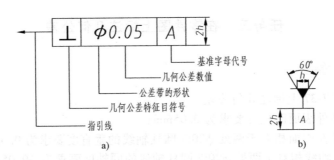

图 7-38　几何公差代号及基准代号

基准代号由基准符号、框格、连线和字母组成，画法如图 7-38b 所示。

二、几何公差代号标注示例

1) 用带箭头的指引线将框格与被测要素相连，按以下方式标注。

① 当被测要素为轮廓线或表面时，如图 7-39 所示，将箭头置于被测要素的轮廓线或轮廓线的延长线上，但必须与尺寸线明显地错开。

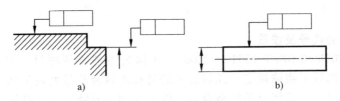

图 7-39　被测要素为轮廓线或表面

② 当被测要素为轴线、对称面时，则带箭头的指引线应与尺寸线对齐，如图 7-40 所示。

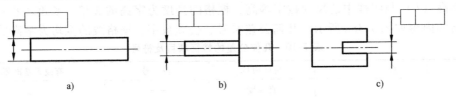

图 7-40　被测要素为轴线和中心平面

2) 基准要素按以下方式标注。

① 当基准要素是轮廓线或表面时，如图 7-41 所示，基准符号置于要素的外轮廓线上或它的延长线上，但应与尺寸线明显地错开。

② 当基准要素是轴线或对称面时，则基准三角形应与尺寸线对齐。若尺寸线安排不下两个箭头，则另一个箭头可用基准三角形代替，如图 7-42 所示。

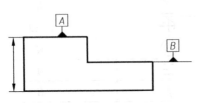

图 7-41　基准要素为轮廓线或表面

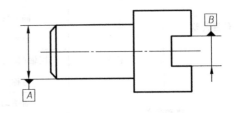

图 7-42　基准要素是轴线或中心平面

3）当多个被测的要素有相同的几何公差要求时，可以从一个框格内的同一端引出多个指示箭头，如图7-43a所示；对于同一个被测要素有多项几何公差要求时，可在一个指引线上画出多个公差框格，如图7-43b所示。

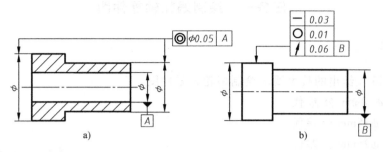

图7-43 多个被测要素或多项几何公差要求

4）由两个或两个以上的被测要素组成的基准称为公共基准，如图7-44所示的公共轴线。应将公共基准的各个字母用横线连接起来，并书写在公差框格的同一个格子内。

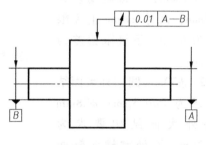

图7-44 组合基准

图7-37所示中几何公差的标注如图7-45所示。

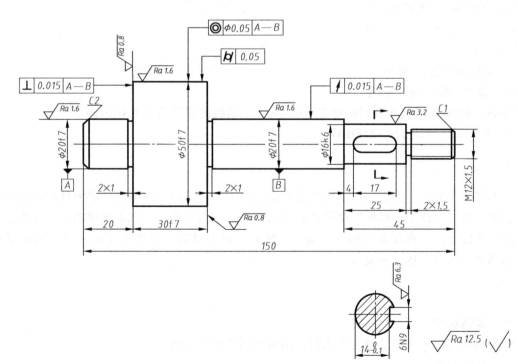

图7-45 轴（标注几何公差）

项目三 绘制零件图

任务一 绘制蜗轮轴零件图

▶ 任务引入

根据图 7-46 及给出的技术要求绘制蜗轮轴零件图。

1）尺寸 φ30mm 公差代号为 k6；尺寸 φ35mm 公差代号为 k6；尺寸 φ25mm 公差代号为 h6；尺寸 30mm 上极限偏差为 0mm，下极限偏差为 -0.2mm；尺寸 21mm 上极限偏差为 0mm，下极限偏差为 -0.2mm。

2）φ30mm 圆柱外表面结构要求为 Ra6.3μm；φ28mm 圆柱外表面结构要求为 Ra3.2μm；两处键槽两侧面表面结构要求为 Ra6.3μm；其余表面结构要求为 Ra12.5μm。

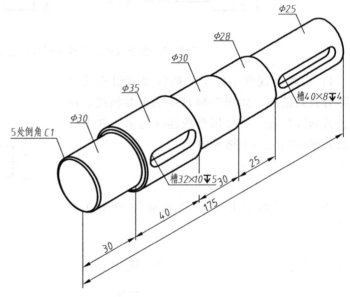

图 7-46 蜗轮轴

3）φ35mm 轴线相对于 φ30mm 轴线的同轴度为 φ0.03mm；φ30mm 圆柱外表面相对于 φ30mm 圆柱轴线的圆跳动为 0.015mm。

4）热处理，调质 220~256HBW。

▶ 任务分析

轴类零件主要在车床上加工，所以主视图按加工位置选择。画图时，将零件的轴线水平放置，便于加工时读图。根据轴类零件的结构特点，一般只用一个基本视图表示，并配以尺寸标注。零件上的一些细部结构，如键槽、轴肩、退刀槽等，通常采用断面图、局部剖视图、局部放大图等表达方法表达。

▶ 任务实施

一、表达结构

选择轴加工位置水平放置为主视图，用断面图表达键槽结构。

二、标注尺寸

选择轴线为径向基准，轴左端面为轴向基准，根据轴测图逐一标出定形尺寸及公差值，倒角在技术要求中标注。

三、标注技术要求

φ30mm、φ28mm 圆柱外表面结构要求直接标在轮廓线上；两处键槽两侧面的表面结构要求标在尺寸线上；其余表面结构要求标在标题栏上方。

φ35mm 轴线相对于 φ30mm 轴线的同轴度公差引线与 φ35mm 尺寸线对齐；φ30mm 圆柱外表面相对于 φ30mm 圆柱轴线的圆跳动公差引线标在 φ30mm 圆柱的外表面轮廓上。

技术要求中填写热处理，调质 220~256HBW。

四、填写标题栏

在标题栏中填写比例、材料等，完成零件图，如图 7-47 所示。

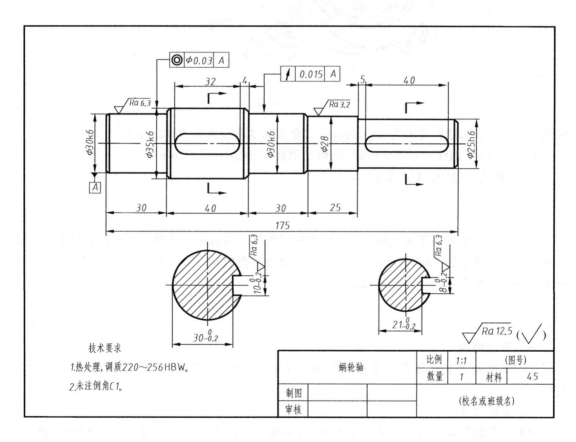

图 7-47 蜗轮轴零件图

任务二 绘制端盖零件图

根据图 7-48 及给出的技术要求绘制端盖零件图。

1）φ32mm 内孔、φ34H8 内孔端面表面结构要求为 $Ra6.3\mu m$；φ48mm 圆柱外表面、左

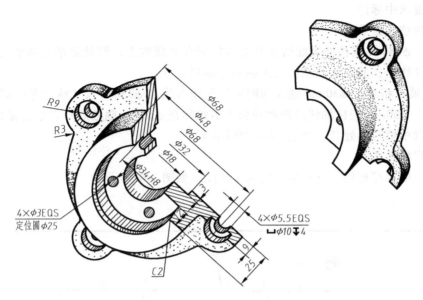

图 7-48 端盖

端面、右端面表面结构要求为 $Ra3.2\mu m$；其余表面结构要求为 $Ra12.5\mu m$。

2）$\phi 34H8$ 孔轴线对 $\phi 68mm$ 圆柱端面的垂直度公差为 $\phi 0.02mm$。

3）材料为 HT150，锐角倒钝。

 任务分析

盘类零件主要是在车床上加工，所以主视图按加工时的位置选择。画图时，将零件的轴线水平放置，便于加工时读图和看尺寸。根据盘类零件的特点，一般用两个视图表达，主视图为全剖，左视图为表达外形的视图。

 任务实施

一、表达结构

选取零件轴线水平放置为主视图，采用全剖表达内孔的结构，左视图表达外部形状特征。

二、标注尺寸

选取端盖的轴线为径向基准，$\phi 68mm$ 右端面为轴向基准，先在主视图上标注孔直径、倒角、深度尺寸，再在左视图上标注外圆、圆弧尺寸。

三、标注技术要求

$\phi 32mm$ 内孔、$\phi 34H8$ 内孔表面结构要求直接标在轮廓延长线上，$\phi 48mm$ 圆柱外表面、左端面表面结构要求直接标在轮廓延长线上，右端面表面结构要求标在指引线上，其余表面结构要求标在标题栏上方。

$\phi 34H8$ 孔轴线对 $\phi 68mm$ 圆柱端面的垂直度公差框格指引线与 $\phi 34H8$ 尺寸线对齐，A 基准标在右端面。

锐边倒钝标在下方。

四、填写标题栏

在标题栏中填写比例 1∶1、材料 HT150，完成零件图绘制，如图 7-49 所示。

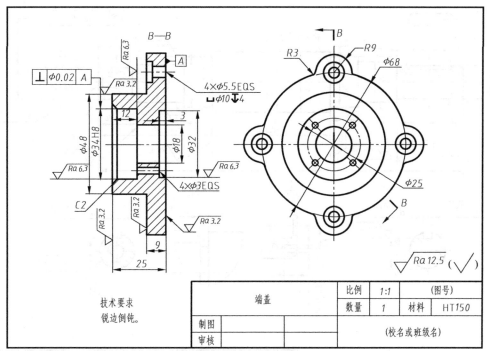

图 7-49　端盖零件图

项目四　识读零件图

任务一　识读轴类零件图

识读图 7-50 所示轴的零件图。

识读零件图的目的是通过图样的表达方法想象出零件的形状结构，理解每个尺寸的作用和要求，了解各项技术要求的内容和实现这些要求应该采取的工艺措施等，以便加工出符合图样要求的合格零件。

常见的轴类零件有光轴、阶梯轴和空心轴等，轴上常见的结构有越程槽（或退刀槽）、倒角、圆角、键槽、中心孔、螺纹等。

一、看标题栏

从标题栏中可知零件的名称是轴，它能通过传动件传递动力和运动。轴的材料是 45 钢，

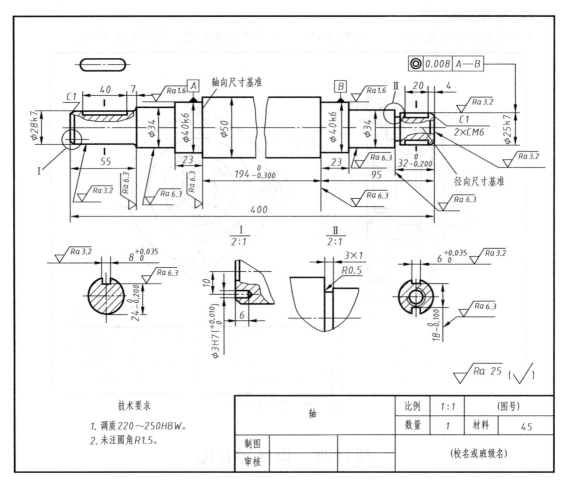

图 7-50 轴零件图

比例是 1∶1。

二、视图分析

该零件采用一个主视图，两个局部放大图和两个移出断面图以及一个局部视图表达。主视图按其加工位置选择，一般将轴线水平放置，用一个主视图，结合尺寸标注（直径 φ），就能清楚地反映阶梯轴的各段形状、相对位置以及轴上各种局部结构的轴向位置。Ⅰ局部放大图表达了左端 φ3H7（$^{+0.002}_{0}$）小孔的结构和位置，Ⅱ局部放大图表达了砂轮越程槽的结构。两个移出断面图分别表达了 φ28k7 和 φ25k7 两段轴颈上键槽的形状结构，局部剖视图表达了 φ28k7 轴颈上键槽的形状，此外轴上还有圆角、倒角等结构。

三、尺寸分析

根据设计要求，轴线为径向尺寸的主要基准。φ40k6 处轴肩为轴向尺寸的基准。

四、技术要求

从图 7-50 可知，有配合要求或有相对运动的轴段，其表面粗糙度、尺寸公差和几何公差比其他轴段要求严格（如两段 φ40k6 表面粗糙度值为 $Ra1.6\mu m$、φ25k7 轴线相对两段 φ40k6 轴线的同轴度公差为 φ0.008 等）。为了提高强度和韧性，往往需对轴类零件进行调质处理；对轴上和其他零件有相对运动的表面，为增加其耐磨性，有时还需要进行表面淬火、渗碳、渗氮等热处理。热处理方法和要求应在技术要求中注写清楚，如本例中的"调质 220~250HBW"。

任务二　识读轮盘类零件图

▶ 任务引入

识读图 7-51 所示法兰盘零件图。

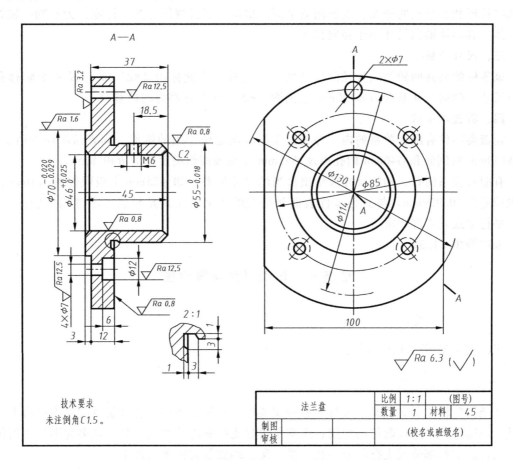

图 7-51　法兰盘零件图

▶ 任务分析

轮盘类零件主要有齿轮、带轮、手轮、法兰盘和端盖等。这类零件在机器中主要起传动、支承、轴向定位或密封等作用。轮盘类零件的基本形状为扁平的盘板状，由几个同轴线不同直径的回转体或其他形状的扁平板组成，其轴向尺寸往往比径向尺寸小，零件上常有肋、孔、槽、轮辐等结构。轮盘类零件主要在车床上加工，有的表面则需在磨床上加工，所以按其形体特征和加工位置选择主视图，轴线水平放置，并用剖视图表达内部结构及相对位置，除主视图外，还需要增加其他基本视图来表达。

一、看标题栏

由标题栏可知，零件的名称是法兰盘，材料是 45 钢，比例是 1∶1。

二、视图分析

法兰盘零件采用两个基本视图来表达。主视图按加工位置选择，轴线水平放置，并采用两相交平面剖切的全剖视图，以表达法兰盘上孔及阶梯孔的内部结构。左视图则表达法兰盘的基本外形和 5 个孔的分布，以及两侧平面的形状。通过视图可知，该零件为有同一轴线的回转体，其整体轴向尺寸小于径向尺寸。

三、尺寸分析

该零件的公共回转轴线为径向尺寸的主要基准，由此标出 2×φ7mm 以及 4 个阶梯孔的定位尺寸。轴向尺寸基准为 φ130mm 左侧面，φ55mm 右侧面为辅助基准。

四、看技术要求

轮盘类零件有配合关系的内、外表面及起轴向定位作用的端面，其表面粗糙度值要小，如 φ130mm 右侧面和 φ46mm 内孔以及 φ55mm 外圆表面粗糙度值为 $Ra0.8\mu m$。

有配合关系的孔、轴的尺寸应给出恰当的尺寸公差，如 φ55mm 上极限偏差为 0mm，下极限偏差为 -0.029mm。与其他零件表面相接触的表面，尤其是与运动零件相接触的表面，应有平行度或垂直度要求。

未注倒角 C1.5。

任务三　识读叉架类零件图

识读图 7-52 所示杠杆零件图。

叉架类零件主要有拨叉、连杆和各种支架等。拨叉主要用在各种机器的操纵机构上，起操纵、调速作用；连杆起传动作用；支架主要起支撑和连接作用。其毛坯多为不规则的铸造或锻压件，工作部分或支撑部分的孔、槽、叉、端面等常需要精加工。

一、看标题栏

由标题栏可知，零件的名称是杠杆，材料是 HT150，比例是 1∶1。

二、视图分析

杠杆零件用两个基本视图、一个斜剖视图、一个移出断面图共 4 个图形表达。主视图按照安装平放的位置投影，以突出杠杆的形体结构特征。主视图上有一处还做了局部剖视，以表达 φ3mm 小孔的结构。俯视图采用两处局部剖视，以表达 φ9H9 和 φ6H9 两孔的内部结构。A—A 斜剖视图则表达了 φ9H9 和上部 φ6H9 的内部结构以及连接板和加强肋连接，移出断面图表达了连接板的断面结构。

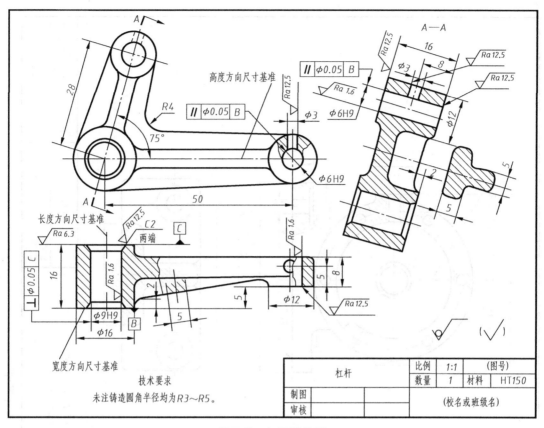

图 7-52 杠杆零件图

三、尺寸分析

叉架类零件的长、宽、高三个方向的尺寸基准一般为支承部分的孔的轴线、对称面和较大的加工平面。

四、看技术要求

根据杠杆的作用可知，φ9H9 孔和两个 φ6H9 孔都将与轴相配合，其表面粗糙度值为 $Ra1.6\mu m$。接合平面的表面粗糙度值分别为 $Ra6.3\mu m$ 和 $Ra12.5\mu m$，图中未注明的表面结构要求均为原毛坯表面状态。

杠杆零件有 3 处几何公差要求，一是两个 φ6H9 孔轴线相对于 φ9H9 孔轴线的平行度公差为 φ0.05mm，另外就是 φ9H9 孔轴线相对于孔端面的垂直度公差为 φ0.05mm。

文字技术要求里注明未注铸造圆角半径均为 $R3\sim R5mm$。

任务四　识读箱体类零件图

识读图 7-53 所示泵体零件图。

箱体类零件主要有泵体、阀体、变速箱体、机座等，在机器或部件中用于容纳和支承其

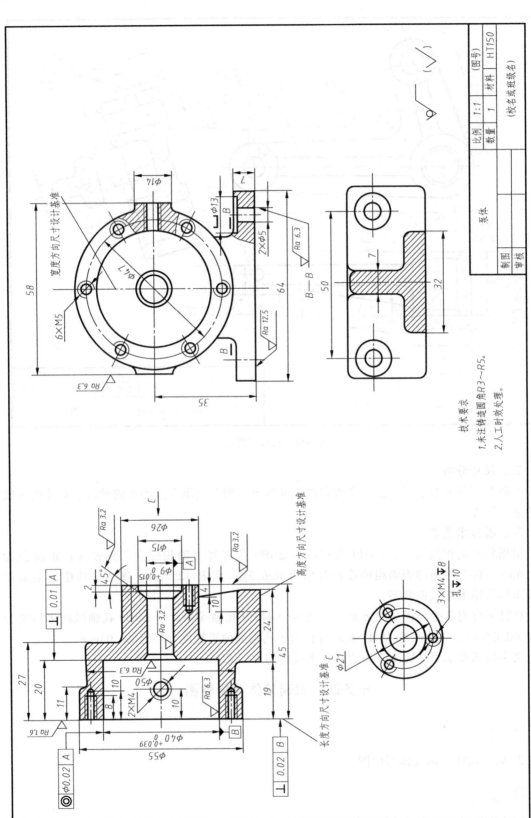

图 7-53 泵体零件图

他零件。箱体类零件多为铸件，结构形状比较复杂，且加工工序多。它们通常都有一个由薄壁所围成的较大空腔和与其相连供安装用的底板；在箱壁上有多个形状和大小各异的圆筒，为了起加固作用，往往有肋板结构。此外，箱体类零件还有许多细小结构，如凸台、凹坑、起模斜度、铸造圆角、螺孔、销孔和倒角等。

一、看标题栏

从标题栏可知，零件名称是泵体，材料是 HT150，比例是 1∶1。

二、视图分析

泵体共用 4 个视图，即主视图和左视图，C 局部视图及 B—B 局部剖视图来表达，主视图采用全剖，表达了内部结构。左视图上有两处局部剖，表达了孔的结构。C 局部视图表达了连接面的形状及连接螺纹孔的布局。B—B 局部剖视图则表达了底板的形状结构和连接板的断面结构。

三、尺寸分析

由于箱体结构比较复杂，尺寸数量繁多，因此通常运用形体分析的方法逐个分析尺寸。一般将箱体的对称面、重要孔的轴线、较大的加工平面或安装基面作为尺寸的主要基准。

该泵体以底面为安装基面，因此泵体底面为高度方向尺寸的设计基准。此外，在机械加工时首先加工泵体底面，然后以底面为基准加工各轴孔，因此底面又是工艺基准。宽度方向以泵体的前后对称平面为基准，长度方向以泵体的左端面为基准。

箱体类零件的尺寸标注应特别注意各轴孔的定位尺寸以及轴孔之间的定位尺寸，因为这些尺寸正确与否，将直接影响传动轴的位置和传动的准确性，如本例中的尺寸 35mm。

四、看技术要求

重要的箱体孔和重要的表面，其表面粗糙度值要低。如孔 $\phi 9^{+0.015}_{0}$ mm 的表面粗糙度值为 $Ra3.2\mu m$，左端面的表面粗糙度值为 $Ra1.6\mu m$，右端面的表面粗糙度值为 $Ra\ 3.2\mu m$。箱体上重要的轴孔应根据要求注出尺寸公差，如箱体零件图中的尺寸 $\phi 9^{+0.015}_{0}$ mm、$\phi 40^{+0.039}_{0}$ mm。

对箱体上某些重要的表面和重要的轴孔中心线，应给出几何公差要求。如本例中箱体上孔 $\phi 40^{+0.039}_{0}$ mm 轴线相对于 $\phi 9^{+0.015}_{0}$ mm 轴线的同轴度为 $\phi 0.02$mm；$\phi 40^{+0.039}_{0}$ mm 孔的右端面相对于 $\phi 9^{+0.015}_{0}$ mm 轴线的垂直度为 0.01mm；箱体的左端面相对于 $\phi 40^{+0.039}_{0}$ mm 孔轴线的垂直度为 0.02mm。

项目五　零件的测绘

任务　测绘泵盖零件图

根据图 7-54 所示泵盖的轴测图，测绘泵盖的零件图。

测绘之前，首先要了解零件的结构及主要功用，然后测量并标注零件的尺寸，最后绘制

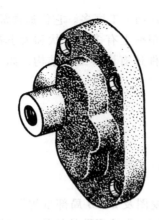 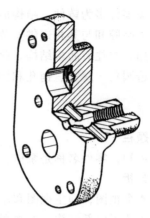

图 7-54　泵盖的轴测图

其零件图。

 知识链接

一、零件尺寸的测量方法

测量尺寸是零件测绘过程中必要的步骤，零件上全部尺寸的测量应集中进行，这样可以提高工作效率，避免遗漏。

测量尺寸时，要根据零件尺寸的精确程度选用相应的量具。常用的量具有钢直尺、内外卡钳、游标卡尺等。测量工具及其使用方法如图 7-55～图 7-58 所示。

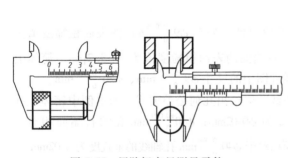 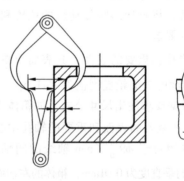

图 7-55　用游标卡尺测量零件　　　　　　图 7-56　测量壁厚

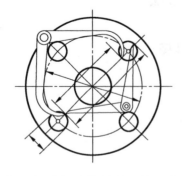 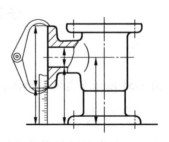

图 7-57　测量孔间距　　　　　　图 7-58　测量中心高

二、零件上常见的工艺结构

1. 铸造工艺结构

（1）起模斜度　在铸造生产中，为了从砂型中顺利取出木模而不破坏砂型，常沿模型的起模方向做成 3°～6°的斜度，这个斜度称为起模斜度。起模斜度在图样上不必画出，不加标注，由木模直接做出，如图 7-59a 所示。

（2）铸造圆角　为了便于脱模、避免砂型尖角在浇注时落砂，避免铸件尖角处产生裂纹和缩孔，在铸件表面转角

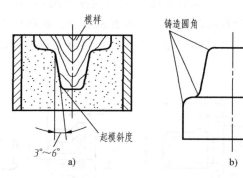

图 7-59　起模斜度、铸造圆角

处做成圆角，称为铸造圆角。一般铸造圆角的半径为 $R3\sim R5$mm，如图 7-59b 所示。

（3）铸件壁厚　铸件壁厚设计得是否合理，对铸件质量有很大的影响。铸件的壁越厚，冷却越慢，就越容易产生缩孔；壁厚变化不均匀，在突变处易产生裂隙，如图 7-60 所示，图 a、图 c 结构合理，图 b、图 d 结构不合理，即铸件壁厚要均匀，避免突然变厚和局部肥大。

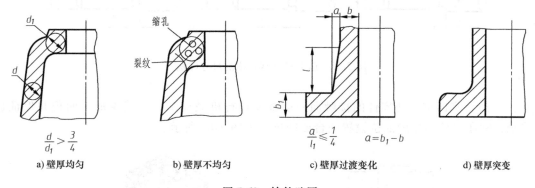

图 7-60　铸件壁厚

2. 机械加工工艺结构

（1）倒角和倒圆　为了去除零件在机械加工后的锐边和飞边，便于装配，常在轴孔的端部加工成 45°、30°或 60°倒角；为避免应力集中而产生裂纹，在轴肩处常采用圆角过渡，称为倒圆，如图 7-61 所示。当倒角、倒圆尺寸很小时，在图样上可不画出，但必须注明尺寸或在"技术要求"中加以说明。

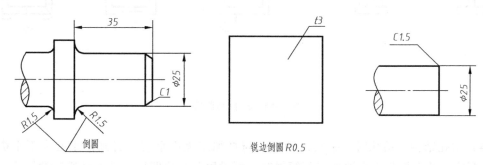

图 7-61　倒角和倒圆

（2）退刀槽和越程槽　在车削或磨削零件时，为保证加工质量，便于车刀的进入或退出，以及砂轮的越程需要，常在轴肩处、孔的台肩处预先车削出退刀槽或砂轮越程槽，如图7-62所示。其具体尺寸与结构可查阅有关标准和设计手册。

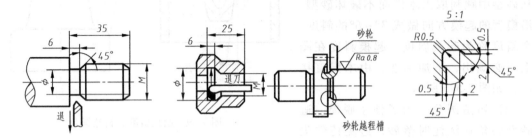

图7-62　退刀槽和砂轮越程槽

图7-63给出了退刀槽和越程槽的三种常见的尺寸标注方法。

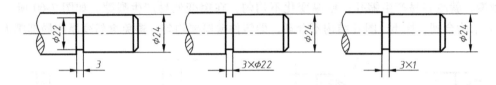

图7-63　退刀槽和越程槽的尺寸注法

（3）凸台和凹坑　两零件的接触面一般都要进行机械加工，为减少加工面积并保证良好接触，常在零件的接触部位设置凸台或凹坑，如图7-64所示。

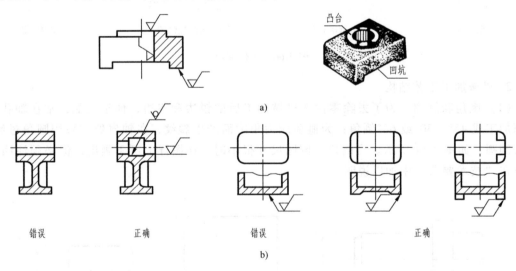

图7-64　凸台和凹坑

（4）钻孔结构　钻孔时，钻头的轴线应与被加工表面垂直，否则由于受力不平衡，会使钻头弯曲，甚至折断。当被加工面倾斜时，可设置凸台或凹坑；钻头钻透时的结构，要考虑不使钻头单边受力,否则钻头也容易折断,如图 7-65 所示。

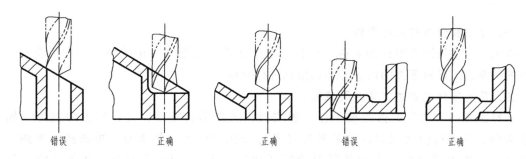

图 7-65 钻孔结构

3. 过渡线

在铸造零件上,两表面相交处一般都有小圆角光滑过渡,因而两表面之间的交线就不像加工面之间的交线那么明显。为了看图时能分清不同表面的界限,在投影图中仍应画出这种交线,即过渡线。

1)过渡线的画法和相贯线的画法相同,但为了区别于相贯线,过渡线用细实线绘制,在过渡线的两端与圆角的轮廓线之间应留有间隙,如图 7-66 所示。

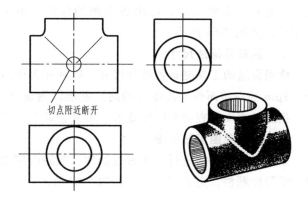

图 7-66 两表面相切时过渡线的画法

2)当两曲面的轮廓线相切时,过渡线在切点附近应断开,如图 7-66 所示。

3)图 7-67 所示为连接板与圆柱相交时过渡线的情况,其过渡线的形状与连接板的截断面形状、连接板与圆柱的结合形式有关。

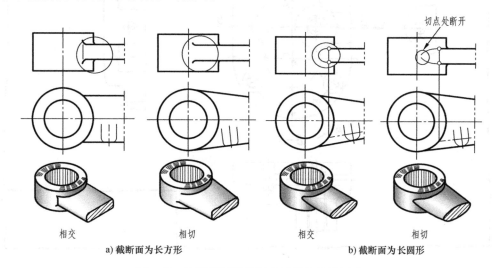

a) 截断面为长方形   b) 截断面为长圆形

图 7-67 连接板与圆柱相交时过渡线的画法

一、了解和分析被测绘零件

首先应了解被测绘零件的名称、材料、它在机器（或部件）中的位置、作用及与相邻零件的关系，然后对零件的内、外结构形状进行分析。

二、确定零件的表达方案并画草图

选择主视图，泵盖主视图按工作位置安放，考虑形状特征，其投影方向选为与轴线垂直方向，这样可使主视图反映的外形和各部分相对位置比较清楚；再选择左视图，采用全剖，表达内部结构，表达外部形状特征和各孔布局；B—B剖视表达各孔的连接情况；用 C 向局部视图表达凸缘形状。根据零件的总体尺寸和大致比例确定图幅，画边框线和标题栏，布置图形，定出各视图的位置，画主要轴线、中心线，以目测比例徒手画出图形，如图 7-68 所示。

三、测量并标注尺寸

使用合适的工具测量各部分尺寸，以轴孔为径向尺寸基准，以泵盖注有表面粗糙度要求 $Ra3.2\mu m$ 的左端面作为长度（轴向）基准。测量尺寸并标注在草图上，同时根据零件的作用，提出各表面的表面粗糙度要求、尺寸公差等，并标注在图中。

四、根据草图画零件图

泵盖是铸件，须进行人工时效处理，消除内应力。未注铸造圆角也在技术要求中说明。最后填写标题栏，完成零件图，如图 7-69 所示。

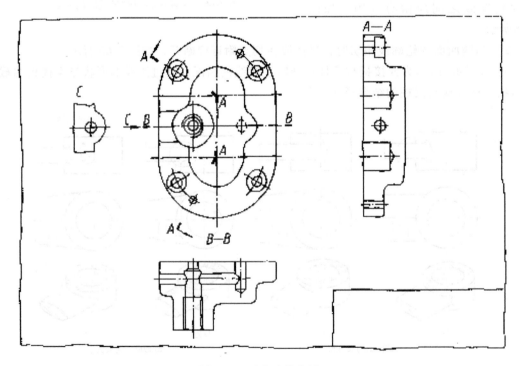

图 7-68　泵盖零件草图

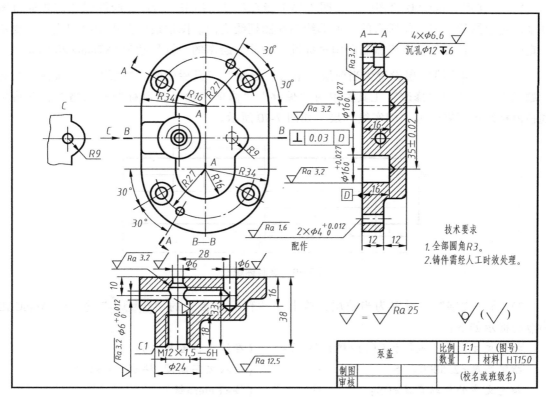

图 7-69 泵盖零件图

项目六 用 AutoCAD 绘制零件图

任务一 用 AutoCAD 绘制蜗轮轴零件图

▶ 任务引入

绘制图 7-47 所示蜗轮轴零件图。

▶ 任务分析

图 7-47 所示蜗轮轴零件图采用主视图、断面图表达蜗轮轴的零件结构。主视图水平放置，通过断面图可知键槽的槽宽和槽深。绘制图形时，先绘制出图框和标题栏，再绘制主视图和断面图，最后标注尺寸、尺寸公差、几何公差、表面粗糙度要求和其他技术要求等内容。

▶ 任务实施

一、绘制图框和标题栏

启动 AutoCAD 2016，打开"A4 样板"，并绘制图框和标题栏。

1）在使用 AutoCAD 绘图时，绘图边界不能直观显示出来，所以在绘图时还需要通过图框来确定绘图的范围，使所有的图形都绘制在图框线之内。图框通常要小于绘图边界，要留一定的距离，且必须符合机械制图国家标准。在此，绘图的图框尺寸为 287mm×200mm。

2）将"粗实线"层设置为当前层，单击"绘图"工具栏中的"矩形 ▭"按钮，绘制标题栏外框。利用"修改"工具栏中的"偏移""修剪"命令绘制标题栏内格线，并将标题栏内格线图层修改为"细实线"层，如图 7-70 所示。

图 7-70　绘制标题栏

3）将"文字"层设置为当前层，单击"注释"面板上的"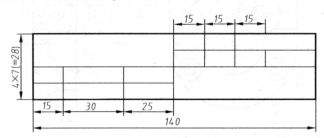"按钮，AutoCAD 命令行提示如下：

指定文字的起点或[对正(J)/样式(S)]：　　　（在适当位置单击）
指定高度<2.5000>：5　　　　　　　　　　　（输入文字高度，按<Enter>键）
指定文字的旋转角度<0>：　　　　　　　　　（按<Enter>键）

在绘图区的输入框内输入"制图"后按<Enter>键，结束"单行文字"命令，如图 7-71 所示。用同样的方法，填写标题栏中的其他文字，如图 7-71 所示。

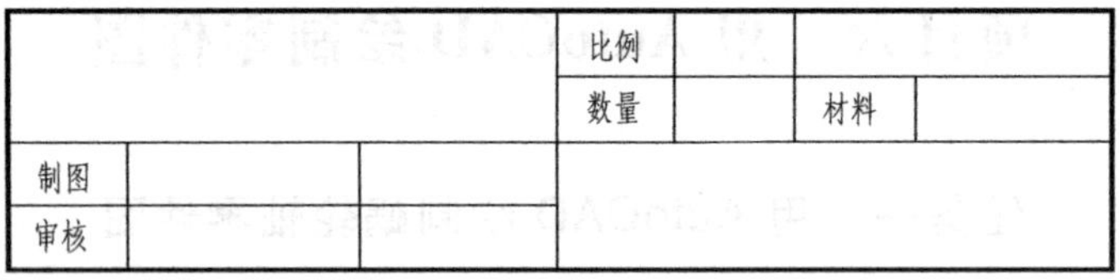

图 7-71　填写标题栏中的文字

提示

"单行文字"命令的常用选项如下：
① 样式（S）：指定当前的文字样式。
② 对正（J）：设定文字的对齐方式。

4）单击"修改"面板上的" 移动"按钮，将标题栏移动到图框的右下角，如图 7-72 所示。

5）设置完成后，保存图形样板。

二、绘制主视图

1）将"细点画线"层设置为当前层，单击"绘图"面板上的"╱"按钮，在绘图区适当位置绘制中心线。

2）将"粗实线"层设置为当前层，打开状态栏的"▙"按钮、"▯"按钮、"╱"

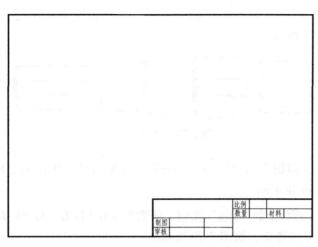

图 7-72 绘制图框和标题栏

按钮,单击"绘图"面板上的" "按钮,在中心线上捕捉起点,绘制连续直线,如图 7-73 所示。

图 7-73 绘制连续直线

3)单击"绘图"面板上的" "按钮,绘制竖直轮廓线,如图 7-74 所示。

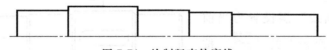

图 7-74 绘制竖直轮廓线

4)单击"修改"面板上的" "按钮,将直线 AB、CD 和 EF、GH 分别向右、向左偏移,偏移距离为 9mm,将中心线向上偏移,偏移距离分别为 4mm、5mm。

5)将偏移出来的两条点画线的图层修改为"粗实线"层。

6)单击"修改"面板上的" "按钮,修剪多余图线,如图 7-75 所示。

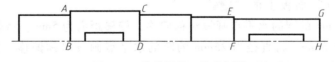

图 7-75 偏移图线、修剪图线

7)单击"修改"面板上的" "按钮,绘制倒角距离为 1mm 的倒角。

8)单击"绘图"面板上的" "按钮,过倒角斜线的端点绘制竖直轮廓线,如图 7-76 所示。

图 7-76 绘制倒角

9）单击"修改"面板上的"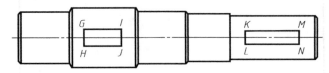"按钮，以中心线为镜像线，镜像出蜗轮轴的下半部分图形，如图7-77所示。

图7-77 镜像图形

10）单击"修改"面板上的"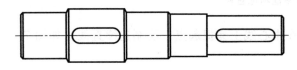"按钮，在平行线 *GH* 和 *IJ*、*KL* 和 *MN* 之间绘制圆角，圆角半径为5mm和4mm。

11）单击"修改"面板上的"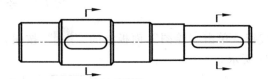"按钮，删除直线 *GH* 和 *IJ*、*KL* 和 *MN*，如图7-78所示。

12）绘制剖切符号和箭头，如图7-79所示。

图7-78 绘制键槽

图7-79 绘制剖切符号

提示

箭头可通过尺寸标注箭头得到。

三、绘制断面图

1）将"细点画线"层设置为当前层，单击"绘图"面板上的"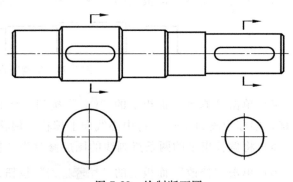"按钮，在剖切符号的延长线上绘制点画线。

2）将"粗实线"层设置为当前层，单击"绘图"面板上的"○"按钮，以点画线交点为圆心，绘制直径为35mm、25mm的圆，如图7-80所示。

图7-80 绘制断面圆

3）单击"修改"面板上的"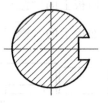"按钮，将直径为35mm的圆的水平点画线对称偏移，偏移距离为5mm，将竖直点画线向右偏移，偏移距离为12.5mm；将直径为25mm的圆的水平点画线对称偏移，偏移距离为4mm，将竖直点画线向右偏移，偏移距离为8.5mm。

4）将偏移出来的点画线的图层修改为"粗实线"层。

5）单击"修改"面板上的""按钮，**修剪多余图线**，得到键槽轮廓线。

6）将"细实线"层设置为当前层，单击"绘图"面板上的"图案填充"按钮，绘制剖面线，如图7-81所示。

图7-81 绘制断面图及剖面线

四、标注尺寸

1)将"标注"层设置为当前层,单击"注释"面板上的" "按钮,标注线性尺寸,如图7-82所示。

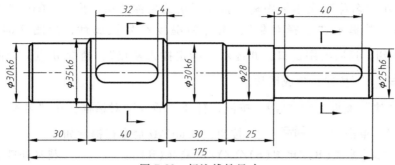

图7-82 标注线性尺寸

2)单击"注释"面板上的" "按钮,AutoCAD命令行提示如下:
指定第一个尺寸界线原点或<选择对象>:　　(捕捉点A)
指定第二个尺寸界线原点:　　　　　　　　(捕捉点B)
指定尺寸线位置或
[多行文字(M)/文字(T)/角度(A)/水平(H)/垂直(V)/旋转(R)]:m

[选择"多行文字(M)"选项,按<Enter>键,将鼠标指针移至尺寸10mm之后,输入"0^-0.04",按住鼠标左键框选字符"0^-0.04",单击" "按钮,选中的字符即堆叠为" $^{0}_{-0.04}$ "移动鼠标指针将尺寸线放置在适当位置,单击,如图7-83所示]

用同样的方法标注断面图中的尺寸,如图7-83所示。

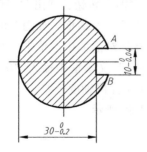

图7-83 标注公差

五、标注表面粗糙度

1)单击"块"面板上的" ",弹出"属性定义"对话框,在"属性"栏的"标记"中输入"粗糙度",在"提示"中输入"请输入粗糙度值",在"默认"中输入"12.5"。在"文字样式"下拉列表中选择"尺寸标注",在"对正"下拉列表中选择"左对齐",然后单击" 确定 "按钮,AutoCAD命令行提示如下:

图7-84 定义属性

命令：_attdef

指定起点：　　　　　　　　　　（拾取 A 点，如图 7-84 所示）

2）将属性与图形一起创建成图块。单击"块"面板上的"![]"按钮，打开"块定义"对话框，在"名称"文本框中输入新建图块的名称"粗糙度"。单击"![选择对象(T)]"，返回绘图窗口，并提示"选择对象"，选择粗糙度符号及属性，如图 7-84 所示。单击"![拾取点(K)]"按钮，返回绘图窗口，并提示"指定插入基点"，捕捉 B 点，如图 7-84 所示。单击"![确定]"按钮，生成图块。

3）单击"块"面板上的"![]"按钮，打开"插入"对话框，在"名称"下拉列表中选择"粗糙度"，单击"![确定]"按钮，AutoCAD 命令行提示如下：

指定插入点或[基点(B)/比例(S)/X/Y/Z/旋转(R)]：　　　（捕捉轴段上的点）
请输入粗糙度值<12.5>:6.3　　　　　　　　　　　　　（输入属性值）

4）用同样的方法标注其他的表面粗糙度，在主视图中标注表面粗糙度的结果如图 7-85 所示。

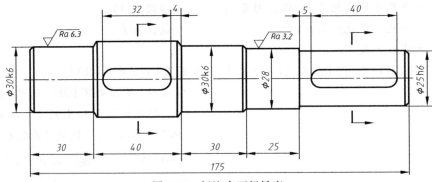

图 7-85　标注表面粗糙度

六、标注几何公差

1）选择"注释"选项卡，单击"标注"面板上的"![]"按钮，弹出"形位公差"对话框，如图 7-86 所示。单击"符号"图标框，弹出"特征符号"对话框，如图 7-87 所示，在对话框中单击"同轴度"符号，该符号便显示在"形位公差"对话框中。单击"形位公差"对话框的"公差 1"图标框，显示直径符号"φ"，在"公差 1"文本框中输入"0.03"，在"基准 1"文本框中输入字母"A"，单击"确定"按钮，即可标注同轴度公差。

2）用同样的方法可以标注径向圆跳动公差，如图 7-88 所示。

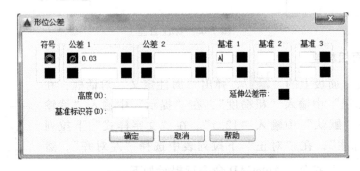

图 7-86　"形位公差"对话框

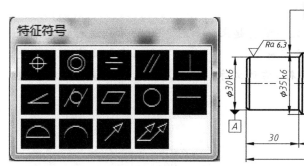

图 7-87 "特征符号"对话框

图 7-88 标注几何公差

七、输入技术要求、填写标题栏

1)单击"注释"面板上的" "按钮,AutoCAD 命令行提示如下:

命令:_mtext

当前文字样式:"尺寸标注" 文字高度:3.5 注释性:否

指定第一角点:(在适当位置单击)

指定对角点或[高度(H)/对正(J)/行距(L)/旋转(R)/样式(S)/宽度(W)/栏(C)]:(向右下方移动光标,在适当位置单击,弹出"文字编辑器"对话框,如图 7-89 所示)

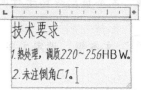

图 7-89 输入技术要求

2)利用"单行文字"命令填写标题栏。

提示:

"文字编辑器"中的主要功能如下:

【多行文字】选项卡

①"样式"下拉列表:设置多行文字的文字样式。

②"文字高度"下拉列表:用户可以从下拉列表中选择或输入文字高度。

③"B"按钮:如果所用字体支持粗体,就可以通过此按钮将文字修改为粗体形式,按下按钮为打开状态。

④"I"按钮:如果所用字体支持斜体,就可以通过此按钮将文字修改为斜体形式,按下按钮为打开状态。

⑤"A"按钮:为新的或选定的文字启用或禁用删除线。

⑥"U"按钮:可以利用此按钮将文字修改为下画线形式。

⑦ "O" 按钮：给选定的文字添加上画线。

⑧ "b" 按钮：利用此选项可使层叠的文字堆叠起来，如图 7-90 所示，这对创建分数及公差形式的文字很有用，AutoCAD 通过特殊字符 "/" "^" "#" 表明多行文字是可层叠的。输入层叠文字的方式为左边文字+特殊字符+右边文字，堆叠后，左边文字被放在右边文字的上面。

```
1/3                          1
                             3
20 +0.015^-0.003        20 +0.015
                           -0.003
1#5                          1
                             5
```

    输入可堆叠文字   堆叠结果

图 7-90 堆叠文字

⑨ "X²" 按钮：将选定文字转为上标或将其切换为关闭状态。

⑩ "X₂" 按钮：将选定文字转为下标或将其切换为关闭状态。

⑪ "Aa" 按钮：更改文字的大小写。

⑫ " " 按钮：删除格式。

⑬ "0" 文本框：设定文字的倾斜角度。

⑭ "a-b 1" 文本框：控制字符间的距离。若输入大于 1 的值，则增大字符间距；否则，缩小字符间距。

⑮ "o 1" 文本框：设定文字的宽度因子。若输入小于 1 的数值，则文本变窄；否则，文本变宽。

⑯ "A" 按钮：设置多行文字的对正方式。

⑰ "项目符号和编号" 和 "行距" 按钮：分别用于给段落文字添加编号、设置行距。

⑱ " " 按钮：设置段落格式。

⑲ " " " " " " " " 和 " " 按钮：设定文字的对齐方式。这 5 个按钮的功能分别为左对齐、居中、右对齐、两端对齐和分散对齐。

⑳ " " 按钮：用于显示栏显示的方式。

㉑ "@" 按钮：单击此按钮，弹出快捷菜单，该菜单包含了许多常用符号，如图 7-91 所示，选择 "其他" 选项，弹出 "字符映射表" 对话框，该对话框显示所选字体包含的各种字符，如图 7-92 所示。

八、保存

整理图形，使其符合机械制图国家标准，完成后保存图形。

九、退出 AutoCAD 2016

单击 AutoCAD 2016 右上角的 "关闭" 按钮，退出操作。

图 7-91 常用符号

图 7-92 "字符映射表"对话框

任务二　用 AutoCAD 绘制端盖零件图

▶ **任务引入**

绘制图 7-49 所示端盖的零件图。

▶ **任务分析**

图 7-49 所示端盖零件图采用两个基本视图表达，主视图按加工位置选择，轴线水平放置，并采用两相交剖切平面的全剖视图，以表达端盖上孔的内部结构。左视图则表达端盖的基本外形和 4 个圆孔、4 个阶梯孔的分布情况。绘制图形时，先绘制出图框和标题栏，再绘制主视图和左视图，最后标注尺寸、尺寸公差、几何公差、表面粗糙度要求和其他技术要求等内容。

▶ **任务实施**

一、启动 AutoCAD 2016

单击快速入门中的"样板"下拉菜单，选择"A4 样板"，即可开始新图形的创建。

二、绘制左视图

1）将"细点画线"层设置为当前层，打开状态栏的""按钮、""按钮、""按钮，单击"绘图"面板上的""按钮，在绘图区适当位置绘制中心线。

2）将"粗实线"层设置为当前层，单击"绘图"面板上的"⊙"按钮，绘制直径为 18mm、25mm、34mm、48mm 和 68mm 的同心圆，将直径为 25mm 的圆修改为"细点画线"层，如图 7-93 所示。

3）单击"绘图"面板上的"⊙"按钮，捕捉点画线交点，绘制直径为 3mm 的 4 个圆孔。

4）单击"修改"面板上的"⟳ 旋转"按钮，将四个直径为 3mm 的圆旋转 45°，如图 7-94 所示。

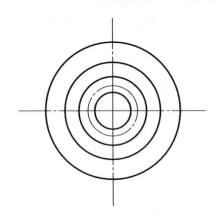

图 7-93　绘制同心圆

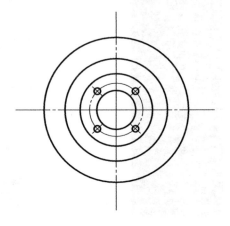

图 7-94　绘制直径为 3mm 的圆

5）单击"绘图"面板上的"⊙"按钮，绘制直径为 5.5mm、10mm，半径为 9mm 的同心圆。单击"绘图"面板上的"⊙ 相切,相切,半径"按钮，绘制半径为 3mm 的圆。

6）单击"修改"面板上的"⊞ 环形阵列"按钮，将同心圆环形阵列。

7）单击"修改"面板上的"⊰ 修剪"按钮，修剪多余图线，如图 7-95 所示。

三、绘制主视图

1）将"细点画线"层设置为当前层，利用"╱"命令和"对象捕捉追踪"模式绘制主视图的水平中心线。

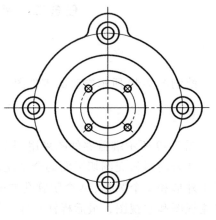

图 7-95　绘制同心圆

2）将"粗实线"层设置为当前层，单击"绘图"面板上的"╱"按钮，绘制连续轮廓线，如图 7-96 所示。

3）单击"修改"面板上的"⊑"按钮，将左侧轮廓线向右偏移，偏移距离为 12mm，将右侧轮廓线向左偏移，偏移距离为 3mm，将水平中心线向上偏移，偏移距离为 9mm，并将偏移后的图线修改为"粗实线"层。

4）单击"修改"面板上的"◢ 倒角"按钮，绘制倒角距离为 2mm 的倒角。

5）单击"修改"面板上的"⊰ 修剪"按钮，修剪多余图线，如图 7-97 所示。

6）单击"修改"面板上的"⊿ 镜像"按钮，镜像出端盖下半部分的轮廓线，如图 7-98 所示。

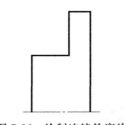

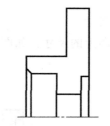

图 7-96 绘制连续轮廓线　　　　　　图 7-97 偏移图线和倒角

7）将"细点画线"层设置为当前层,单击"绘图"面板上的" "按钮,绘制辅助线,如图 7-99 所示。

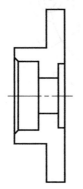

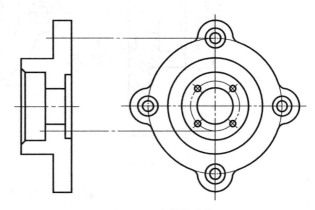

图 7-98 镜像图形　　　　　　图 7-99 绘制辅助线

8）单击辅助线,利用夹点方式调整点画线的长度,如图 7-100 所示。

9）单击"修改"面板上的" "按钮,将调整后的点画线对称偏移,偏移距离为 5mm、2.75mm、1.5mm,将右侧轮廓线向左偏移,偏移距离为 5mm。

10）将偏移后的点画线修改为"粗实线"层。单击"修改"面板上的" "按钮,修剪多余图线,如图 7-101 所示。

11）将"填充"层设置为当前层,单击"绘图"面板上的" "按钮,绘制剖面线,如图 7-102 所示。

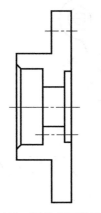
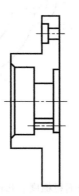
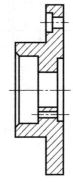

图 7-100 调整点画线长度　　图 7-101 偏移图线和修剪多余图线　　图 7-102 绘制剖面线

四、标注尺寸

标注零件图上的尺寸,如图 7-103 所示。

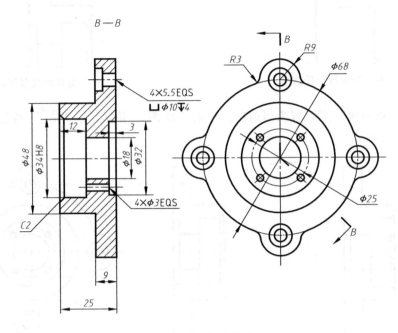

图 7-103　标注尺寸

五、标注表面粗糙度、几何公差

标注零件图上的表面粗糙度、几何公差,绘制基准及剖切符号,如图 7-104 所示。

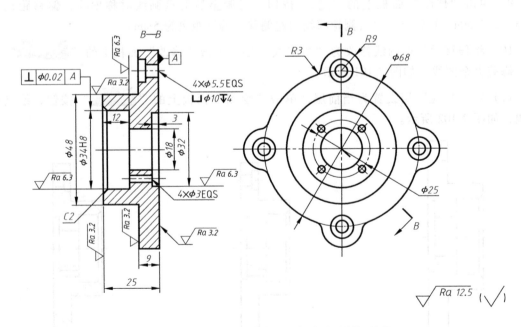

图 7-104　标注表面粗糙度、几何公差及剖切符号

六、输入技术要求、填写标题栏
输入技术要求、填写标题栏。

七、保存
整理图形，使其符合机械制图国家标准，完成后保存图形。

八、退出 AutoCAD 2016
单击 AutoCAD 2016 右上角的"关闭"按钮，退出操作。

模块八　标准件与常用件

 模块分析

在机械设备和仪器仪表中，广泛使用螺栓、螺钉、螺母、垫圈、键、销、轴承等零件。这些零件应用广、用量大，国家标准对这些零件的结构、规格尺寸和技术要求做了统一规定，实行了标准化，所以将其统称为标准件。此外，还有些零件的结构和参数实行了部分标准化，称这些零件为常用件，如齿轮、蜗轮、蜗杆、弹簧等。

使用标准件和常用件的优点有：第一，提高零部件的互换性，利于装配和维修；第二，便于大批量生产，降低成本；第三，便于设计选用，避免设计人员的重复劳动，提高绘图效率。

由于标准件和常用件在机器中应用广泛，一般由专门工厂成批或大量生产，所以为便于绘图和读图，对形状比较复杂的结构要素，如螺纹、齿轮轮齿等，不必按其真实投影绘制，而是按照国家标准规定的画法和标记方法进行绘图和标注。

 学习目标

1. 掌握螺纹的规定画法和标注方法；
2. 掌握常用螺纹紧固件的连接画法；
3. 掌握直齿圆柱齿轮及其啮合的规定画法；
4. 掌握键、销、滚动轴承、弹簧的画法；
5. 能够用 AutoCAD 绘制标准件与常用件。

 必学必会

螺栓（bolt）、螺柱（stud）、螺钉（screw）、螺母（nut）、垫圈（washer）、圆柱齿轮（cylindric gear）、锥齿轮（bevel gear）、蜗轮（worm wheel）、蜗杆（worm）、键（key）、销（pin）、滚动轴承（rolling bearing）、弹簧（spring）。

项目一　绘制螺纹紧固件连接的视图

螺纹连接在机械行业中应用非常广泛，螺纹紧固件是用一对配合的内、外螺纹来连接和紧固被连接的零件。常用的螺纹紧固件有螺栓、螺钉、螺柱、螺母和垫圈等。

任务一　绘制螺栓连接图

 任务引入

螺栓连接是工程上经常使用的一种连接方式，一般是用螺栓将两个不太厚的零件连接在

一起，两个零件都钻成通孔。试根据图 8-1 所示螺栓连接的结构示意图绘制螺栓连接图。

任务分析

螺栓连接由螺栓、螺母、垫圈等标准件组成，其连接特点是两个被连接件上加工有通孔，其直径略大于螺纹外径，装配后通孔与螺杆之间有间隙。在画图时要充分注意并合理表达。

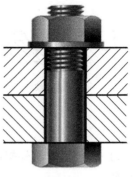

图 8-1 螺栓连接示意图

知识链接

一、螺纹的形成

螺纹是在圆柱或圆锥表面上，沿螺旋线所形成的具有规定牙型的连续凸起和沟槽。在圆柱或圆锥外表面上形成的螺纹称为外螺纹，如图 8-2a 所示；在圆柱或圆锥内表面上形成的螺纹称为内螺纹，如图 8-2b 所示。

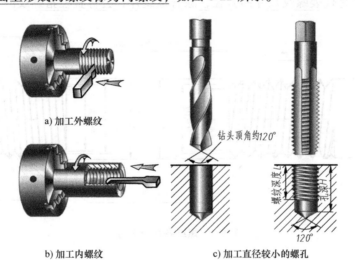

a) 加工外螺纹

b) 加工内螺纹

c) 加工直径较小的螺孔

图 8-2 螺纹的加工

螺纹的加工方法很多。图 8-2 所示为在车床上加工内、外螺纹的示意图。在车削螺纹时，零件在车床上绕轴线等速旋转，刀具沿轴线方向做等速直线运动，即形成螺旋线运动。只要刀具切入零件一定深度，就车削成螺纹。加工直径较小的内螺纹时，可先用钻头钻出光孔，再用丝锥攻螺纹。

二、螺纹的结构要素

1. 牙型

通过螺纹轴线断面的螺纹的轮廓形状称为螺纹牙型。它由牙顶、牙底和两牙侧构成，并形成一定的牙型角。常见的螺纹牙型有三角形、梯形、锯齿形和矩形等多种。其中，矩形螺纹尚未标准化，其余牙型的螺纹均为标准螺纹，如图 8-3 所示。

2. 直径

直径有大径（d、D）、中径（d_2、D_2）和小径（d_1、D_1）之分，如图 8-4 所示。小写字母表示外螺纹直径，大写字母表示内螺纹直径。

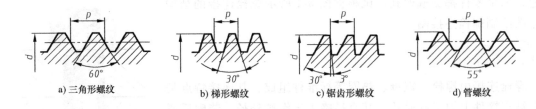

图 8-3 螺纹的牙型

1）大径是指与外螺纹牙顶或内螺纹牙底相重合的假想圆柱或圆锥的直径，即螺纹的最大直径。

2）小径是指与外螺纹牙底或内螺纹牙顶相重合的假想圆柱或圆锥的直径。

3）中径是指假想圆柱或圆锥的直径，该圆柱或圆锥的母线通过牙型上沟槽和牙厚宽度相等的地方。中径是控制螺纹精度的主要参数之一。

4）公称直径是代表螺纹尺寸的直径，除管螺纹外，公称直径指螺纹的大径。

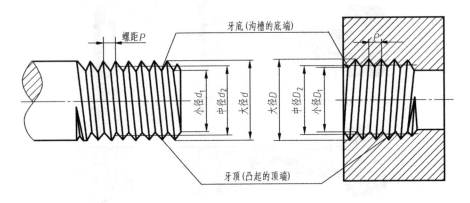

图 8-4 螺纹各部分名称

3. 线数

螺纹有单线螺纹和多线螺纹，沿一条螺旋线形成的螺纹为单线螺纹，沿两条或两条以上沿轴向等距分布的螺旋线形成的螺纹为双线或多线螺纹。最常用的是单线螺纹，如图 8-5 所示。

4. 螺距和导程

螺纹上相邻两牙在中径线上对应两点间的轴向距离称为螺距，用 P 表示；同一螺旋线上相邻两牙在中径线上对应两点间的轴向距离称为导程，用 P_h 表示。单线螺纹的导程等于螺距，即 $P_h=P$，如图 8-5a 所示；多线螺纹的导程等于线数乘以螺距，即 $P_h=nP$，如图 8-5b 所示的双线螺纹，$P_h=2P$。

5. 旋向

螺纹分左旋和右旋两种，如图 8-6 所示。当内外螺纹旋合时，顺时针方向旋入者为右旋，逆时针方向旋入者为左旋。常用的是右旋螺纹。

三、螺纹的画法规定

根据国家标准规定，在图样上绘制螺纹按规定画法作图，而不必画出螺纹的真实投影。

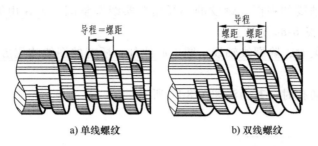

图 8-5 螺纹线数、螺距和导程

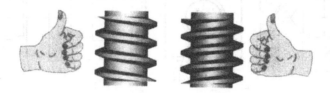

图 8-6 螺纹的旋向

国家标准 GB/T 4459.1—1995《机械制图 螺纹及螺纹紧固件表示法》规定了螺纹的画法。

1. 外螺纹的规定画法

1）平行于螺纹轴线的视图，螺纹的大径（牙顶圆直径）用粗实线绘制，小径（牙底圆直径）用细实线绘制，并应画入倒角区。通常小径按大径的 0.85 倍绘制，但当大径较大或画细牙螺纹时，小径数值应查国家标准；螺纹终止线用粗实线绘制，如图 8-7a 所示。

2）垂直于螺纹轴线的视图，螺纹的大径用粗实线画整圆，小径用细实线画约 3/4 圆，轴端的倒角圆省略不画，如图 8-7a 所示。

3）当要表示螺纹收尾时，螺尾处用与轴线成 30°角的细实线绘制，如图 8-7b 所示。

4）在水管、油管、煤气管等管道中，常使用管螺纹连接，管螺纹的画法如图 8-7c 所示。

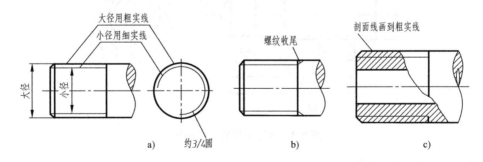

图 8-7 外螺纹的规定画法

2. 内螺纹的规定画法

1）平行于螺纹轴线的视图，一般画成全剖视图，螺纹的大径（牙底圆直径）用细实线绘制，小径（牙顶圆直径）用粗实线绘制，且不画入倒角区，小径尺寸计算同外螺纹。在绘制不通孔时，应画出螺纹终止线和钻孔深度线。钻孔深度 = 螺孔深度+0.5×螺纹大径；钻孔直径 = 螺纹小径；钻孔顶角 = 120°；剖面线画到粗实线处，如图 8-8a 所示。

2）垂直于螺纹轴线的视图，螺纹的小径用粗实线画整圆，大径用细实线画约 3/4 圆，倒角圆省略不画，如图 8-8a 所示。

3）当螺纹不可见时，除螺纹轴线、圆中心线外，所有的图线均用虚线绘制，如图 8-8b 所示。

4）当内螺纹为通孔时，其画法如图 8-8c 所示。

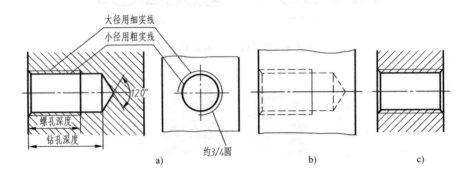

图 8-8　内螺纹的规定画法

3. 内外螺纹连接的规定画法

1）内外螺纹连接常采用全剖视图画出，其旋合部分按外螺纹绘制，其余部分按各自的规定画法绘制。

2）国家标准规定，当沿外螺纹的轴线剖开时，螺杆作为实心零件按不剖绘制。

3）表示螺纹大、小径的粗、细实线应分别对齐。

4）当垂直于螺纹轴线剖开时，螺杆处应画剖面线，如图 8-9 所示。

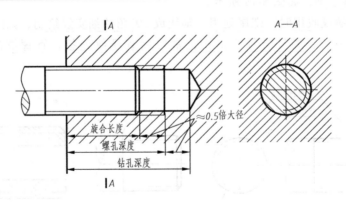

图 8-9　螺纹连接的规定画法

4. 螺纹牙型的规定画法

当需要表示螺纹牙型时，可采用剖视或局部放大图画出几个牙型，如图 8-10 所示。

四、螺纹的种类和标注

1. 螺纹的种类

常用的螺纹按用途可分为连接螺纹（如普通螺纹和管螺纹）和传动螺纹（如梯形螺纹和锯齿形螺纹）两类，前者起连接作用，后者用来传递动力和运动。由于螺纹的规定画法不能表示螺纹种类和螺纹要素，因此绘制螺纹图样时，必须按照国家标准规定的格式和相应

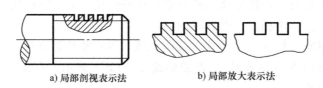

a) 局部剖视表示法　　　b) 局部放大表示法

图 8-10　螺纹牙型的规定画法

代号进行标注。

2. 螺纹的标记规定

常用标准螺纹的标记规定见表 8-1。

表 8-1　常用标准螺纹的标记规定

螺纹类别		标准编号	特征代号	标记示例	螺纹副标记示例	说　明
普通螺纹		GB/T 197—2003	M	M8×1—LH M8 M16×P_h6P2— 5g6g—L	M20—6H/5g6g M6	粗牙不注螺距，左旋时尾加"—LH" 中等公差精度（如 6H、6g）不注公差带代号；中等旋合长度不注 N（下同） 多线时注出 P_h（导程）、P（螺距）
小螺纹		GB/T 15054.4—1994	S	S0.8—4H5 S1.2LH—5h3	S0.9—4H5/5h3	标记中末位的 5 和 3 为顶径公差等级。顶径公差带位置仅有一种，故只注等级，不注位置
梯形螺纹		GB/T 5796.4—2005	Tr	Tr40×7—7H Tr40×14(P7) LH—7e	Tr36×6—7H/7c	公称直径一律用外螺纹的基本大径表示；仅需给出中径公差带代号；无短旋合长度
锯齿形螺纹		GB/T 13576—2008	B	B40×7—7a B40×14(P7) LH—8c—L	B40×7—7A/7c	
55°非密封管螺纹		GB/T 7307—2001	G	G1½A G1/2—LH	G1½A	外螺纹需注出公差等级 A 或 B；内螺纹公差等级只有一种，故不注；表示螺纹副时，仅需标注外螺纹的标记
55°密封管螺纹	圆锥外螺纹	GB/T 7306.1—2000	R_1	$R_1$3	$R_p/R_1$3	内、外螺纹均只有一种公差带，故不注；表示螺纹副时，尺寸代号只注写一次
	圆柱内螺纹		R_p	R_p1/2		
	圆锥外螺纹	GB/T 7306.2—2000	R_2	$R_2$3/4	$R_c/R_2$3/4	
	圆锥内螺纹		R_c	R_c1½—LH		

（1）普通螺纹标记　普通螺纹标记的规定格式如下：

| 螺纹特征代号 | 公称直径 × 螺距 - 中径公差带代号 顶径公差带代号 - 旋合长度代号 - 旋向代号 |

普通螺纹特征代号为 M。粗牙螺纹不标注螺距，细牙螺纹标注螺距。

公差带代号由中径公差带代号和顶径公差带代号组成。大写字母代表内螺纹，小写字母代表外螺纹，若两组公差带相同，则只写一组。

旋合长度分为短旋合长度（S）、中等旋合长度（N）和长旋合长度（L）三种。一般采用中等旋合长度（此时N省略不标）。左旋螺纹以"LH"表示，右旋螺纹不标注旋向。

普通螺纹标记示例：

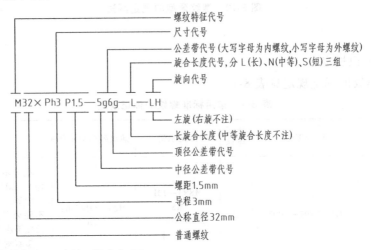

（2）管螺纹的标记　标记规定如下：

① 55°密封管螺纹

密封管螺纹标记的规定格式如下：

|螺纹特征代号|尺寸代号|旋向代号|

螺纹特征代号：Rc 表示圆锥内螺纹，Rp 表示圆柱内螺纹，R_1 和 R_2 表示圆锥外螺纹。

尺寸代号用 1/2、3/4、1、11/8…表示。

② 55°非密封管螺纹

55°非密封管螺纹标记的规定格式如下：

|螺纹特征代号|尺寸代号|公差等级代号|-|旋向代号|

螺纹特征代号用 G 表示。

尺寸代号用 1/2、3/4、1、11/8…表示。

螺纹公差等级代号：对外螺纹分 A、B 两级；内螺纹公差带只有一种，不加标记。

（3）梯形和锯齿形螺纹的标记　梯形和锯齿形螺纹标记的规定格式如下：

单线螺纹：

|螺纹特征代号|公称直径|×|螺距|旋向代号|-|中径公差带代号|-|旋合长度代号|

多线螺纹：

|螺纹特征代号|公称直径|×|导程（P螺距）|旋向代号|-|中径公差带代号|-|旋合长度代号|

梯形螺纹的特征代号用 Tr 表示，锯齿形螺纹的特征代号用 B 表示。

旋合长度分为中等旋合长度（N）和长旋合长度（L）两种，若为中等旋合长度则不标注。

3. 螺纹标记的图样标注

1）对标准螺纹，应注出相应标准所规定的螺纹标记，普通螺纹、梯形螺纹和锯齿形螺纹，其标记应直接注在大径的尺寸线上或其指引线上，如图8-11所示。

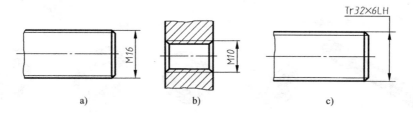

图8-11 螺纹标记的图样标注（一）

2）管螺纹的标记一律注在指引线上，指引线应由大径引出或由中心对称处引出，如图8-12所示。

3）对非标准螺纹，应画出螺纹的牙型，并注出所需的尺寸及有关要求。

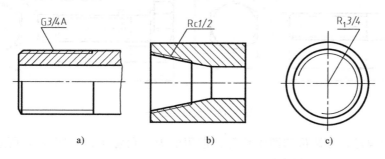

图8-12 螺纹标记的图样标注（二）

4. 螺纹长度的图样标注

图样中标注的螺纹长度，均指不包括螺尾在内的螺纹长度，如图8-13所示。

五、螺纹紧固件

常用的螺纹紧固件有螺栓、螺柱、螺钉、螺母、垫圈等。如图8-14所示，它们的种类很多，在结构形状和尺寸方面都已标准化，并由专业工厂进行批量生产，根据规定标记就可在国家标准中查到有关的形状和尺寸。

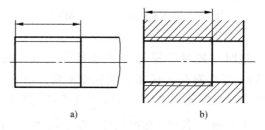

图8-13 螺纹长度的图样标注

六、螺纹紧固件的标记

1. 螺栓

螺栓由头部和杆身组成，常用的为六角头螺栓，如图8-15所示。螺栓的规格尺寸是螺纹大径（d）和螺栓公称长度（l），其规定标记为：

|名称|标准代号|螺纹代号|×公称长度|

如：螺栓 GB/T 5782—2016 M24×100

2. 螺母

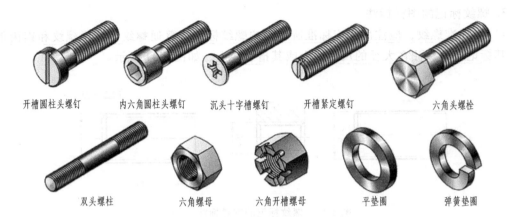

图 8-14 常用螺纹紧固件

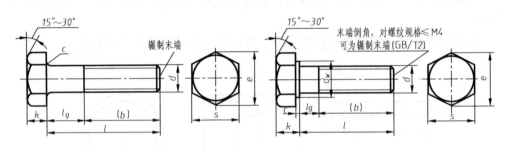

图 8-15 六角头螺栓

螺母有六角螺母、方螺母和圆螺母等，常用的为六角螺母，如图 8-16 所示。螺母的规格尺寸是螺纹大径（D），其规定标记为：

| 名称 | 标准代号 | 螺纹代号 |

如：螺母 GB/T 6170—2015　M12

3. 垫圈

垫圈一般置于螺母与被连接件之间，常用的有平垫圈（图 8-17）和弹簧垫圈（图 8-18）。平垫圈有 A 级和 C 级标准系列。在 A 级标准系列平垫圈中，分带倒角和不带倒角两类结构。垫圈的规格尺寸为螺栓直径 d，其规定标记为：

平垫圈：| 名称 | 标准代号 | 规格尺寸 | — | 性能等级 |

弹簧垫圈：| 名称 | 标准代号 | 规格尺寸 |

如：垫圈 GB/T 97.2—2016　12—100HV

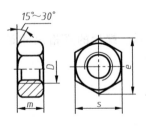

图 8-16 六角螺母

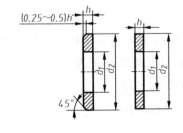

图 8-17 平垫圈

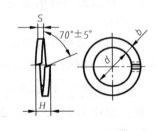

图 8-18 弹簧垫圈

4. 双头螺柱

双头螺柱两端均制有螺纹，旋入螺孔的一端称旋入端（b_m），另一端称紧固端（b）。b_m 的长度与被旋入零件的材料有关：

$b_m = 1d$（用于钢和青铜）GB/T 897—1988；

$b_m = 1.25d$（用于铸铁）GB/T 898—1988；

$b_m = 1.5d$（用于铸铁）GB/T 899—1988；

$b_m = 2d$（用于铝合金）GB/T 900—1988。

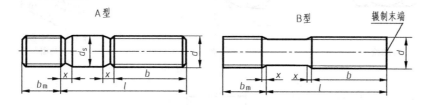

图 8-19 双头螺柱

双头螺柱的结构型式为 A 型、B 型两种，如图 8-19 所示。A 型是车制的，B 型是辗制的。双头螺柱的规格尺寸是螺纹大径（d）和双头螺柱公称长度（l），其规定标记为：

| 名称 | 标准代号 | 类型 | 螺纹代号 |×| 公称长度 |

如：螺柱 GB/T 897—1988　AM10×50

5. 螺钉

螺钉按其作用可分为连接螺钉和紧定螺钉。常用的连接螺钉有开槽圆柱头螺钉（图 8-20）、盘头螺钉、沉头螺钉、半沉头螺钉等。常用的紧定螺钉按其末端形式不同有锥端紧定螺钉、平端紧定螺钉、长圆柱端紧定螺钉等。螺钉的规格尺寸是螺纹大径（d）和螺钉公称长度（l），其规定标记为：

| 名称 | 标准代号 | 螺纹代号 |×| 公称长度 |

如：螺钉 GB/T 67—2008　M5×20

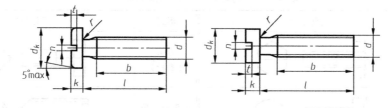

图 8-20 开槽圆柱头螺钉的结构

七、螺纹紧固件的画法

画螺纹紧固件视图，可先从标准中查出各部分尺寸，然后按规定画出。但为提高画图速度，通常以公称直径的一定比例画出。

1. 常用螺纹紧固件的比例画法

根据螺纹公称直径（D、d），按与其近似的比例关系，计算出各部分尺寸后作图。图 8-21 所示为螺纹紧固件的比例画法。

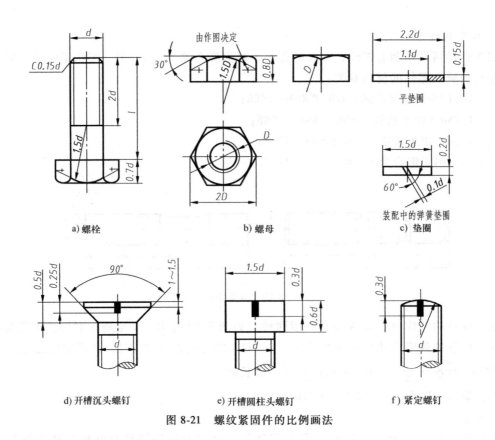

图 8-21 螺纹紧固件的比例画法

2. 常用螺纹紧固件的简化画法

在装配体中，零件与零件或部件间常用螺纹紧固件进行连接，最常用的连接形式有螺栓连接、螺柱连接和螺钉连接。由于装配图主要是表达零部件之间的装配关系，因此装配图中的螺纹紧固件不仅可按比例画法绘制，也可按简化画法绘制。在装配图中，常用螺纹紧固件的简化画法见表 8-2。

表 8-2 常用螺纹紧固件的简化画法

形式	简化画法	形式	简化画法
六角头（螺栓）		方头（螺栓）	
圆柱头内六角（螺钉）		无头内六角（螺钉）	
无头开槽（螺钉）		沉头开槽（螺钉）	
半沉头开槽（螺钉）		圆柱头开槽（螺钉）	

(续)

形式	简化画法	形式	简化画法
盘头开槽（螺钉）		沉头开槽（自攻螺钉）	
六角（螺母）		方头（螺母）	
六角开槽（螺母）		六角法兰面（螺母）	
蝶形（螺母）		沉头十字槽（螺钉）	
半沉头十字槽（螺钉）			

▶ **任务实施**

为连接不同厚度的零件，螺栓有各种长度规格。螺栓公称长度可按下式估算：

$$l \geqslant \delta_1 + \delta_2 + h + m + a$$

式中，δ_1、δ_2 为被连接件的厚度，h 为垫圈厚度，m 为螺母厚度，a 为螺栓伸出螺母的长度，h、m 均以 d 为参数按比例或查表画出，$a \approx (0.2 \sim 0.3)d$，根据 l 从相应的螺栓公称长度系列中选取与它相近的标准值。螺栓连接的规定画法如图 8-22 所示。

按比例画法绘制螺栓连接图里的螺栓、螺母、垫圈，并采用简化画法，作图步骤见表 8-3。

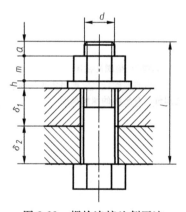

图 8-22 螺栓连接比例画法

表 8-3 螺栓连接图的作图步骤

步骤与画法	图例
1. 画被连接零件的视图 （1）两个零件接触面处只画一条粗实线，不得将轮廓线特意加粗 （2）在剖视图中，相互接触的两个零件，其剖面线方向相反。而同一个零件在各剖视中，剖面线的倾斜方向和间隔应相同	

(续)

步骤与画法	图例
2. 采用简化画法画螺栓视图 凡不接触的表面，不论间隙多小，在图中都应画出轮廓线	
3. 画螺母、垫圈的视图 通孔内的螺栓杆上应画出牙底线和螺纹终止线，表示拧紧螺母时有足够的螺纹长度	
4. 整理图形，按线型描涂图线 (1) 当剖切平面通过螺栓、螺柱、螺钉、螺母及垫圈等紧固件的轴线时，应按未剖切绘制，即只画外形 (2) 螺纹紧固件上的工艺结构，如倒角、退刀槽、缩颈、凸肩等均可省略不画	

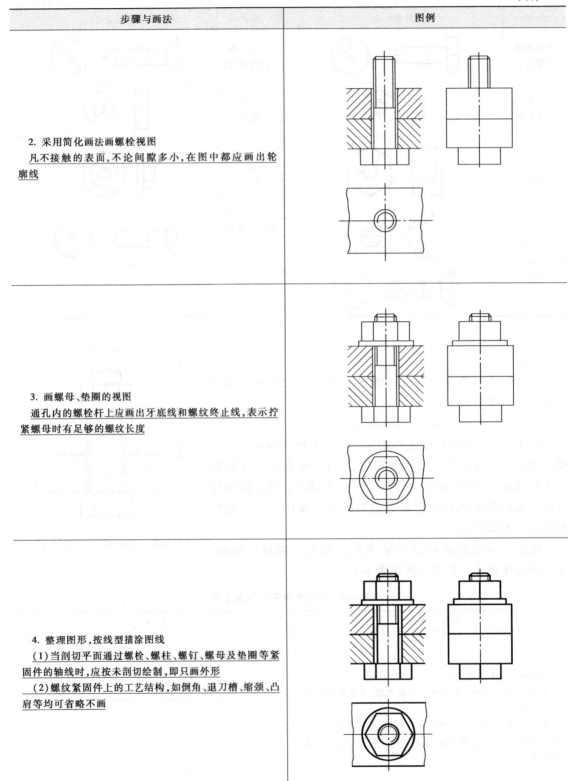

任务二 绘制双头螺柱连接图

当被连接的两零件之一较厚，或不允许钻成通孔而不宜采用螺栓连接；或因拆装频繁，又不宜采用螺钉连接时，可采用双头螺柱连接。双头螺柱连接如图 8-23 所示，下面绘制其连接图。

▶ 任务分析

双头螺柱连接一般由双头螺柱、螺母和弹簧垫圈组成。双头螺柱没有头部，两端均加工有外螺纹。连接时，它的一端旋入带有螺纹孔的零件中，另一端穿过带有通孔的零件，套上弹簧垫圈、旋上螺母。

▶ 任务实施

图 8-24 所示为双头螺柱连接的绘图比例，图中螺柱的公称长度可用下式求出：

$$l \geqslant \delta + h + m + a$$

式中，各参数含义与螺栓连接相同。应在相应的螺柱公称长度系列中选取与计算出的 l 值相近的标准值。

绘制双头螺柱连接图时，螺柱、螺母、垫圈的结构尺寸均采用比例画法确定，并采用简化画法，其作图步骤与画法见表 8-4。

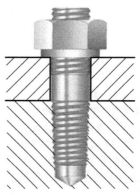

图 8-23 双头螺柱连接

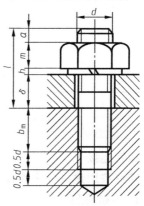

图 8-24 双头螺柱连接比例画法

表 8-4 双头螺柱连接图的作图步骤

步骤与画法	图例	步骤与画法	图例
1. 画被连接零件的通孔和不穿通螺纹孔		2. 画双头螺柱 螺柱旋入端的螺纹终止线应与接合面平齐，表示旋入端全部旋入，足够拧紧	

(续)

步骤与画法	图例	步骤与画法	图例
3. 画螺母、弹簧垫圈 　弹簧垫圈用作防松，螺栓外径比垫圈小，弹簧垫圈开槽方向应是阻止螺母松动的方向，在图中应画成与水平线成 60°角，上向左、下向右的两条线（或一条加粗线）	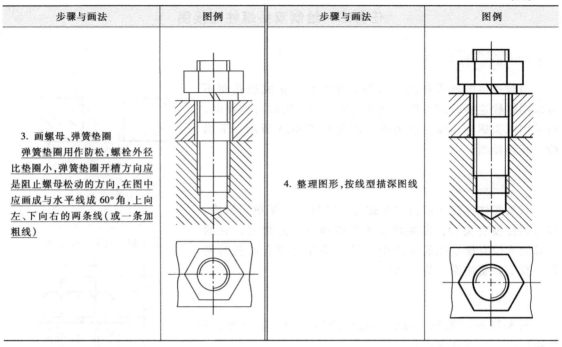	4. 整理图形，按线型描深图线	

 知识拓展

螺钉连接

螺钉按用途可分为连接螺钉和紧定螺钉两种，前者用于连接零件，后者用于固定零件。

1. 连接螺钉

连接螺钉一般用于受力不大而又不需经常拆装的零件连接中。螺钉连接的两个被连接件中，较厚的零件加工出螺孔，较薄的零件加工出带沉孔（或埋头孔）的通孔，沉孔（或埋头孔）直径稍大于螺钉头直径。连接时，直接将螺钉穿过通孔拧入螺孔中，如图 8-25 所示。

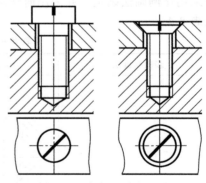

螺钉的公称长度 l 可用下式计算：

$$l \geqslant \delta + b_m \text{（没有沉孔）}$$
$$l \geqslant \delta + b_m - t \text{（有沉孔）}$$

图 8-25　螺钉连接的画法

式中：δ 为通孔零件厚度，b_m 为螺纹旋入深度，可根据被旋入零件的材料确定（同双头螺柱），t 为沉孔深度。计算出的 l 值应从相应的螺钉公称长度系列中选取与它相近的标准值。画螺钉连接图时，应注意以下几点。

1）在螺钉连接中，螺纹终止线应高于两零件的接触面，表示螺钉有拧紧的余地，保证连接紧固，或者螺杆的全长上都有螺纹。

2）螺钉头部与沉孔间有间隙，画两条轮廓线。

3）在投影为圆的视图上，螺钉头部的一字槽（或十字槽）的投影应画成与中心线倾斜

45°的斜线，线宽为粗实线线宽的 2 倍，槽宽小于 2mm 时，可涂黑表示。

2. 紧定螺钉

紧定螺钉用来固定两个零件的相对位置，使它们不发生相对运动。图 8-26 所示为紧定螺钉连接的规定画法。

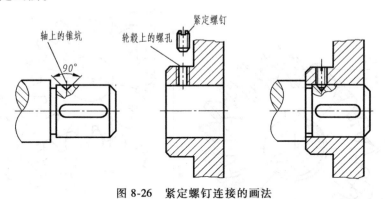

图 8-26 紧定螺钉连接的画法

项目二 绘制齿轮的视图

齿轮是机械中广泛应用的传动件，必须成对使用，可用来传递动力，改变转速和旋转方向。齿轮的种类繁多，常用的有圆柱齿轮、锥齿轮、蜗杆副，如图 8-27 所示。

a) 圆柱齿轮　　　　　b) 锥齿轮　　　　　c) 蜗杆副

图 8-27 齿轮传动

任务一 绘制圆柱齿轮的视图

根据图 8-28a 所示直齿圆柱齿轮传动的示意图，绘制单个直齿圆柱齿轮及齿轮啮合的视图。

齿轮一般由轮体和轮齿两部分组成。齿轮的轮齿部分应按国家标准的规定绘制，其余部分结构按真实投影绘制。

知识链接

一、直齿圆柱齿轮各部分的名称及有关参数

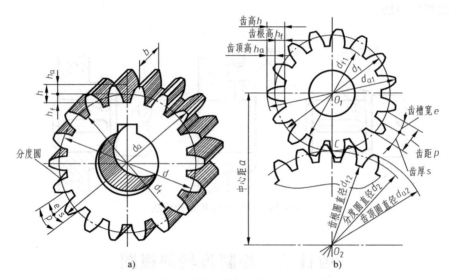

图 8-28 直齿圆柱齿轮各部位的名称及代号

1. 齿顶圆（d_a）

通过圆柱齿轮齿顶部的圆。

2. 齿根圆（d_f）

通过圆柱齿轮齿根部的圆。

3. 分度圆（d）

设计和加工齿轮时，计算尺寸的基准圆称为分度圆，它位于齿顶圆和齿根圆之间，是一个约定的假想圆。

4. 节圆（d'）

两齿轮啮合时，位于连心线 O_1O_2 上两齿廓的接触点 C，称为节点。分别以 O_1、O_2 为圆心，O_1C、O_2C 为半径作两个相切的圆，为节圆。标准齿轮中，分度圆和节圆是一个圆，即 $d = d'$。

5. 齿高（h）

齿顶圆与齿根圆之间的径向距离。

6. 齿顶高（h_a）

齿顶圆与分度圆之间的径向距离。

7. 齿根高（h_f）

齿根圆与分度圆之间的径向距离。

8. 齿距（p）

相邻两齿的同侧齿廓之间的分度圆弧长。

9. 齿厚（s）

一个轮齿的两侧齿廓之间的分度圆弧长。

10. 槽宽（e）

一个齿槽的两侧齿廓之间的分度圆弧长。$p=s+e$，对于标准齿轮，$s=e$。

11. 齿宽（b）

齿轮轮齿的轴向宽度。

12. 齿数（z）

一个齿轮的轮齿的总数。

13. 模数（m）

以 z 表示齿轮的齿数，则分度圆周长为：$\pi d = pz$ 因此，分度圆直径为：$d=zp/\pi$。齿距 p 与 π 的比值称为齿轮的模数，用 m 表示（单位：毫米），即：$m=p/\pi$，得：$d=mz$。为了便于设计和制造，模数的数值已经标准化，见表 8-5。

表 8-5 标准模数系列（摘自 GB/T 1357—2008）　　　　　　（单位：mm）

第一系列	1,1.25,1.5,2,2.5,3,4,5,6,8,10,12,16,20,25,32,40,50
第二系列	1.75,2,2.5,2.75,(3.25),3.5,(3.75),4.5,5,(6.5),7,9,(11),14,18,22,28,36,45

注：1. 选用模数应优先选用第一系列，其次选用第二系列，括号内的模数尽可能不用。
　　2. 本表未摘录小于 1 的模数。

14. 中心距（a）

两圆柱齿轮轴线之间的距离称为中心距。装配准确的标准齿轮，其中心距为

$$a=(d_1+d_2)/2=m(z_1+z_2)/2$$

二、标准直齿圆柱齿轮各基本尺寸计算

在设计齿轮时，先要确定齿数和模数，其他各部位尺寸都可由齿数和模数计算出来，见表 8-6。

表 8-6 标准直齿圆柱齿轮各部分尺寸的计算公式

各部分名称	代号	公式
模数	m	由强度计算决定,并选用标准模数
齿数	z	由传动比 $i_{12}=\omega_1/\omega_2=z_2/z_1$ 决定
分度圆直径	d	$d=mz$
齿顶高	h_a	$h_a=m$
齿根高	h_f	$h_f=1.25m$
齿顶圆直径	d_a	$d_a=m(z+2)$
齿根圆直径	d_f	$d_f=m(z-2.5)$
齿距	p	$p=s+e$
齿高	s	$h=h_a+h_f=2.25m$
中心距	a	$a=(d_1+d_2)/2=m(z_1+z_2)/2$

任务实施

一、绘制单个齿轮的视图

1. 计算齿轮各部分尺寸

已知齿轮为标准直齿圆柱齿轮，$m=4$，$z_1=30$，齿宽 $B=40\text{mm}$，由表 8-6 可计算出各部

分尺寸：$d_1 = 120$mm，$d_{a1} = 128$mm，$d_{f1} = 110$mm。

2. 绘图

作图步骤与画法见表 8-7。

表 8-7　直齿圆柱齿轮视图的作图步骤

步骤与画法	图例
1. 画齿轮中心线、定位辅助线 2. 画分度圆、分度线 分度圆、分度线都画单点画线	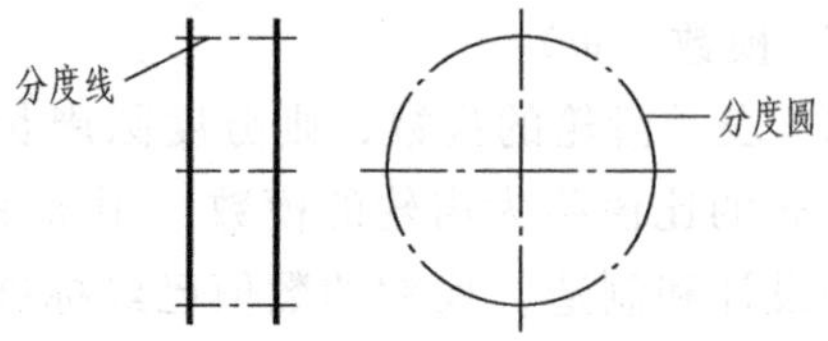 分度线　分度圆
3. 画齿顶圆、齿顶线 齿顶圆、齿顶线画粗实线	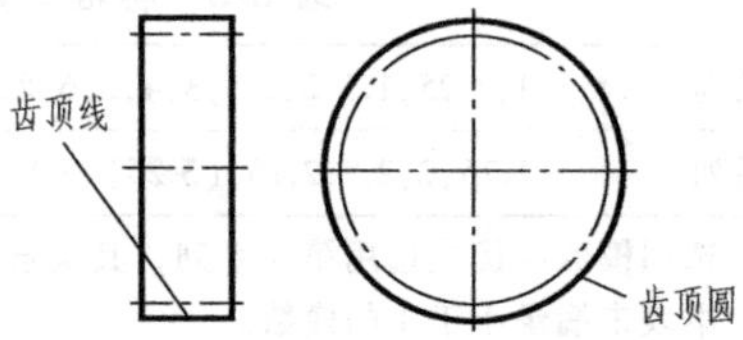 齿顶线　齿顶圆
4. 画齿根圆、齿根线 齿根圆用细实线，也可以不画（如图），齿根线在剖视图中用粗实线	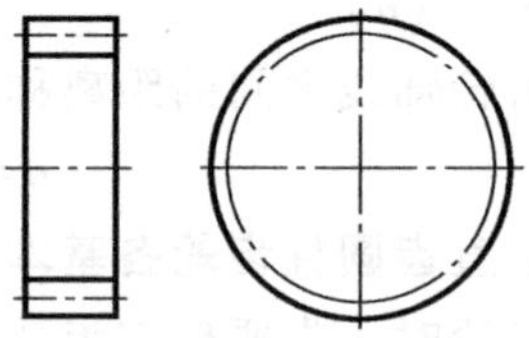
5. 画孔、键槽 6. 整理图形，按线型描深图线	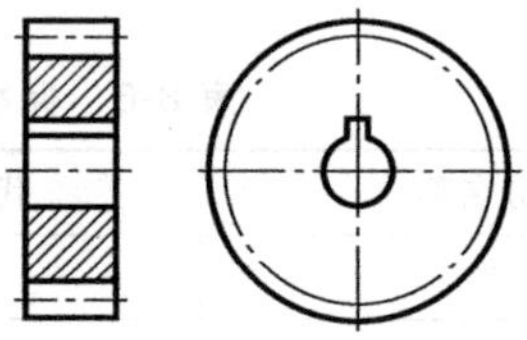
7. 非圆的视图如画外观，齿根线不画	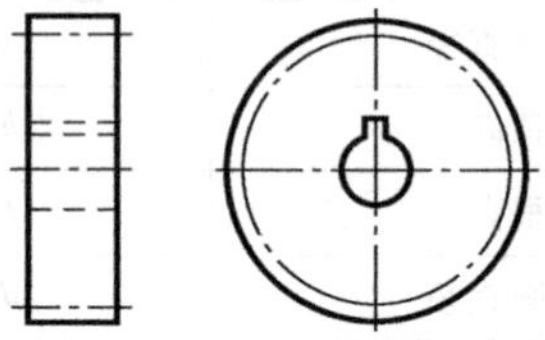

二、绘制圆柱齿轮啮合图

1. 计算啮合齿轮各部分尺寸

已知 $m = 4$，$z_1 = 30$，$z_2 = 60$，$b_1 = 40$mm，$b_2 = 38$mm，由表 8-6 各公式计算大齿轮的有关尺寸为：

$$d_2 = mz_2 = 4\text{mm} \times 60 = 240\text{mm}$$

$$d_{a2} = m(z_2 + 2) = 4\text{mm} \times (60 + 2) = 248\text{mm}$$

$$d_{f2} = m(z_2 - 2.5) = 4\text{mm} \times (60 - 2.5) = 230\text{mm}$$

$$a = m(z_1 + z_2)/2 = 4\text{mm} \times (30 + 60)/2 = 180\text{mm}$$

2. 绘图

作图步骤见表 8-8。

表 8-8　标准直齿圆柱齿轮啮合视图的作图步骤

步骤与画法	图例
1. 画圆柱齿轮中心线、轴线	
2. 画齿轮轮齿	
3. 画轮毂、辐板等	
4. 整理图形，按线型描深图线	

（续）

步骤与画法	图例
5. 外观视图的画法 在主视图上重合分度线画成粗实线，左视图上啮合区内的齿顶圆可以不画	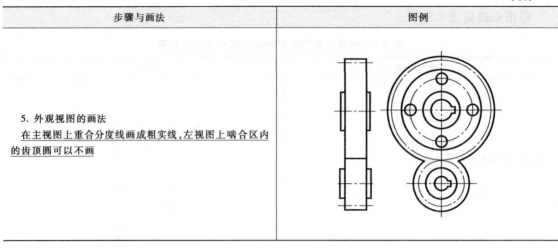

▶ 知识拓展

斜齿轮和人字齿轮的画法如图 8-29 所示。

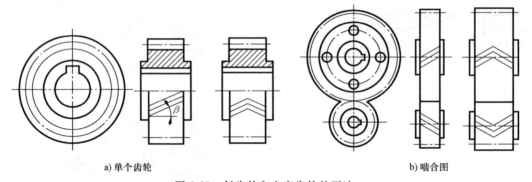

a) 单个齿轮　　　　　　　　　　　　　　b) 啮合图

图 8-29　斜齿轮和人字齿轮的画法

任务二　绘制锥齿轮的视图

▶ 任务引入

根据图 8-27b 所示直齿锥齿轮传动的示意图，绘制单个锥齿轮及锥齿轮啮合的视图。

▶ 任务分析

锥齿轮的齿形是在圆锥体上加工出来的，所以其形状是一端大、一端小，两齿轮的轴线垂直相交，其画图的方法与直齿圆柱齿轮基本相同。

▶ 知识链接

一、锥齿轮的结构

锥齿轮齿厚是逐渐变化的，为了计算和制造方便，规定根据大端模数 m 来计算其他各基本尺寸。锥齿轮的各部分名称和代号如图8-30所示。

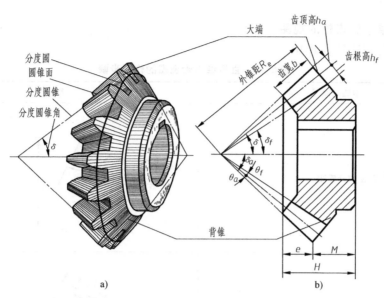

图 8-30　锥齿轮各部分名称、代号

锥齿轮的背锥素线与分度圆锥素线垂直。锥齿轮轴线与分度圆锥素线间的夹角称为分度圆锥角 δ，当相啮合的两锥齿轮轴线垂直时：$\delta_1 + \delta_2 = 90°$。

二、锥齿轮的几何尺寸

标准锥齿轮各部分基本尺寸计算公式见表8-9。

表 8-9　标准直齿锥齿轮各基本尺寸的计算公式

基本参数：模数 m　齿数 z　分度圆锥角 δ		
名称	符号	计算公式
齿顶高	h_a	$h_a = m$
齿根高	h_f	$h_f = 1.2m$
齿高	h	$h = 2.2m$
分度圆直径	d	$d = mz$
齿顶圆直径	d_a	$d_a = m(z + 2\cos\delta)$
齿根圆直径	d_f	$d_f = m(z - 2.4\cos\delta)$
锥距	R	$R = mz(2\sin\delta)$
齿顶角	θ_a	$\tan\theta_a = 2\sin\delta / z$
齿根角	θ_f	$\tan\theta_f = 2.4\sin\delta / z$
分度圆锥角	δ	当 $\delta_1 + \delta_2 = 90°$ 时，$\tan\delta_1 = z_1/z_2$
顶锥角	δ_a	$\delta_a = \delta + \theta_a$
根锥角	δ_f	$\delta_f = \delta - \delta_f$
背锥角	δ_v	$\delta_v = 90° - \delta$
齿宽	b	$b \leqslant R/3$

任务实施

一、绘制单个锥齿轮的视图

作图步骤与画法见表8-10。

表 8-10 直齿锥齿轮视图的作图步骤

步骤与画法	图例
1. 定出分度圆的直径和分锥角	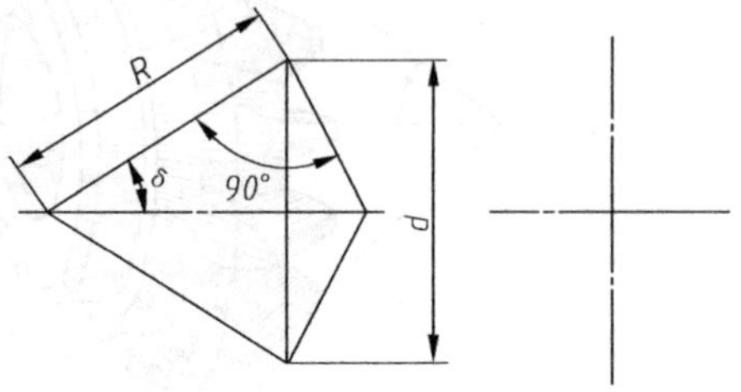
2. 画出齿顶线和齿根线,定出齿宽	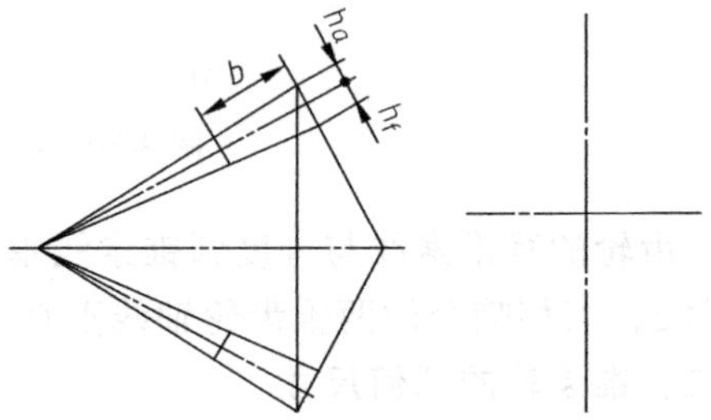
3. 画出锥齿轮投影的轮廓线	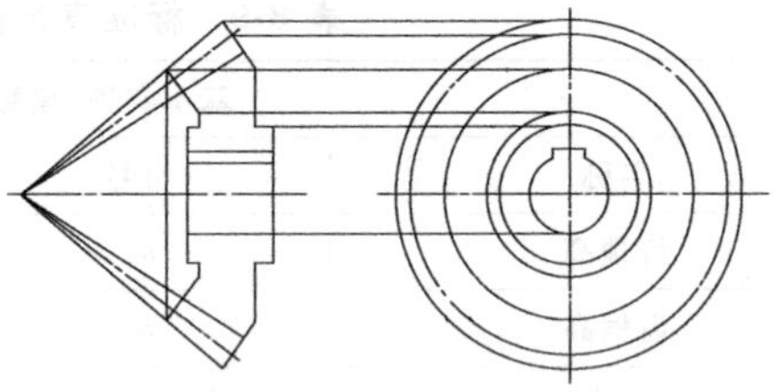
4. 去掉作图线,按线型描深轮廓线,画剖面线 (1) 主视图常取剖视,轮齿按不剖处理,齿顶线和齿根线用粗实线绘制,分度线用细点画线绘制 (2) 左视图中,大端分度圆用细点画线绘制,大小两端齿顶圆用粗实线绘制,大小端齿根圆及小端分度圆不必画出图	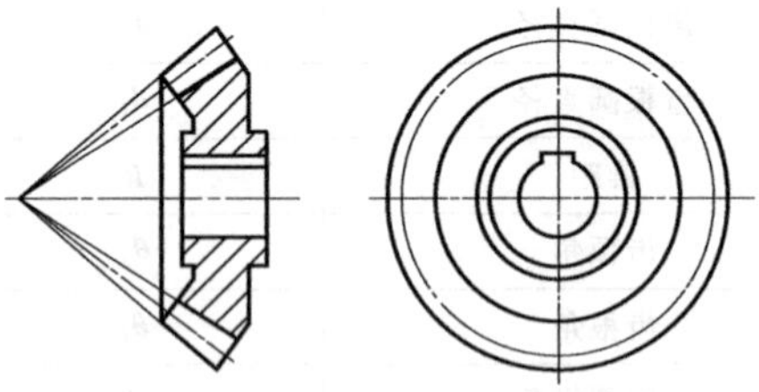

二、绘制锥齿轮啮合图

锥齿轮啮合的规定画法如图 8-31 所示。齿轮轮齿部分和啮合区的画法与直齿圆柱齿轮的啮合画法相同。

画法规定:

1）主视图啮合区内的分度线重合；

2）主视图啮合区内，一个齿轮的齿顶线画粗实线，另一个齿轮的齿顶线画细虚线或不画；

3）左视图一般只画外形，被遮挡部分的轮廓不画。

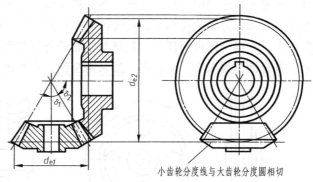

图 8-31 锥齿轮啮合的画法

蜗杆副用来传递交叉两轴间的运动和动力，如图 8-27c 所示，以两轴交叉垂直者为常见。蜗杆实际上是一个齿数不多的斜齿圆柱齿轮，常用蜗杆的轴向剖面齿形与梯形螺纹相似，蜗杆的齿数称为头数，相当于螺纹的线数。蜗轮相当于斜齿圆柱齿轮，其轮齿分布在圆环面上，使轮齿能包住蜗杆，以改善接触状况，延长使用寿命。

蜗杆、蜗轮成对使用，可得到很大的传动比。其缺点是摩擦大，产生摩擦热多，传动效率低。

一、蜗杆的规定画法

蜗杆的形状如梯形螺杆，轴向剖面齿形为梯形，顶角为 40°，一般用一个视图表达。它的齿顶线、分度线、齿根线画法与圆柱齿轮相同，牙型可用局部剖视或局部放大图画出，具体画法如图 8-32 所示。

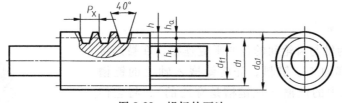

图 8-32 蜗杆的画法

二、蜗轮的规定画法

蜗轮的画法与圆柱齿轮基本相同，如图 8-33 所示。在投影为圆的视图中，轮齿部分只需画出分度圆和齿顶圆，其他圆可省略不画，其他结构形状按投影绘制。

三、蜗轮与蜗杆啮合画法

蜗杆和蜗轮一般用于垂直交错两轴之间的传动。一般情况下，蜗杆是主动件，蜗轮是从动件。蜗杆的画法规定与圆柱齿轮的画法规定基本相同。蜗轮类似斜齿圆柱齿轮，蜗轮轮齿部分的主要

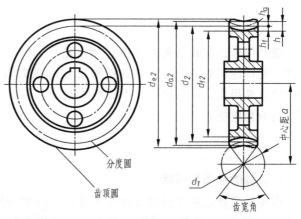

图 8-33 蜗轮的画法

尺寸以垂直于轴线的中间平面为准。在蜗杆为圆的视图上，蜗轮与蜗杆投影重合部分，只画蜗杆投影；在蜗轮为圆的视图上，啮合区内蜗杆的节线与蜗轮的节圆相切。在蜗轮与蜗杆啮合的外形图中，在啮合区内蜗杆的齿顶线与蜗轮的外圆均用粗实线绘制，如图 8-34a 所示。在蜗轮与蜗杆啮合的剖视图中，主视图一般采用全剖，左视图采用局部剖，如图 8-34b 所示。

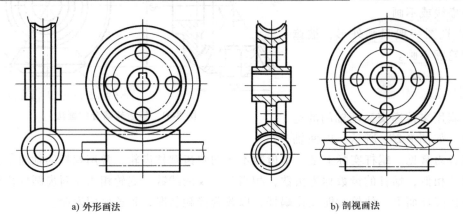

a) 外形画法　　　　　　　　　　　b) 剖视画法

图 8-34　蜗轮蜗杆的啮合画法

项目三　绘制键、销连接图

任务一　绘制普通平键连接图

任务引入

图 8-35 所示为轴与齿轮间的普通平键连接，在被连接的轴上和轮毂中都加工了键槽，先将键嵌入轴上的键槽内，再对准轮毂孔中的键槽（该键槽是穿通的），将它们装配在一起，便可达到连接的目的。下面认识普通平键的形状和标记，并绘制连接图。

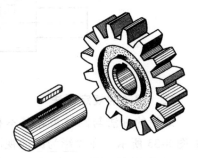

图 8-35　普通平键连接

任务分析

键是用来连接轴及轴上零件（如齿轮、带轮等）的标准件，起传递转矩的作用。键的结构尺寸可根据轴的直径查键的标准得出，同时也可查得键槽的宽度和深度。键的长度 L 则应根据轮毂长度及工作要求选取相应的系列值。

知识链接

一、键的种类和形状

键是标准件，常用的键有普通平键、半圆键和钩头楔键等，如图 8-36 所示。普通平键有 A 型（圆头）、B 型（平头）和 C 型（单圆头）三种，其结构见表 8-11。

a) 普通平键　　　　b) 半圆键　　　　c) 钩头楔键

图 8-36　常用的几种键

二、键的标记

常用键的标记见表 8-11。

表 8-11　键的型式和标记示例

名称		图　例	规定标记及示例
普通平键	A 型		例：$b=18$mm，$h=11$mm，$L=100$mm 标记：GB/T 1096 键 18×11×100
	B 型		例：$b=18$mm，$h=11$mm，$L=100$mm 标记：GB/T 1096 键 B 18×11×100 （B 不能省略）
	C 型		例：$b=18$mm，$h=11$mm，$L=100$mm 标记：GB/T 1096 键 C 18×11×100 （C 不能省略）
半圆键			例：$b=6$mm，$h=10$mm，$D=25$mm 标记：GB/T 1099 键 6×10×25
钩头楔键			例：$b=18$mm，$h=11$mm，$L=100$mm 标记：GB/T 1565 键 18×100

▶ 任务实施

一、计算尺寸

轴和齿轮轮毂上键槽的视图如图 8-37 所示，图中轴径 $d=18$mm，齿轮轮齿宽度 $B=20$mm，查表可得：

选用 A 型普通平键，键的公称尺寸 $b×h=6mm×6mm$；长度 $L=18mm$；轴上键槽深度 $t=3.5mm$，轮毂上键槽深度 $t_1=2.8mm$，$d-t=18mm-3.5mm=14.5mm$，$d+t_1=18mm+2.8mm=20.8mm$。

二、绘制普通平键连接图

普通平键的两侧面为工作面，因此连接时，平键的两侧面与轴和轮毂键槽侧面之间相互接触，没有间隙，只画一条线。而键与轮毂的键槽顶面之间是非工作面，不接触，应留有间隙，画两条线。当剖切平面通过轴和键的轴线时，根据画装配图时的规定画法，轴和键均按不剖画出，此时为了表示键在轴上的装配情况，轴采用局部剖视，键做不剖处理，横向剖切时，键应画剖面线，如图 8-38 所示。

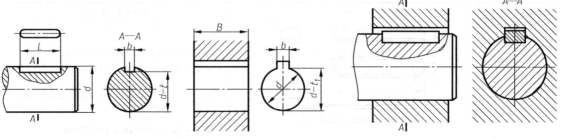

图 8-37 轴和齿轮轮毂上键槽的视图　　　　图 8-38 普通平键连接画法

知识拓展

一、半圆键连接画法
半圆键的两个侧面为工作面，连接方式和普通平键类似，如图 8-39 所示。

二、钩头楔键连接画法
钩头楔键上下两面是工作面，键的上表面和轮毂槽的底面各有 1∶100 的斜度，装配时需打入，靠楔紧作用传递转矩。因此，键的上表面和轮毂槽的底面在装配图中应画成一条线，这是与平键及半圆键画法的不同之处，如图 8-40 所示。

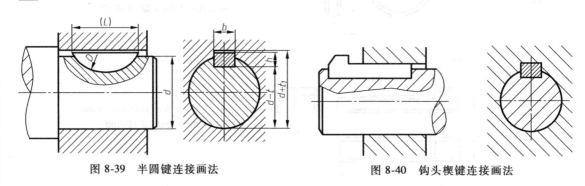

图 8-39 半圆键连接画法　　　　　　图 8-40 钩头楔键连接画法

任务二　绘制销连接图

任务引入

根据图 8-41 所示销的结构图，绘制销连接图。

a) 圆柱销　　　　　　　b) 圆锥销　　　　　　　c) 开口销

图 8-41　销

销是标准件，销的结构尺寸可根据销孔的直径查销的标准得出，销的长度 L 则应根据要连接的件选取相应的系列值。销和销孔之间是配合关系，绘图时配合表面画一条线。

知识链接

销的结构和标记

销通常用于零件之间的连接、定位和防松，常见的有圆柱销、圆锥销和开口销等，它们都是标准件。

圆柱销用作定位零件时，为保证其定位精度，两零件的销孔应该用钻头同时钻出，然后用铰刀铰孔。圆锥销的锥度为 1∶50，以小端直径为公称直径。圆锥销用作定位零件时，销孔的加工方法同圆柱销孔一样。开口销一般用于锁紧螺栓与螺母。它的公称直径 d 指销穿过的孔的直径，其实际直径小于 d。

圆柱销、圆锥销和开口销的画法及规定标记和尺寸见表 8-12。

表 8-12　销的型式、画法及标记示例

名称	标准号	图例	标记示例
圆锥销	GB/T 117—2000	$R_1 \approx d$　$R_2 \approx d+(l-2a)/50$	直径 $d=10$mm，长度 $l=100$mm，材料 35 钢，热处理硬度 28～38HRC，表面氧化处理的 A 型圆锥销 销 GB/T 117—2000 A10×100 圆锥销的公称尺寸指小端直径
圆柱销	GB/T 119.1—2000		直径 $d=10$mm，公差为 m6，长度 $l=80$mm，材料为钢，不经表面处理 销 GB/T 119.1—2000 10m6×80
开口销	GB/T 91—2000		公称直径 $d=4$mm，(指销孔直径)，$l=20$mm，材料为低碳钢，不经表面处理 销 GB/T 91—2000 4×20

销连接画法

圆柱销和圆锥销可以连接零件，也可以起定位作用（限定两零件间的相对位置），如图 8-42a、b 所示。开口销常用在螺纹连接的装置中，以防止螺母松动，如图 8-42c 所示。

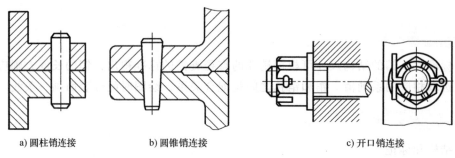

a) 圆柱销连接　　　　b) 圆锥销连接　　　　c) 开口销连接

图 8-42　销连接画法

项目四　绘制滚动轴承的视图

在机器中，滚动轴承是用来支撑轴的标准部件，由于它可以大大减小轴与孔相对旋转时的摩擦力，具有机械效率高、结构紧凑等优点，因此应用极为广泛。

任务　绘制常用滚动轴承的视图

▶ 任务引入

滚动轴承是一种支撑轴的标准件，图 8-43 所示为几种常见的滚动轴承。

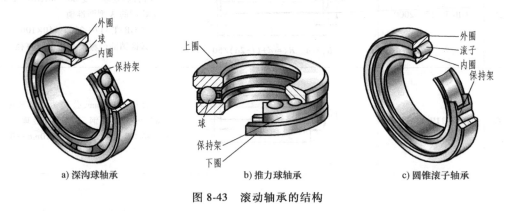

a) 深沟球轴承　　　　b) 推力球轴承　　　　c) 圆锥滚子轴承

图 8-43　滚动轴承的结构

▶ 任务分析

由图 8-43 可知，滚动轴承由外圈、内圈、滚动体和保持架组成。国家标准规定了滚动轴承的表达方法有通用画法、特征画法和规定画法三种。

一、滚动轴承的结构及表示法

常用滚动轴承的表示法见表 8-13。

表 8-13 常用滚动轴承的表示法

轴承类型	通用画法	特征画法	规定画法
深沟球轴承 （GB/T 276—2013）	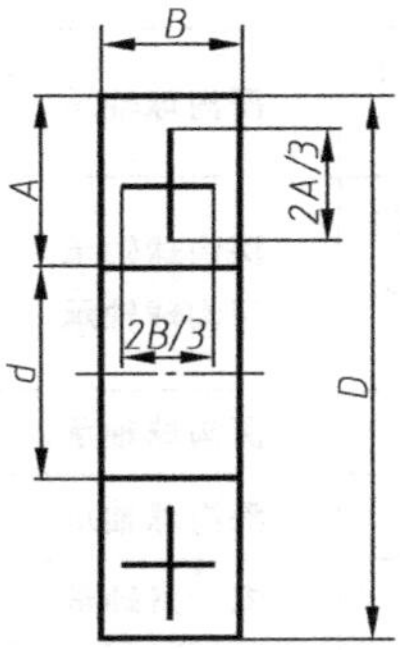	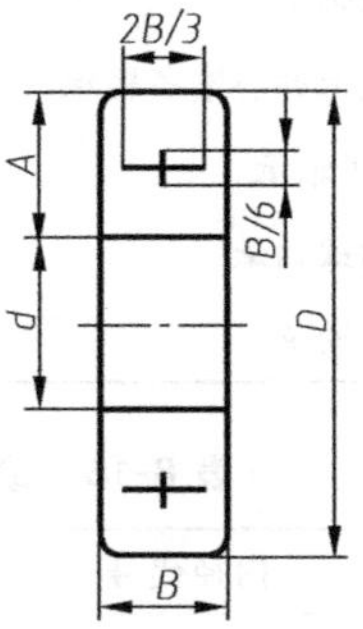	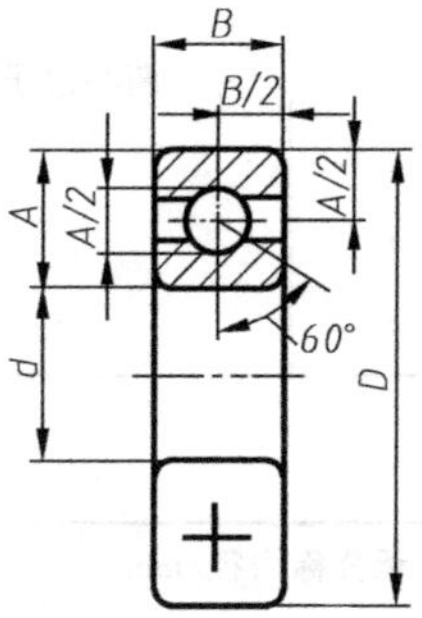
圆锥滚子轴承 （GB/T 276—2013）		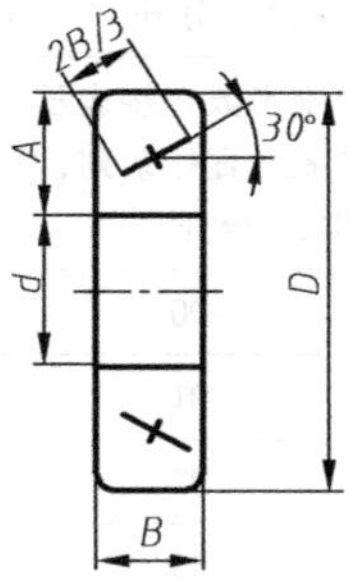	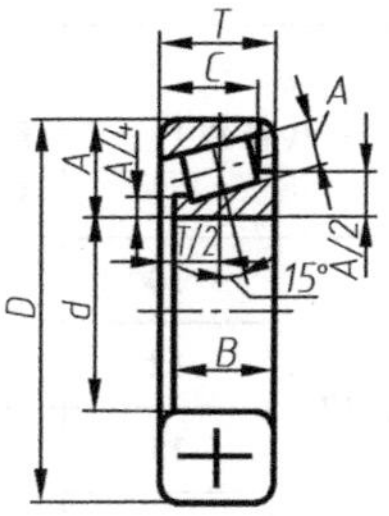
推力球轴承 （GB/T 301—2015）		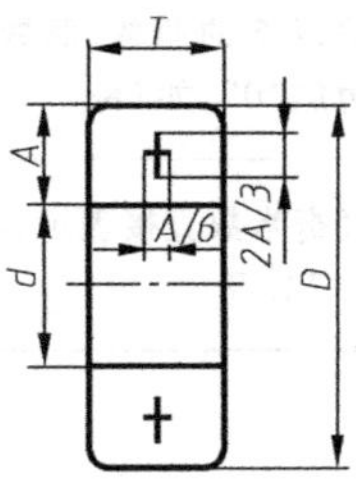	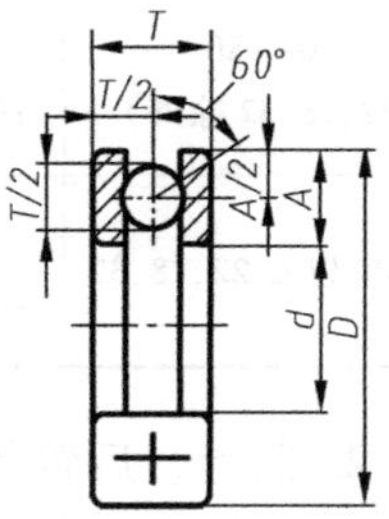

二、滚动轴承的标记

轴承的标记由三部分组成，即

轴承名称　轴承代号　标准编号

例：滚动轴承 6204 GB/T 276—2013

滚动轴承代号是表示滚动轴承的结构、尺寸、公差等级、技术性能的产品特征符号。滚动轴承的代号由前置代号、基本代号和后置代号三部分组成。

1. 基本代号

轴承的基本代号由类型代号、尺寸系列代号和内径代号组成。基本代号最左边的一位数字（或字母）为类型代号，见表 8-14。

尺寸系列代号由宽（高）度和直径系列代号组成，均用两位数字表示。它的主要作用是区别内径相同而宽（高）度和外径不同的轴承。具体代号需查阅相关的国家标准。

内径代号表示轴承的公称内径，其表达方法见表 8-15。

表 8-14　滚动轴承类型代号

代号	轴承类型	代号	轴承类型
0	双列角接触球轴承	6	深沟球轴承
1	调心球轴承	7	角接触球轴承
2	调心滚子轴承和推力调心滚子轴承	8	推力圆柱滚子轴承
3	圆锥滚子轴承	N	圆柱滚子轴承（双列或多列用字母 NN 表示）
4	双列深沟球轴承	U	外球面球轴承
5	推力球轴承	QJ	四点接触球轴承

表 8-15　滚动轴承的内径代号

轴承公称内径/mm		内径代号	示例		
0.6~10（非整数）		用公称内径毫米数直接表示，在其与尺寸系列代号之间用"/"分开	深沟球轴承	618/2.5	d = 2.5mm
1~9（整数）		用公称内径毫米数直接表示，对深沟及角接触球轴承 7、8、9 直径系列，内径与尺寸系列代号之间用"/"分开	深沟球轴承 深沟球轴承	625 618/5	d = 5mm d = 5mm
10~17	10	00	深沟球轴承	6200	d = 10mm
	12	01	深沟球轴承	6201	d = 12mm
	15	02	深沟球轴承	6202	d = 15mm
	17	03	深沟球轴承	6203	d = 17mm
20~480 （22、28、32 除外）		公称内径除以 5 的商数，商数为个位数，需在商数左边加"0"，如 08	圆锥滚子轴承 深沟球轴承	30308 6215	d = 40mm d = 75mm
≥500 以及 22、28、32		用公称内径毫米数直接表示，但在与尺寸系列之间用"/"分开	调心滚子轴承 深沟球轴承	230/500 62/22	d = 500mm d = 22mm

2. 前置、后置代号

前置、后置代号是在轴承结构形式、尺寸、公差和技术要求等有所改变时，在其基本代号前后添加的补充代号。前置代号用字母表示，后置代号用字母或加数字表示。前置、后置代号有许多种，其含义需查阅 GB/T 272。

例如：轴承代号 6204 中，6 为类型代号，表示深沟球轴承；2 表示尺寸系列代号为 "02"，其中 "0" 为宽度系列代号，按规定省略未写，"2" 为直径系列代号；04 为内径代号，表示该轴承内径尺寸 = 4×5mm = 20mm。

项目五　绘制弹簧的视图

弹簧是机械中常用的零件，具有能量转换特性，可用来减振、夹紧、测力、储存能量等。弹簧种类很多,应用很广,最常见的是圆柱螺旋弹簧。圆柱螺旋弹簧根据用途可分为压缩弹簧、拉伸弹簧和扭转弹簧等,如图 8-44 所示。

a)压缩弹簧　　b)拉伸弹簧　　c)扭转弹簧　　d)平面涡卷弹簧

图 8-44　常用弹簧

任务　绘制圆柱螺旋弹簧的视图

绘制图 8-44a 所示压缩弹簧的视图。

圆柱螺旋弹簧整体可分成两部分:两端支撑圈和中间有效圈,有效圈部分是有规律的重要结构,绘图时可以简化。

一、圆柱螺旋弹簧的各部分名称及代号（图 8-45）

(1) 线径 d　弹簧钢丝直径。

(2) 弹簧直径

弹簧外径 D:弹簧的最大直径。

弹簧内径 D_1:弹簧的最小直径,$D_1 = D - 2d$。

弹簧中径 D_2:弹簧内、外径的平均值,$D_2 = \dfrac{D+D_1}{2} = D_1 + d = D - d$。

(3) 节距 t　相邻两圈间的轴向距离。

(4) 有效圈数 n、支撑圈数 n_z 和总圈数 n_1　为了使压缩弹簧工作时受力均匀,保证轴线垂直于支撑端面,两端常并紧且磨平。这部分圈数起支撑作用,故叫支撑圈。常用的支撑圈数（n_z）有 1.5 圈、2 圈和 2.5 圈三种。2.5 圈用得较多,即两端各并紧 $1\dfrac{1}{4}$ 圈,其中包括磨平 3/4 圈。压缩弹簧除支承圈外,具有相等节距的圈数称为有效圈数,有效圈数 n 与支撑圈数 n_z 之和称为总圈数 n_1,即 $n_1 = n + n_z$。

(5) 自由高度（或长度）H_0　弹簧在不受外力时的高度称为自由高度,$H_0 = nt + (n_z - 0.5)d$。

(6) 弹簧展开长度 L　制造时弹簧钢丝的长度。由螺旋线的展开可知

$$L \approx n_1\sqrt{(\pi D_2)^2 + t^2}$$

二、圆柱螺旋压缩弹簧的规定画法

圆柱螺旋压缩弹簧可画成视图、剖视图或示意图，如图8-46所示。

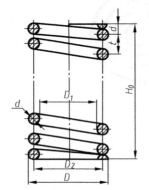

图 8-45　弹簧各部分名称及代号

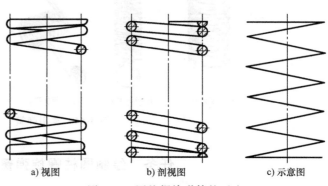

a) 视图　　　b) 剖视图　　　c) 示意图

图 8-46　圆柱螺旋弹簧的画法

 任务实施

根据圆柱螺旋压缩弹簧的外径、线径、节距和圈数等，可计算出弹簧的中径和自由高度，从而绘制出弹簧的视图，其作图步骤与画法见表8-16。

表 8-16　圆柱螺旋压缩弹簧全剖视图的绘图步骤

步骤与画法	图例	步骤与画法	图例
1. 根据弹簧的自由高度 H_0、弹簧中径 D_2，绘制基准线		3. 根据节距 t 绘制有效圈 有效圈数在4圈以上的螺旋弹簧，可只画出其两端的 1~2 圈，中间用细点画线连接，且可适当缩短图形长度	
2. 根据线径 d 绘制两端支撑圈 <u>支撑圈均按2.5圈绘制，必要时也可按支撑圈的实际结构绘制</u>		4. 按右旋方向作相应圆的公切线，再画上剖面符号，完成全图，描深 <u>左旋弹簧和右旋弹簧均可画成右旋，但左旋要注明"LH"</u>	

知识拓展

一、弹簧在装配图中的画法

1) 在装配图中,中间各圈取省略画法后,后面被挡住的结构一般不画。可见部分只画到弹簧钢丝的剖面轮廓或中心线处,如图8-47所示。

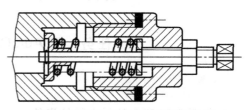

图8-47 不画挡住部分的零件轮廓

2) 在装配图中,弹簧钢丝直径在图形上等于或小于2mm时,弹簧钢丝的断面用涂黑表示,如图8-48所示。

3) 簧丝直径<1mm时,可采用示意画法,如图8-49所示。

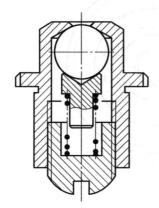

图8-48 弹簧钢丝断面涂黑

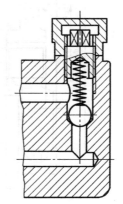

图8-49 弹簧钢丝示意画法

二、圆柱螺旋压缩弹簧的标记

1) 圆柱螺旋压缩弹簧标记的组成规定如下:

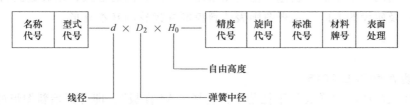

2) 圆柱螺旋压缩弹簧的名称代号为Y,弹簧在端圈形式上分为A型(两端圈并紧磨平)和B型(两端圈并紧锻平)两种。

3) 圆柱螺旋压缩弹簧标记示例

① YB型弹簧,线径ϕ30mm,弹簧中径ϕ150mm,自由高度300mm,制造精度为3级,材料为60Si2MnA,表面涂漆处理的弹簧(可以是左旋或右旋,要求旋向时,需注出LH或RH)。

标记为:YB 30×150×300 GB/T 2089—2009

② YA型弹簧,线径ϕ1.2mm,弹簧中径ϕ8mm,自由高度40mm,制造精度为2级,材料为B级碳素弹簧钢丝,表面镀锌处理的弹簧。

标记为:YA 1.2×8×40-2 GB/T 2089—2009 B级

项目六 用 AutoCAD 绘制常用件

任务 用 AutoCAD 绘制斜齿圆柱齿轮

▶ 任务引入

绘制图 8-50 所示的斜齿圆柱齿轮。

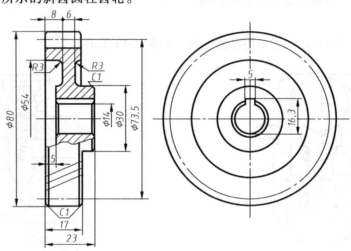

图 8-50 斜齿圆柱齿轮

▶ 任务分析

该图形采用两个基本视图表达,主视图采用局部剖视图的形式,以表达斜齿圆柱齿轮的轮毂、辐板以及轮齿的方向,左视图则表达斜齿圆柱齿轮的基本外形。

▶ 任务实施

一、启动 AutoCAD 2016

单击快速入门中的"样板"下拉菜单,选择"A4 样板",即可开始新图形的创建。

二、绘制主视图

1)将"粗实线"层设置为当前层,打开状态栏的"⌐"按钮、"□"按钮、"∠"按钮、"✚"按钮,单击"绘图"工具栏中的"▭ 矩形"按钮,AutoCAD 命令行提示如下:

命令:_rectang

指定第一个角点或[倒角(C)/标高(E)/圆角(F)/厚度(T)/宽度(W)]:(在绘图区适当位置单击)

指定另一个角点或[面积(A)/尺寸(D)/旋转(R)]:@18,30 (输入另一个角点的相对坐标,按<Enter>键)

命令:_rectang

指定第一个角点或[倒角(C)/标高(E)/圆角(F)/厚度(T)/宽度(W)]:C （选择"倒角(C)"选项,按<Enter>键）

指定矩形的第一个倒角距离<0.0000>:1 （输入第一倒角距离 1mm,按<Enter>键）

指定矩形的第二个倒角距离<1.0000>:1 （输入第二倒角距离 1mm,按<Enter>键）

指定第一个角点或[倒角(C)/标高(E)/圆角(F)/厚度(T)/宽度(W)]: （单击"对象捕捉"工具栏中的" "按钮）

指定第一个角点或[倒角(C)/标高(E)/圆角(F)/厚度(T)/宽度(W)]:_from 基点: （捕捉小矩形左侧竖直边的中点 A 为基点）

<偏移>:@-5,-40 （输入带倒角的矩形左下角点相对于基点 A 的坐标,按<Enter>键）

指定另一个角点或[面积(A)/尺寸(D)/旋转(R)]:@17,80 （输入另一个角点的相对坐标,按<Enter>键,如图 8-51 所示）

2）将"点画线"层设置为当前层,利用"直线"命令和"对象捕捉追踪"模式绘制齿轮的水平对称中心线,如图 8-51 所示。

3）单击"绘图"面板上的" "按钮,AutoCAD 命令行提示如下:
命令:_line
指定第一点:27 （将鼠标指针移到大矩形竖直边的中点 B 处,出现中点捕捉标记后,向上移动鼠标指针,出现竖直追踪轨迹,输入追踪距离 27mm,按<Enter>键）
指定下一点或[放弃(U)]:8 （向右移动鼠标指针,输入水平线的长度 8mm,按<Enter>键）
指定下一点或[放弃(U)]: （在小矩形的水平边上捕捉垂足 E）
指定下一点或[闭合(C)/放弃(U)]: （按<Enter>键,如图 8-52 所示）

4）单击"修改"面板上的" "按钮,将直线 DE 向右偏移,偏移距离为 6m,如图 8-52 所示。

5）单击"绘图"面板上的" "按钮,过 F 点绘制水平线 FH,H 点是在大矩形竖直边上捕捉的垂足,如图 8-52 所示。

6）单击"修改"面板上的" "按钮,将中心线向上偏移,偏移距离为 32.6875mm,再对称偏移中心线,偏移距离为 36.75mm,如图 8-53 所示。

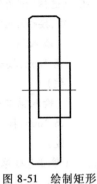   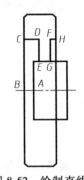   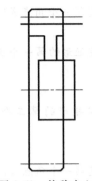

图 8-51　绘制矩形　　　　图 8-52　绘制直线段　　　　图 8-53　偏移中心线

7）将偏移距离为 32.6875mm 的点画线的图层修改为"粗实线"层，如图 8-53 所示。

8）单击"修改"面板上的"圆角"按钮，在 D、E、F、G 处绘制 4 个半径为 3mm 的圆角，其中绘制 E、G 处的圆角时，"圆角"命令中的"修剪"选项应设置为"不修剪"，如图 8-54 所示。

9）单击"修改"面板上的"倒角"按钮，在小矩形的右侧两个拐角处绘制两个倒角，倒角距离为 1mm，如图 8-54 所示。

10）单击"修改"面板上的"修剪"按钮，修剪由点画线变化来的粗实线及圆角处轮廓线，如图 8-55 所示。

11）关闭状态栏中的" "按钮和" "按钮，将"细实线"层设置为当前层，单击"绘图"面板上的" "按钮，在对称中心线的下方绘制波浪线，如图 8-56 所示。

12）打开状态栏中的" "按钮和" "按钮，将"粗实线"层设置为当前层。单击"绘图"面板上的" "按钮，过两个矩形的下方倒角斜线的端点绘制竖直轮廓线，3 条竖直轮廓线的端点指定在波浪线的上方，如图 8-57 所示。

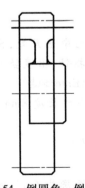　　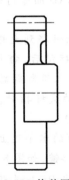　　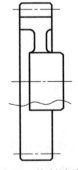　　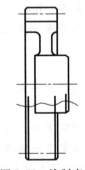

图 8-54　倒圆角、倒斜角　　图 8-55　修剪图线　　图 8-56　绘制波浪线　　图 8-57　绘制直线

13）单击"修改"面板上的"修剪"按钮，修剪波浪线和 3 条竖直轮廓线，如图 8-58 所示。

14）将"细实线"层设置为当前层，单击"绘图"面板上的" "按钮，在波浪线的下方绘制 1 条倾斜线，该线右端点相对于左端点的坐标为"@30<21.8"，如图 8-59 所示。

15）单击"修改"面板上的"⬚"按钮，向右下方连续偏移细实线，偏移距离为 3mm，得到互相平行且等距的细实线，如图 8-59 所示。

16）单击"修改"面板上的"—／— 修剪"按钮，修剪 3 条细实线，如图 8-60 所示。

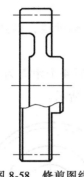
图 8-58　修剪图线

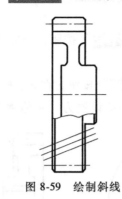
图 8-59　绘制斜线

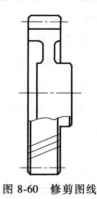
图 8-60　修剪图线

三、绘制左视图

1）将"细点画线"层设置为当前层，利用"╱"命令和"对象捕捉追踪"模式绘制左视图的水平中心线和竖直中心线。

2）单击"绘图"面板上的"◯"按钮，绘制直径为 73.5mm 的点画线图。

3）将"粗实线"层设置为当前层，单击"绘图"面板上的"◯"按钮，绘制直径为 80mm、54mm、30mm、16mm 和 14mm 的同心圆，如图 8-61 所示。

4）单击"修改"面板上的"⬚"按钮，向上偏移水平中心线、对称偏移竖直中心线，偏移距离为 9.3mm 和 2.5mm。

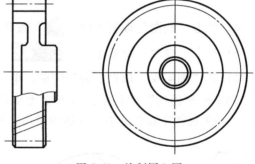
图 8-61　绘制同心圆

5）将偏移出来的 3 条点画线的图层修改为"粗实线"层，如图 8-62 所示。

6）单击"修改"面板上的"—／— 修剪"按钮，修剪 3 条直线和直径为 16mm 和 14mm 的圆，得到键槽轮廓线，如图 8-63 所示。

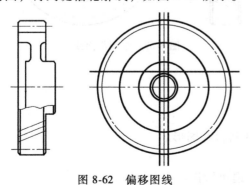
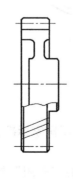

图 8-62　偏移图线

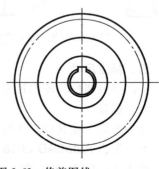
图 8-63　修剪图线

四、绘制剖面线

1）单击"绘图"面板上的"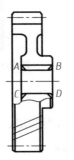"按钮，过键槽竖直轮廓线的端点和直径为 14mm 的圆的下象限点绘制 3 条水平辅助线，辅助线的左端点为在主视图竖直轮廓线上捕捉的垂足，如图 8-64 所示。

2）单击"修改"面板上的""按钮，修剪 3 条直线水平辅助线，得到主视图中键槽的轮廓线，如图 8-65 所示。

3）单击"修改"面板上的"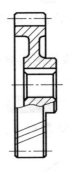"按钮，在 A、B、C、D 处绘制 4 个距离为 1mm 的倒角，"倒角"命令中的"修剪"选项应设置为"不修剪"，如图 8-65 所示。

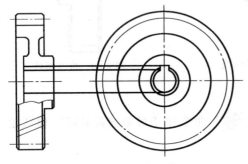

图 8-64 绘制辅助线

图 8-65 绘制倒角

4）单击"绘图"面板上的"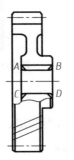"按钮，绘制键槽轮廓线，如图 8-66 所示。

5）单击"修改"面板上的""按钮，修剪多余图线，如图 8-66 所示。

6）将"细实线"层设置为当前层，单击"绘图"面板上的""按钮，在弹出的"图案填充创建"面板上，将图案类型均设置为 ANSI31，角度设置为 0°，比例设置为 0.75，在主视图中需要的填充区域内单击，即可绘制剖面线，如图 8-67 所示。

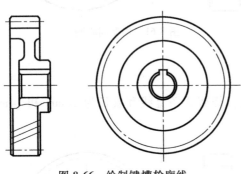

图 8-66 绘制键槽轮廓线

图 8-67 绘制剖面线

五、标注尺寸

标注斜齿圆柱齿轮的尺寸。

六、保存

整理图形，使其符合机械制图国家标准，完成后保存图形。

七、退出 AutoCAD 2016

单击 AutoCAD 2016 右上角的"关闭"按钮，退出操作。

模块九　装配图

机器或部件都是由若干零件按一定的装配关系和技术要求装配而成的，用来表达机器或部件的图样称为装配图。在机械产品的设计过程中，一般要先根据设计要求画出装配图，再根据装配提供的总体结构和尺寸，拆画零件图。装配图分为总装配图和部件装配图，总装配图一般用于表达机器的整体情况和各部件或零件间的相对位置；而部件装配图用于表达机器上某一个部件的情况和部件上各零件的相对位置。在产品制造中，装配图是制订装配工艺规程，进行装配和检验的技术依据；在使用和维修机器时，也需要通过装配图来了解机器的工作原理和构造。

1. 了解装配图的内容；
2. 掌握装配图的视图表达方法；
3. 掌握装配图的尺寸标注和技术要求；
4. 能够绘制装配图；
5. 能够用 AutoCAD 绘制装配图。

装配图（assembly drawing）、机用虎钳（vice）、滑动轴承（sliding bearing）。

项目一　识读装配图

在机械行业中，组装、检验、使用和维修机器，或技术交流、技术革新，都会用到装配图。读装配图是工程技术人员必备的能力，通过装配图可了解机器或部件的性能、作用和工作原理；了解零件间的装配关系、拆装顺序及各零件的主要结构和作用，以及机器的主要尺寸和技术要求等。

任务一　识读机用虎钳装配图

图 9-1 为机用虎钳的装配图，识读机用虎钳装配图，掌握装配图的识读方法。

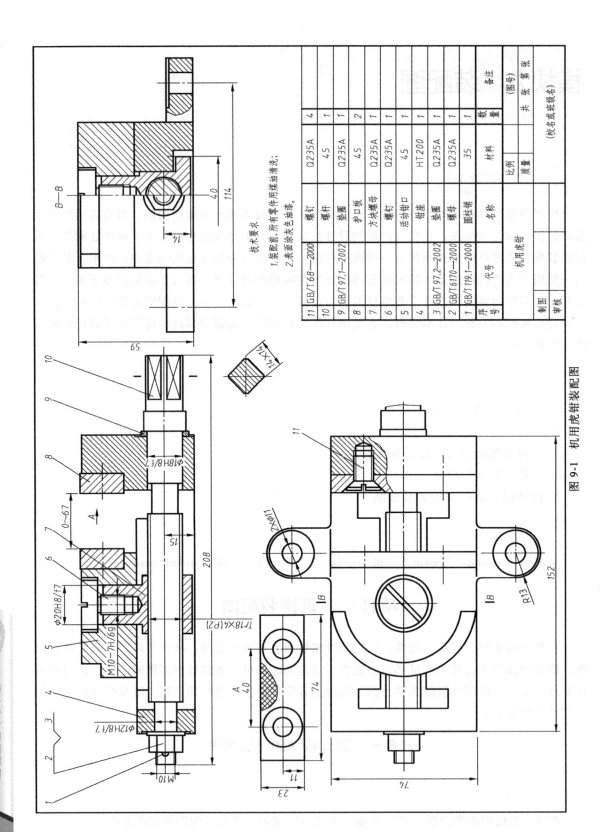

图 9-1 机用虎钳装配图

任务分析

机用虎钳是安装在机床工作台上，用于夹紧工件以便切削加工的一种通用夹具，共由11种零件组成。

 知识链接

一、装配图的内容

由图 9-1 可以看出，该装配图包括了以下四个方面的内容。

1. 一组视图

用一组图形正确、完全、清晰地表达机器或部件的工作原理、传动关系、装配关系和连接方式，以及零件的主要结构形状。

2. 必要尺寸

标注出反映机器或部件的规格（性能）尺寸、安装尺寸、零件之间的装配尺寸以及外形尺寸等。

3. 技术要求

用文字说明或标记代号指明机器（或部件）在装配、检验、调试、运输和安装等方面所需达到的技术要求。

4. 零件的序号、明细栏和标题栏

装配图中的零件编号、明细栏用于说明每个零件的名称、代号、数量和材料等。标题栏包括零部件名称、比例、绘图及审核人员的签名等。

二、装配图的规定画法

图样画法的规定在装配图中同样可以采用，但由于装配图和零件图表达的侧重点不同，因此装配图又有了一些规定画法，如图 9-2 所示。

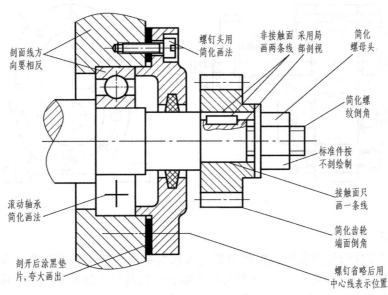

图 9-2　装配图的规定画法

1. 实心零件的画法

在装配图中,对于紧固件以及轴、连杆、球、键、销等实心零件,若按纵向剖切,且剖切平面通过其对称平面或轴线时,则这些零件均按不剖绘制。如果需要特别表明这些零件上的局部结构,如凹槽、键槽、销孔等,可用局部剖视表示。

2. 零件间接触面、配合面的画法

两相邻零件的接触面或配合面只用一条轮廓线表示,而对于未接触的两表面、非配合面(公称尺寸不同),用两条轮廓线表示。间隙很小或狭小剖面区域,可以夸大表示。

3. 剖面线的画法

相邻的两个金属零件,剖面线的倾斜方向应相反,或者方向一致而间隔不等,以示区别。同一零件在不同视图中的剖面线方向和间隔必须一致。剖面区域厚度小于2mm的图形可以以涂黑来代替剖面符号。

三、装配图的特殊画法

零件图的各种表示法(视图、剖视图、断面图)同样适用于装配图,但装配图着重表达装配体的结构特点、工作原理和各零件间的装配关系。针对这一特点,国家标准制定了表达机器或部件装配图的特殊画法。

1. 拆卸画法

在装配图中,可假想沿某些零件的接合面剖切,即将剖切平面与观察者之间的零件拆掉后再进行投射,此时在零件接合面上不画剖面线,但被剖切部分(如螺杆、螺钉等)必须画出剖面线。

当装配体上某些零件,其位置和基本连接关系等在某个视图上已经表达清楚时,为了避免遮盖某些零件的投影,在其他视图上可假想将这些零件拆去不画。如图9-3的左视图就是拆去端盖之后的投影。当需要说明时,可在所得视图上方注出"拆去×××"字样。

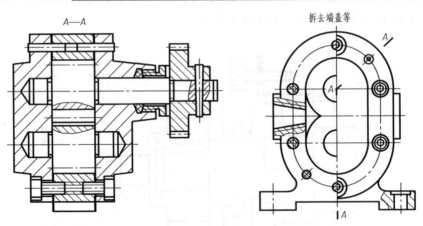

图 9-3 装配图的拆卸画法

2. 假想画法

部件中某些零件的运动范围和极限位置,可用细双点画线画出其轮廓。如图9-4所示,当齿轮板在位置Ⅰ时,齿轮2、3均不与齿轮4啮合;当其处于位置Ⅱ时,齿轮2与4啮合,传动路线为齿轮1-2-4;当其处于位置Ⅲ时,传动路线为齿轮1-2-3-4。由此可见,齿轮板的位置不同,齿轮4的转向和转速也不同。图中工作极限位置Ⅱ、Ⅲ均采用细双点画线画出。

对于与本部件有装配关系但不属于本部件的相邻零、部件，可用细双点画线画出，如图 9-4 中的主轴箱。

3. 展开画法

当轮系的各轴线不在同一平面内时，为了表达传动关系及各轴的装配关系，可假想用剖切平面按传动顺序将它们沿轴线剖开，然后将其展开画出图形，这种表达方法称为展开画法，如图 9-4 所示。这种展开画法，在表达机床的主轴箱、进给箱以及汽车的变速器等较复杂的变速装置时经常使用。

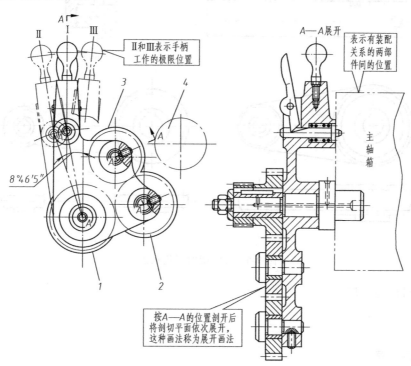

图 9-4 装配图的展开画法

4. 夸大画法

凡装配图中直径、斜度、锥度或厚度小于 2mm 的结构，如垫片、细小弹簧、金属丝等，可以不按实际尺寸画，允许在原来的尺寸上稍加夸大画出，如图 9-2 所示。实际尺寸大小应在该零件的零件图上给出。

5. 简化画法

对于重复出现且有规律分布的螺纹连接零件组、键连接等，可仅详细地画出一组或几组，其余只需用细点画线表示其位置即可，如图 9-5a 所示。零件的某些工艺结构，如圆角、倒角、退刀槽等在装配图中允许不画。螺栓头部和螺母也允许按简化画法画出，如图 9-5b 所示。

在装配图中，可用粗实线表示带传动中的带，如图 9-5c 所示，用细点画线表示链传动中的链，如图 9-5d 所示。

6. 单独表达某零件

在装配图上，如果需要将某一个零件的某个方向投影表达出来，可以单独画出某一零件的视图，但必须在所画视图上方注出该零件的视图名称，在相应视图附近用箭头指明投射方

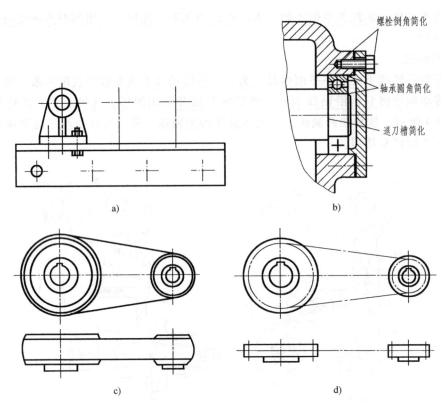

图 9-5 装配图的简化画法

向,并注上同样的字母。

一、概括了解

读图 9-1 所示机用虎钳装配图标题栏、明细栏和产品说明书等有关技术资料,了解到机用虎钳是机床上夹持工件的一种部件,它由 11 种零件组成,其最大夹持厚度为 67mm。

机用虎钳装配图视图共包括三个基本视图和一个局部视图、一个断面图。主视图采用了通过螺杆轴线的全剖视图,表达了机用虎钳的主要装配干线。左视图采用了局部剖视图,主要表达钳座的外部形状。俯视图除局部采用剖视画法表示钳座上的护口板连接外,主要是外形视图,表达机用虎钳俯视方向的总体轮廓。局部视图表达护口板的形状结构。断面图表达螺杆的断面结构。

二、了解工作原理和装配关系

工作原理:用扳手顺时针或逆时针方向旋转螺杆 10,使方块螺母 7 带动活动钳口 5 沿螺杆 10 轴向做水平直线运动,以夹紧或松开工件,从而进行切削加工。被夹工件厚度可在 0~67mm 范围内变化。

装配关系是首先将方块螺母 7 从钳座 4 下方空腔装入工字形槽内,再装入螺杆 10,并用垫圈 9、垫圈 3 以及螺母 2、圆柱销 1 将螺杆轴向固定;然后通过螺钉 6 将活动钳口 5 与方块螺母 7 连接;最后用螺钉 11 将两块护口板 8 分别与钳座 4 和活动钳口 5 连接。

三、分析零件，读懂零件结构形状

利用装配图特有的表达方法和投影关系，将零件的投影从重叠的视图中分离出来，从而读懂零件的基本结构形状和作用。

1）利用剖面线的方向和间距来分析。国标规定，同一零件的剖面线在各个视图上的方向和间距应一致。

2）利用规定画法来分析。如实心件在装配图中规定沿轴线剖开，不画剖面线，据此能很快地将螺钉、螺杆、圆柱销等区分出来。

3）利用零件序号，对照明细栏进行分析。

四、分析尺寸，了解技术要求

装配图中标注必要的尺寸，包括规格（性能）尺寸、装配尺寸、安装尺寸和总体尺寸。其中装配尺寸与技术要求有密切关系，应仔细分析。

例如机用虎钳装配图中标注的规格尺寸为 0～67mm；装配尺寸为 $\phi 20H8/f7$、$\phi 18H8/f7$、$\phi 12H8/f7$、$M10\text{-}7H/6g$；安装尺寸为地脚螺栓孔的尺寸 114mm；总体尺寸有 208mm、114mm、59mm。

技术要求是装配前，所有零件用煤油清洗；表面涂灰色油漆。

五、归纳总结

在以上分析的基础上，对整个装配体及其工作原理、连接、装配关系有了全面的认识，从而对其使用时的操作过程有了进一步的了解，图 9-6 所示为该机用虎钳的立体图。

图 9-6　机用虎钳立体图

任务二　根据装配图拆画零件图

在全面读懂图 9-1 所示机用虎钳装配图的基础上，按照零件图的内容和要求拆画 4 号件零件图。

由装配图拆画零件图，简称拆图，不仅是机械设计中的重要环节，而且也是考核读装配图效果的重要手段，是在看懂装配图的基础上进行的。拆图工作分为两种类型：一种是在部件测绘过程中拆图，另一种是在新产品设计过程中拆图。部件测绘中的拆图，可根据画好的装配图和零件草图进行；新产品设计中的拆图，只能根据装配图进行。

一、拆画零件图的要求

1）拆画前，应认真阅读装配图，全面深入了解设计意图，弄清工作原理、装配关系、技术要求和每个零件的结构形状。

2）画图时，不但要从设计方面考虑零件的作用和要求，而且要从工艺方面考虑零件的制造和装配，应使所画的零件图符合设计和工艺要求。

二、拆画零件图要处理的几个问题

1. 零件的分类

拆画零件图前，要对机器或部件中的零件进行分类处理，以明确拆画对象。按零件的不同情况可分为以下几类。

（1）标准零件　标准零件多数属于外购件，不需要画出零件图，只要按照标准零件的规定标记代号列出标准件的汇总表即可。

（2）借用零件　借用零件是借用定型产品上的零件。对于这类零件，可利用已有的图样，而不必另行画图。

（3）特殊零件　特殊零件是设计时所确定下来的重要零件，在设计说明书中都附有这类零件的图样或重要数据。

（4）一般零件　这类零件基本上是按照装配图所体现的形状、大小和有关的技术要求来画图，是拆画零件图的主要对象。

2. 对表达方案的确定

装配图的表达方案是从整个机器或部件的角度出发考虑的，重点是表达机器或部件的工作原理和装配关系。而零件图的表达方案是根据零件的结构形状特点考虑的，不强求与装配图一致。因此在拆画零件图时不应机械地照搬零件在装配图中的视图方案，而应重新考虑，一般应注意以下几点。

（1）主视图的选择　一般壳体、箱座类零件主视图的位置可以与装配图一致，这样装配机器时便于对照。

（2）其他视图的选择　根据零件的结构形状和复杂程度确定其他视图的数量和表达方法。

3. 对零件结构形状的处理

在装配图中，零件上某些局部结构往往未完全绘出，零件上某些标准结构也未完全表达。拆画零件图时，应结合考虑设计和工艺的要求，补画这些结构。如零件上某部分需要与某零件在装配时一起加工，则应在零件图上注明。

4. 对零件图上尺寸的处理

装配图上的尺寸往往不能完全确定零件的尺寸，但各零件结构形状的大小，已经过设计人员的考虑，基本上是合适的，因此根据装配图画零件图，可以从图样上按比例直接量取尺寸，尺寸的大小与注法根据不同情况分别处理。

（1）装配图已注出的尺寸　凡装配图中已注出的尺寸，都是比较重要的尺寸，这些尺寸数值可直接抄注在相应的零件图上。对于配合尺寸，某些相对位置尺寸要注出极限偏差值。

（2）标准结构尺寸　零件上一些标准结构（如倒角、圆角、退刀槽、螺纹、销孔、键槽等）的尺寸数值，应从有关标准或明细栏中查取，核对后进行标注。

（3）计算尺寸　零件图上的某些尺寸应根据装配图所给的数据进行计算后注写，如齿轮的分度圆、齿顶圆直径尺寸等，要经过计算，然后注写。

（4）其他尺寸　其他尺寸均从装配图中直接量取，根据绘图比例标注。但应注意尺寸数字的圆整和取标准化数值。

5. 零件表面粗糙度的确定

零件上各表面的表面粗糙度是根据其作用和要求确定的。一般接触面与配合面的表面粗糙度数值应较小；自由表面的表面粗糙度数值一般较大；有密封、耐蚀、美观等要求的表面粗糙度数值应较小。

6. 零件图上技术要求的确定

根据零件的作用，结合设计要求查阅有关手册或参考同类、相近产品的零件图来确定所拆画零件图上的表面粗糙度、公差配合、几何公差等技术要求。

钳座零件图如图9-7所示。

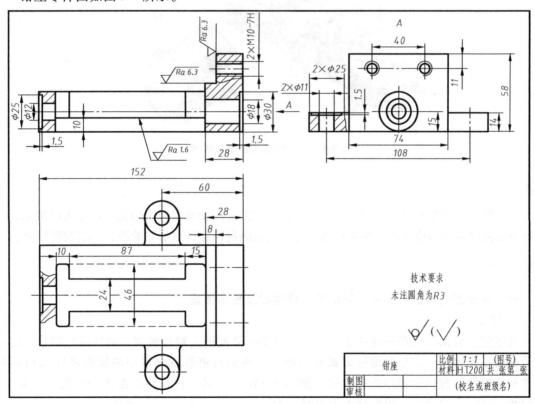

图9-7　钳座零件图

项目二　绘制装配图

装配图的作用是表达机器或部件的工作原理、装配关系以及主要零件的结构、形状，因此在画装配图以前，要对所绘制的机器或部件的工作原理、装配关系以及主要零件的结构、零件与零件之间的相对位置、定位方式等做仔细分析。

任务　绘制滑动轴承装配图

根据图 9-8 所示滑动轴承的轴测分解图，绘制滑动轴承装配图。

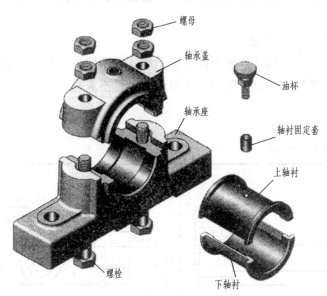

图 9-8　滑动轴承的轴测分解图

▶ 任务分析

滑动轴承是支撑旋转轴的部件。工作时，通过油杯向轴承盖和上轴瓦油孔注入润滑油，使之顺着轴瓦内壁的油槽进入轴颈和轴瓦之间，随轴的高速旋转而形成油膜，不断润滑转轴。

▶ 知识链接

一、装配图的零部件序号、明细栏、标题栏及技术要求

1. 序号

为了便于看图、管理图样和组织生产，需要在装配图上对每种零、部件进行编号，这种编号称为零件序号。常用的编号方式有两种：一种是对机器或部件中的所有零件（包括标准件和专用件）按一定顺序进行编号，如图 9-9 所示；另一种是将装配图中标准件的数量、标记按规定标注在图上，标准件不占编号，而对非标准件（即专用件）按顺序进行编号。

装配图中零、部件序号的通用编写方法有以下几种：

1）在指引线末的基准线（细实线）上或圆（细实线圆）内注写序号，序号字高比装配图中所注尺寸数字高度大一号或两号，如图 9-9a、图

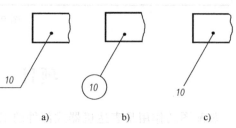

图 9-9　零部件序号的表示方法

9-9b 所示。

2) 在指引线附近注写序号,序号字高比该装配图中所注尺寸数字高度大两号,如图 9-9c 所示。

3) 同一装配图中编注序号的形式应一致。相同的零、部件用一个序号,一般只标注一次。对多处出现的相同的零部件,必要时也可重复标注。

4) 指引线应由所指零件投影的可见轮廓内引出,并在末端画一圆点,如图 9-9 所示。若所指零件的投影内不便画圆点(零件太薄或涂黑的剖面区域)时,可在指引线的末端画出箭头,并指向该部分的轮廓,如图 9-10 所示。

5) 指引线不能相互交叉。通过有剖面线的区域时,指引线不能与剖面线平行。必要时允许将指引线画成折线,但只允许转折一次。

6) 一组紧固件以及装配关系清楚的标准化组件(如油杯、滚动轴承、电动机等),可以采用公共指引线,如图 9-11 所示。

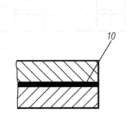

图 9-10 用箭头代替圆点

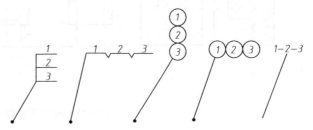

图 9-11 组件序号的表示法

7) 装配图中的序号应按水平或竖直方向排列整齐。序号的顺序应按顺时针或逆时针方向顺次排列,尽可能均匀分布。

8) 同一装配图编注序号的形式应一致。

2. 标题栏和明细栏

标题栏格式由前述的 GB/T 10609.1—2008 确定,明细栏则按 GB/T 10609.2—2009 规定绘制。各工厂企业有时也有各自的标题栏、明细栏格式,本书推荐的装配图作业格式如图 9-12 所示。

绘制和填写标题栏、明细栏时应注意以下问题。

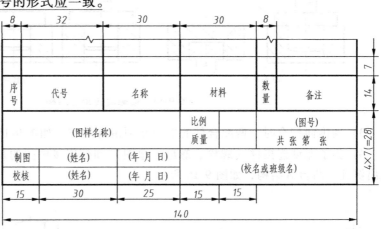

图 9-12 标题栏和明细栏

1) 明细栏和标题栏的分界线是粗实线;外框的竖线是粗实线,内框线均为细实线(包括明细栏最上边一条横线)。

2) 明细栏中的序号应自下而上顺序填写,如向上延伸位置不够,可以在标题栏紧靠左边的位置上自下而上延续。

3) 标准件的国标代号可写入"代号"栏。

3. 技术要求

用文字说明机器或部件的装配、安装、检验、运转和使用的技术要求，包括表达装配方法，对机器或部件工作性能的要求，检验、试验的方法和条件，包装、运输、操作及维修保养应注意的问题等。

二、常见的装配工艺结构

为使零件合理装配，并给零件的加工和拆卸带来方便，应设计合理的装配工艺结构。

1. 接触面及配合面

1）两零件接触时在同一个方向上只能有一个接触面，这样既可满足装配要求，又可降低加工要求，如图 9-13 所示。

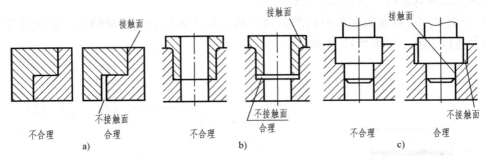

图 9-13　两零件接触面画法

2）当轴孔配合、且轴肩与孔的端面相互接触时，应在接触端面制成倒角、倒圆或退刀槽，以保证良好的接触，如图 9-14 所示。

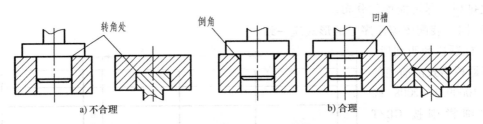

图 9-14　接触面转角处结构

3）两锥面配合时，两配合件的端面必须留有间隙，如图 9-15 所示。

4）为了保证连接件（螺栓、螺母、垫圈）和被连接件间的良好接触，应在被连接件上做出沉孔、凸台等结构，如图 9-16 所示。

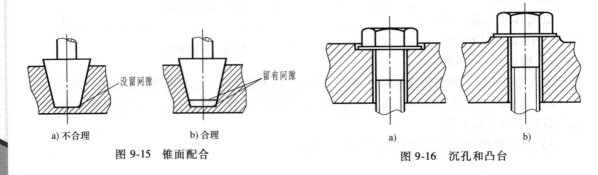

图 9-15　锥面配合　　　　　　　　图 9-16　沉孔和凸台

5）较长的接触平面或圆柱面应制出凹槽，以减少加工面积，如图 9-17 所示。

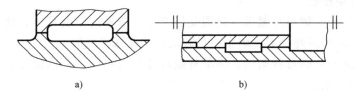

图 9-17 凹槽

2. 螺纹连接的合理结构和防松结构

（1）螺纹连接的合理结构　螺纹连接是机器上最常用的连接结构。为了保证便于装配、螺纹旋紧和拆装，通常应对螺纹连接进行如下设计。

1）为保证螺纹拧紧，螺杆上螺纹终止处应制出退刀槽，如图 9-18a 所示，或在螺孔上制出凹坑或倒角，如图 9-18b 和图 9-18c 所示。

2）螺纹的大径应小于定位柱面的直径，如图 9-18d 所示。

3）螺钉头与沉孔之间的间隙应大于螺杆与螺孔之间的间隙，如图 9-18e 所示。

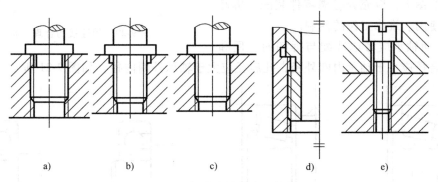

图 9-18 螺纹连接的合理结构

（2）螺纹连接的防松结构　机器运转时，由于受到振动或冲击，螺纹连接可能发生松动，有时甚至造成严重事故。因此，在某些机构中需要防松。下面是几种常用的防松结构，如图 9-19 所示。

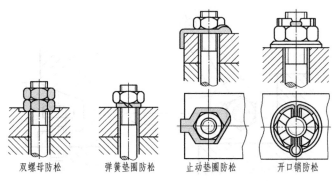

图 9-19 螺纹连接的防松结构

1）双螺母防松：依靠拧紧后在两螺母之间产生的轴向力，使螺母与螺栓之间的摩擦力增大而防止螺母自动松脱。

2）弹簧垫圈防松：螺母拧紧后，垫圈受压变平，依靠这个变形力，使螺母与螺栓之间的摩擦力增大，同时垫圈开口刃可阻止螺母转动而防止螺母松脱。

3）止动垫圈防松：螺母拧紧后，将单耳或双耳止动垫圈分别向螺母和被连接件侧面折弯贴紧，即可将螺母锁住。

4）开口销防松：六角开槽螺母拧紧后，将开口销穿入螺栓尾部小孔和螺母的槽内，并将开口销尾部，撑开与螺母侧面贴紧，即可防止螺母松动。

3. 定位销的合理结构

为了保证重装后两零件间的相对位置和精度，常采用圆柱销或圆锥销定位。定位销一般用两个，并配置在配合零件的两端对角位置。在条件允许时，销孔一般应制成通孔，以便拆装和加工，如图9-20所示。

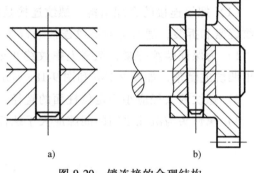

图 9-20 销连接的合理结构

4. 装配与拆卸的合理结构

在装配图上，应充分考虑零件装配、拆卸的可能和使用、维修工作的便利。

1）滚动轴承应考虑装配与拆卸的方便和可能，轴肩径应小于轴承内圈外径，孔肩径应大于轴承外圈内径，如图 9-21 所示。

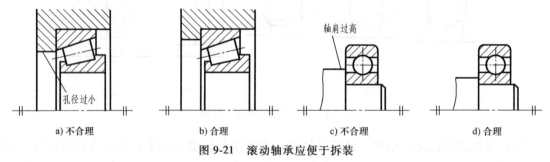

图 9-21 滚动轴承应便于拆装

2）应注意留出装、拆螺栓、螺钉等紧固件的活动空间：一是留出扳手的转动余地；二是要有装、拆的空间，如图 9-22 所示。

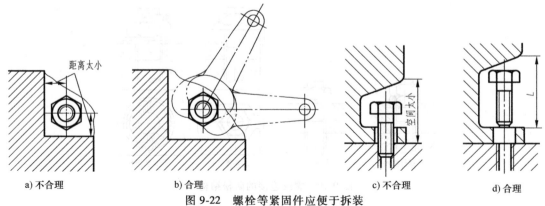

图 9-22 螺栓等紧固件应便于拆装

3）在零件上加衬套，应便于拆卸，设计成图 9-23a 所示的形式，在更换套筒时很难拆卸。若改成图 9-23b 那样在箱壁上钻几个螺纹孔，拆卸时就可用螺钉将套筒顶出。

5. 密封装置

（1）垫片、密封圈密封　为防止流体沿零件接合面向外渗漏，常在两零件之间加垫片或密封圈进行密封，如图 9-24a 所示。

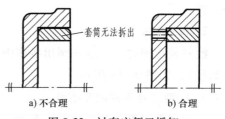

图 9-23　衬套应便于拆卸

（2）填料密封　为防止流体沿阀杆与阀体的间隙溢出，在阀体的空腔内装有填料，当压紧填料压盖时，就起到了防漏密封作用。注意：轴与填料压盖之间应留有间隙，以免转动时产生摩擦，如图 9-24b 所示。

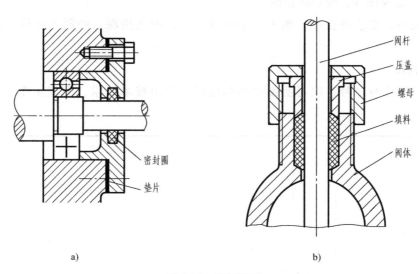

图 9-24　密封装置

一、确定表达方案

装配图中的主视图一般将机器或部件按工作位置放置，当工作位置倾斜时应放正。滑动轴承的主视图按工作位置选取，以表达各零件之间的装配关系，同时也表达了主要零件的结构形状。由于结构对称，主视图采用半剖，既清楚地表达了轴承座与轴承盖由螺栓连接和止口位置的装配关系，也表达了轴承座与轴承盖的外形结构。俯视图采用沿轴承盖和轴承座接合面剖切的表示方法，其作用除了表达下轴瓦与轴承座的关系外，主要表达滑动轴承的外形。

二、画图步骤

1. 选比例、定图幅

根据滑动轴承的实际大小和结构复杂程度，选择合适的比例和图幅。确定图幅和布图时，除了考虑各视图的位置外，还要考虑标题栏、明细栏、零件序号、标注尺寸、技术要求的位置。

2. 布置视图

绘制装配图时，一般先画出各视图的作图基准线（对称中心线、主要轴线和底座的底面基线），如图 9-25a 所示。

3. 绘制主要零件的轮廓线

从主视图入手，几个视图一起画，这样可以提高绘图速度，减少作图误差，如图 9-25b 所示。

4. 画结构细节，完成图形底稿

画完主要零件的基本轮廓线之后，可继续绘制零件的详细结构，如油杯、螺栓连接、润滑油槽等，如图 9-25c 所示。

5. 检查、加深图线，绘制剖面线

底稿画完后，要检查校核，擦去多余图线，进行图线描深，绘制剖面线，如图 9-25d 所示。

6. 完成视图

标注尺寸，注写序号，填写明细栏和标题栏，写出技术要求，完成全图，如图 9-25e 所示。

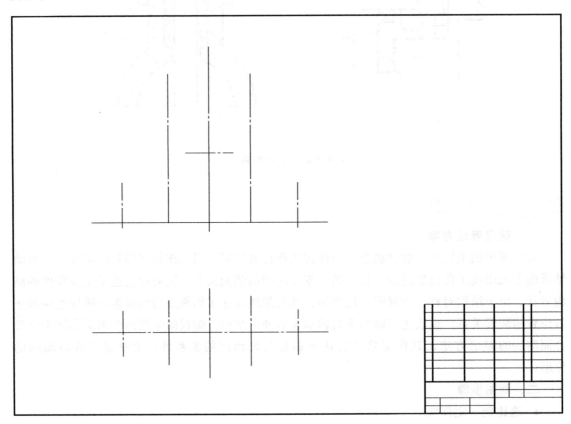

a)

图 9-25 滑动轴承装配图的作图步骤

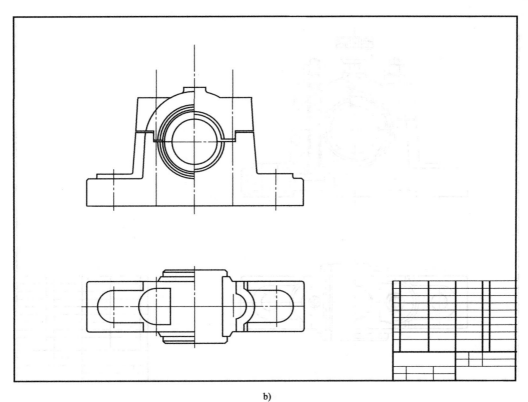

b)

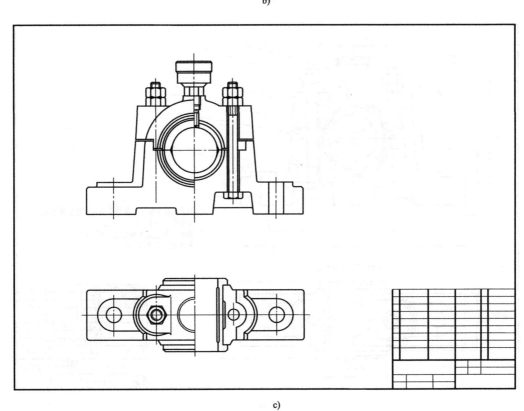

c)

图 9-25 滑动轴承装配图的作图步骤（续）

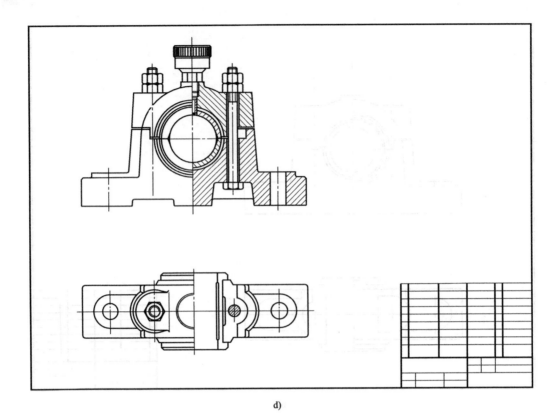

图 9-25 滑动轴承装配图的作图步骤（续）

项目三　用 AutoCAD 绘制装配图

任务　用 AutoCAD 绘制滑动轴承装配图

绘制图 9-25e 所示滑动轴承的装配图。

图 9-25e 所示的滑动轴承装配图是在已经绘制了零件图的基础上，将零件及标准件组合成装配图，绘图时，先插入零件图及标准件，然后标注零件序号并填写明细表。

一、创建 A2 模板

打开 AutoCAD 2016，设置绘图界限，启动"图层特性管理器"新建图层，设置线型、线宽、颜色，创建文字样式、标注样式，绘制图框、标题栏，设置完毕后将其保存成 A2 样板文件，如图 9-26 所示。

单击"文件"/"新建"命令，在弹出的"选择样板"对话框中选用"A2 模板"，单击"打开"即可开始新图形的创建。

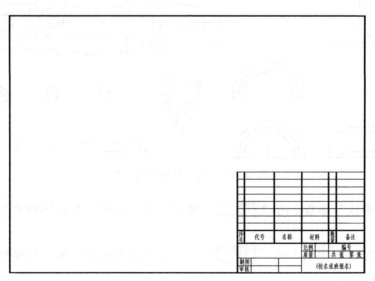

图 9-26　A2 样板文件

二、插入零件图

单击"块"面板上的"　"按钮，将教学资源文件"9-1 滑动轴承座.dwg""9-2 滑动轴承下轴衬.dwg""9-3 滑动轴承盖.dwg""9-4 滑动轴承上轴衬.dwg""9-5 轴衬固定套.dwg""9-6 螺栓.dwg""9-7 螺母.dwg""9-8 油杯.dwg"插入到当前图形文件中，其中插入轴衬固定套、螺母的比例为0.5，插入其他图形的比例均为1。在"插入"对话框中均勾选"分解"复选框。

三、编辑零件图

1）单击"修改"面板上的"✎"按钮，删除零件图中无用的对象。

① 零件图中需要删除的对象有：边界线、边框、标题栏、表面粗糙度、技术要求，以及绝大部分尺寸。

② 滑动轴承盖零件图中保留两个通孔的定位尺寸，俯视图只保留一半，但将两个整圆和螺纹圆删除。

③ 滑动轴承座零件图中保留两个视图及总长尺寸、两个通孔的尺寸及其定位尺寸。

④ 上轴衬零件图只保留左视图，下轴衬零件图只保留两个视图。

⑤ 轴衬固定套只保留主视图。

⑥ 3个标准件的尺寸全部删除，六角螺母图形中的剖视图删除。

结果如图9-27所示。

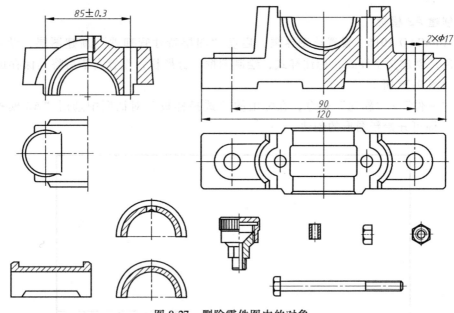

图9-27　删除零件图中的对象

2）单击"修改"面板上的"🔺镜像"按钮，做下轴衬两个视图的水平镜像，即两个视图翻转180°。

3）单击"修改"面板上的"🔄旋转"按钮，将六角头螺栓和六角螺母的图形各旋转90°，如图9-28所示。

四、拼装滑动轴承主视图

1）单击"修改"面板上的"✣移动"按钮，调整滑动轴承盖和滑动轴承座的主视图、上轴衬和下轴衬的左视图、上轴衬固定套、六角头螺栓、六角螺母、油杯的位置，使这几个图形能在绘图区内同时显示，如图9-29所示。

2）单击"修改"面板上的"🗐复制"按钮，复制下轴衬，使其和上轴衬组成一个完整的轴衬，如图 9-30 所示。复制的基点为下轴衬同心半圆的圆心，复制的第 2 点为上轴衬同心半圆的圆心。保留下轴衬的原图形备用。

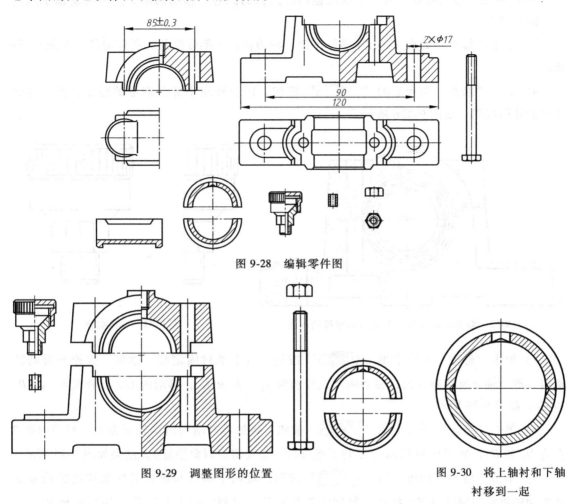

图 9-28　编辑零件图

图 9-29　调整图形的位置　　　　　　　　　图 9-30　将上轴衬和下轴衬移到一起

3）单击"修改"面板上的"移动"按钮，将上、下轴衬和滑动轴承座移到一起，如图 9-31 所示，移动的基点为上、下轴衬同心圆的圆心，移动的第 2 点为滑动轴承座同心半圆的圆心。

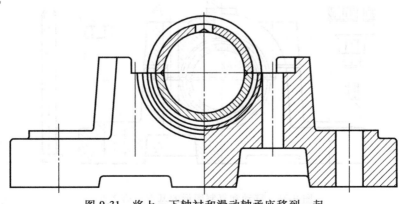

图 9-31　将上、下轴衬和滑动轴承座移到一起

4) 单击"修改"面板上的" 移动 "按钮,将滑动轴承盖和滑动轴承座移到一起,如图 9-32 所示。移动的基点为滑动轴承盖同心圆弧的圆心,移动的第 2 点为滑动轴承座同心半圆的圆心。

5) 单击"修改"面板上的" "按钮,将油杯右半部分剖开的图形删除,如图 9-33a 所示。

6) 单击"修改"面板上的" 镜像 "按钮,做油杯左半部分图形的竖直镜像,得到油杯的外形视图,如图 9-33b 所示。

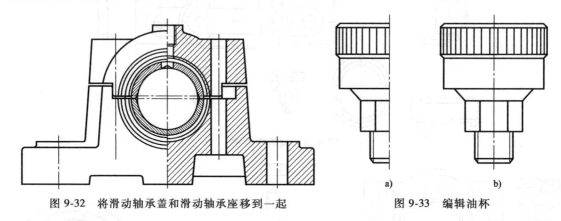

图 9-32 将滑动轴承盖和滑动轴承座移到一起　　图 9-33 编辑油杯

7) 单击"修改"面板上的" 移动 "按钮,将上轴衬固定套、油杯、螺栓与滑动轴承盖、滑动轴承座移到一起,移动的基点分别为 A_1、B_1 和 C_1,移动的第 2 点分别为 A_2、B_2 和 C_2,如图 9-34 所示。

8) 单击"修改"面板上的" 复制 "按钮,将螺母复制到滑动轴承盖上,复制的第 2 点为 D_2 和 D_3,如图 9-34 所示(复制了螺母后,需要将源对象删除)。结果如图 9-35 所示。

9) 单击"修改"面板上的" 复制 "按钮,将两个螺母和螺栓的外螺纹轮廓线复制到滑动轴承盖左侧竖直点画线处,复制的基点为 E_1,复制的第 2 点为 E_2,如图 9-36 所示。

10) 单击"修改"面板上的" 修剪 "按钮和" "按钮,修剪和删除多余的和不可见的轮廓线。

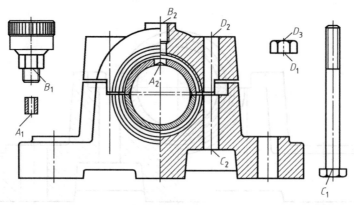

图 9-34 移动和复制图形的基点、第 2 点

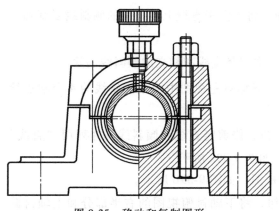

图 9-35 移动和复制图形

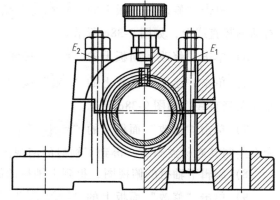

图 9-36 复制螺母和螺栓的外螺纹轮廓线

11) 单击"修改"面板上的" "按钮,删除滑动轴承盖内螺纹的粗实线和细实线,按照内、外螺纹旋合的规定画法,利用"直线"命令对其进行重新绘制。

12) 将重合在一起的点画线删除,只保留其中一条,并将保留的点画线拉长。

13) 将滑动轴承盖、滑动轴承座、上轴衬、下轴衬和上轴承固定套的剖面线删除,单击"绘图"面板上的" "按钮,重新绘制剖面线。填充图案均选择 ANSI37,角度和比例分别为 90°和 1.25、0°和 1.25、0°和 1、90°和 1、0°和 0.5。完成滑动轴承的主视图,如图 9-37 所示。

五、拼装滑动轴承俯视图

1) 单击"修改"面板上的" 旋转"按钮,将下轴衬主视图(已做水平镜像)旋转 90°。

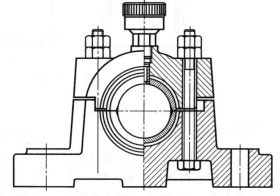

图 9-37 完成滑动轴承的主视图

2) 单击"修改"面板上的" 移动"按钮,将旋转后的下轴衬主视图移到其左视图的正下方,即其右侧竖直轮廓线处于左视图竖直中心线的延长线上,如图 9-38a 所示。

3) 单击"修改"面板上的" 镜像"按钮,做图 a 中下方图形的竖直镜像,如图 9-38b 所示。

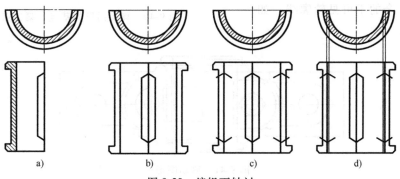

图 9-38 编辑下轴衬

4）单击"修改"面板上的" 复制 "按钮，将中间竖直线上的相交的倾斜线复制到左右两侧竖直线上，如图 9-38c 所示。

5）单击"修改"面板上的" "按钮，将中间竖直线和相交的倾斜线删除。

6）单击"绘图"面板上的" "按钮，过下轴衬左视图中两条倾斜线的 4 个端点绘制 4 条竖直线，如图 9-38d 所示。

7）单击"修改"面板上的" 修剪 "按钮，修剪竖直线和倾斜线，并列用"直线"命令绘制其对称点画线，得到下轴衬的俯视图，如图 9-39a 所示。

8）编辑下轴衬的俯视图，得到上轴衬的俯视图，如图 9-39b 所示。

9）单击"修改"面板上的" 移动 "按钮，将下轴衬俯视图的右半部分和上轴衬俯视图的左半部分拼装在一起，得到两个轴衬在滑动轴承俯视图中的投影，如图 9-39c 所示。

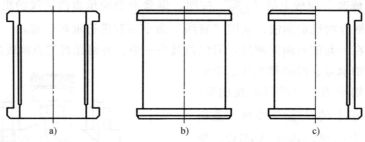

图 9-39 拼装上、下轴衬俯视图

10）单击"修改"面板上的" 移动 "按钮，将螺母俯视图、滑动轴承左俯视图、上下轴衬俯视图、滑动轴承座俯视图移到一起，移到的基点分别为 F_1、G_1 和 H_1，移动的第 2 点为 F_2、G_2 和 H_2，如图 9-40 所示。图中将滑动轴承座左半部分图形中的一些轮廓线删除，如图 9-41 所示。

11）单击"修改"面板上的" 修剪 "按钮和" "按钮，修剪和删除多余的不可见轮廓线，如图 9-42 所示。

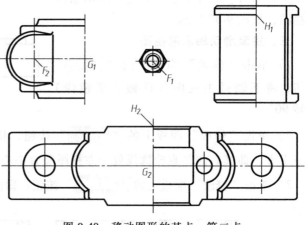

图 9-40 移动图形的基点、第二点

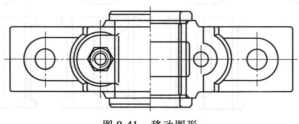

图 9-41 移动图形

12) 单击"绘图"面板上的"○"按钮,以俯视图的两条对称点画线的交点为圆心绘制半径为 19.1mm 和 17.7mm 的同心圆,以直径为 13mm 的圆的圆心为圆心,绘制直径为 12mm 的圆。

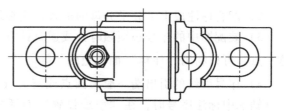

图 9-42 修剪和删除多余的轮廓线

13) 单击"修改"面板上的" 修剪 "按钮,将绘制的同心圆的右半部分删除,得到油杯在滑动轴承俯视图中的投影。

14) 单击"绘图"面板上的" "按钮,在直径为 12mm 的圆内绘制剖面线,填充图案均选择 ANSI37,角度和比例分别为 0°和 0.75,得到螺栓的剖切面。

15) 单击"修改"面板上的" "按钮,将螺母 3/4 细实线圆闭合。

16) 将细实线圆的图层修改为"粗实线"层,将与细实线圆同心的圆的图层修改为"细实线"层。

17) 单击"修改"面板上的" "按钮,将细实线圆打断为 3/4 圆,得到螺栓在俯视图中的投影。

完成滑动轴承的俯视图,如图 9-43 所示。

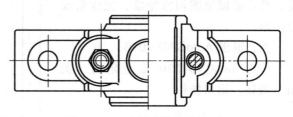

图 9-43 完成滑动轴承的俯视图

六、标注尺寸和序号

1) 滑动轴承装配图中标注的尺寸和零件的序号如图 9-44 所示。

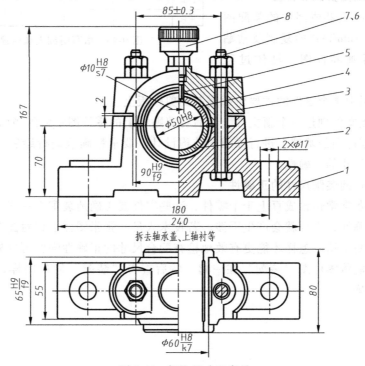

图 9-44 标注尺寸和序号

2）配合标注成上下分子分母的形式，这必须使用标注命令中的"多行文字"选项。

3）装配图中的序号必须顺时针或逆时针方向排列，且应上下对正、左右对齐，要做到这一点，可以利用"注释"面板上的""命令。

4）序号引线的引出端一般为圆点或箭头（箭头应用于标注非金属的薄板类零件），在滑动轴承中标注序号时，在"引线设置"对话框中将箭头的样式设置为"小点"即可。

七、输入技术要求、填写明细表和标题栏

1）滑动轴承装配图中的技术要求如图 9-45 所示，利用"多行文字"命令输入即可。

2）滑动轴承装配图中明细表和主标题栏如图 9-46 所示，利用"单行文字"命令输入即可。

技术要求

1. 上下轴衬与轴承座及轴承盖应保证接触良好。
2. 轴衬最大压力 $P \leqslant 30$ MPa。
3. 轴衬与轴颈最大线速度 $V \leqslant 8$ m/s。
4. 轴承温度低于 120℃。

图 9-45 输入技术要求

八、保存

完成滑动轴承的装配图，整理图形使其符合机械制图国家标准，完成后保存图形。

九、退出 AutoCAD 2016

单击 AutoCAD 2016 右上角的"关闭"按钮，退出操作。

8	GB/T 1154—1989	油杯		1	A14
7	GB/T 6170—2000	螺母		4	M12
6	GB/T 8—2000	螺栓		2	M12×120
5		轴衬固定套	Q235-A	1	
4		上轴衬	AQl 9-4	1	
3		滑动轴衬盖	HT150	1	
2		下轴衬	AQl 9-4	1	
1		滑动轴承座	HT150	1	
序号	代号	名称	材料	数量	备注
滑动轴承			比例	1:1	（图号）
			质量		共 张 第 张
制图				（校名或班级名）	
审核					

图 9-46 填写明细表和标题栏

知识拓展

一、根据装配图拆画零件图

绘制了精确的机器或部件的装配图后，就可以利用 AutoCAD 的复制及粘贴功能，从该图拆画零件图，具体过程如下：

1）将结构图中某个零件的主要轮廓复制到剪贴板上。

2）通过样板文件创建一个新文件，然后将剪贴板上的零件图粘贴到当前文件中。

3）在已有零件图的基础上进行详细的结构设计，要求精确地进行绘制，以便以后利用零件图检验装配尺寸的正确性。

二、检验零件间装配尺寸的正确性

复杂机器设备常常包含成百上千个零件，这些零件要正确地装配在一起，就必须保证所有配合尺寸的正确性，否则就会产生干涉。若技术人员一张张图样去核对配合尺寸，则工作量非常大，且容易出错。怎样才能更有效地检查配合尺寸的正确性呢？可以先通过 AutoCAD 的复制及粘贴功能将零件图"装配"在一起，然后查看"装配"后的图样，就能迅速判定配合尺寸是否正确。

附录

附录A 螺 纹

表 A-1　普通螺纹直径、螺距与公差带（摘自 GB/T 193—2003）　　　（单位：mm）

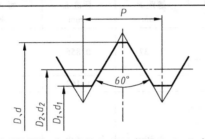

D——内螺纹大径（公称直径）
d——外螺纹大径（公称直径）
D_2——内螺纹中径
d_2——外螺纹中径
D_1——内螺纹小径
d_1——外螺纹小径
P——螺距

标记示例：
M16-6e（粗牙普通外螺纹、公称直径 d=M16、螺距 P=2mm、中径及大径公差带均为 6e、中等旋合长度、右旋）
M20×2-6G-LH（细牙普通内螺纹、公称直径 D=M20、螺距 P=2mm、中径及小径公差带均为 6G、中等旋合长度、左旋）

公称直径（D、d）			螺距（P）	
第一系列	第二系列	第三系列	粗牙	细牙
4	—	—	0.7	0.5
5	—	—	0.8	
6	—	—	1	0.75
—	7	—		
8	—	—	1.25	1、0.75
10	—	—	1.5	1.25、1、0.75
12	—	—	1.75	1.25、1
—	14	—	2	1.5、1.25、1
—	—	15	—	1.5、1
16	—	—	2	
—	18	—	2.5	2、1.5、1
20	—	—	2.5	
—	22	—	2.5	
24	—	—	3	
—	—	25	—	
—	27	—	3	
30	—	—	3.5	(3)、2、1.5、1
—	33	—	3.5	(3)、2、1.5
—	—	35	—	1.5
36	—	—	4	3、2、1.5
—	39	—	4	

螺纹种类	精度	外螺纹的推荐公差带			内螺纹的推荐公差带		
		S	N	L	S	N	L
普通螺纹	中等	(5g6g) (5h6h)	*6e *6f *6g 6h	(7e6e) (7g6g) (7h6h)	*5H (5G)	*6H *6G	*7H (7G)
	粗糙	—	(8e) 8g	(9e8e) (9g8g)	—	7H (7G)	8H (8G)

注：1. 优先选用第一系列，其次是第二系列，第三系列尽可能不用；括号内尺寸尽可能不用。
　　2. 大量生产的紧固件螺纹，推荐采用带方框的公差带；带 * 的公差带优先选用，括号内的公差带可能不用。
　　3. 两种精度选用原则：中等——一般用途；粗糙——当对精度要求不高时采用。

表 A-2 管螺纹

55°密封管螺纹(摘自 GB/T 7306.1、7306.2—2000)　　　　55°非密封管螺纹(摘自 GB/T 7307—2001)

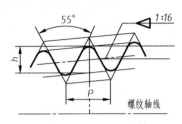 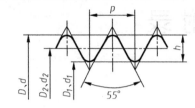

标记示例：
R₁1/2(尺寸代号 1/2,与圆柱内螺纹相配合的右旋圆锥外螺纹)
Rc 1/2LH(尺寸代号 1/2,左旋圆锥内螺纹)

标记示例：
G1/2LH(尺寸代号 1/2,左旋内螺纹)
G1/2A(尺寸代号 1/2,A 级右旋外螺纹)

尺寸代号	大径 d、D /mm	中径 d_2、D_2 /mm	小径 d_1、D_1 /mm	螺距 P /mm	牙高 h /mm	每 25.4mm 内的牙数 n
1/4	13.157	12.301	11.445	1.337	0.856	19
3/8	16.662	15.806	14.950	1.337	0.856	19
1/2	20.955	19.793	18.631	1.814	1.162	14
3/4	26.441	25.279	24.117	1.814	1.162	14
1	33.249	31.770	30.291	2.309	1.479	11
1¼	41.910	40.431	38.952	2.309	1.479	11
1½	47.803	46.324	44.845	2.309	1.479	11
2	59.614	58.135	56.656	2.309	1.479	11
2½	75.184	73.705	72.226	2.309	1.479	11
3	87.884	86.405	84.926	2.309	1.479	11

附录 B　常用标准件

表 B-1　六角头螺栓　　　　　　　　　　　　(单位:mm)

六角头螺栓　C 级(摘自 GB/T 5780—2016)　　　　六角头螺栓　全螺纹　C 级(摘自 GB/T 5781—2016)

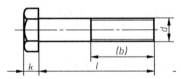 

标记示例：
　螺栓　GB/T 5780　M20×100(螺纹规格为 M20、公称长度 l=100mm、性能等级为 4.8 级、表面不经处理、产品等级为 C 级的六角头螺栓)

螺纹规格 d		M5	M6	M8	M10	M12	M16	M20	M24	M30	M36	M42
b 参考	$l_{公称}$≤125	16	18	22	26	30	38	46	54	66	—	—
	125<$l_{公称}$≤200	22	24	28	32	36	44	52	60	72	84	96
	$l_{公称}$>200	35	37	41	45	49	57	65	73	85	97	109
$k_{公称}$		3.5	4.0	5.3	6.4	7.5	10	12.5	15	18.7	22.5	26
s_{max}		8	10	13	16	18	24	30	36	46	55	65
e_{min}		8.63	10.89	14.2	17.59	19.85	26.17	32.95	39.55	50.85	60.79	71.3
l 范围	GB/T 5780	25~50	30~60	40~80	45~100	55~120	65~160	80~200	100~240	120~300	140~360	180~420
	GB/T 5781	10~50	12~60	16~80	20~100	25~120	30~160	40~200	50~240	60~300	70~360	80~420
$l_{公称}$		10、12、16、20~65(5 进位)、70~160(10 进位)、180,200,220~420(20 进位)										

表 B-2　1 型六角螺母　C 级（摘自 GB/T 41—2016）　　　　（单位：mm）

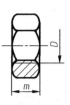 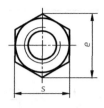

标记示例：
螺母　GB/T 41—2016　M10
（螺纹规格为 M10、性能等级为 5 级、表面不经处理、产品等级为 C 级的 1 型六角螺母）

螺纹规格 D	M5	M6	M8	M10	M12	M16	M20	M24	M30	M36	M42	M48	M56
s_{max}	8	10	13	16	18	24	30	36	46	55	65	75	85
e_{min}	8.63	10.89	14.20	17.59	19.85	26.17	32.95	39.55	50.85	60.79	71.3	82.6	93.56
m_{max}	5.6	6.4	7.9	9.5	12.2	15.9	19	22.3	26.4	31.9	34.9	38.9	45.9

表 B-3　垫圈　　　　（单位：mm）

平垫圈　A 级（摘自 GB/T 97.1—2002）　　　　　　　平垫圈　C 级（摘自 GB/T 95—2002）
平垫圈　倒角型　A 级（摘自 GB/T 97.2—2002）　　　标准型弹簧垫圈（摘自 GB/T 93—1987）

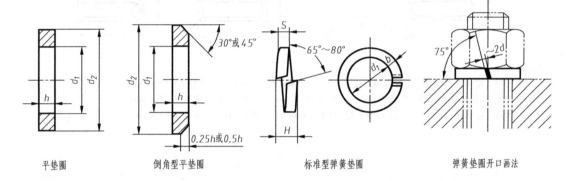

平垫圈　　　　　倒角型平垫圈　　　　标准型弹簧垫圈　　　弹簧垫圈开口画法

标记示例：
　垫圈　GB/T 95　8-100HV（标准系列、公称规格 8mm、硬度等级为 100HV、不经表面处理、产品等级为 C 级的平垫圈）
　垫圈　GB/T 93　10（规格 10mm、材料为 65Mn、表面氧化的标准型弹簧垫圈）

公称尺寸 d（螺纹规格）		4	5	6	8	10	12	16	20	24	30	36	42	48
GB/T 97.1—2002（A 级）	d_1	4.3	5.3	6.4	8.4	10.5	13	17	21	25	31	37	45	52
	d_2	9	10	12	16	20	24	30	37	44	56	66	78	92
	h	0.8	1	1.6	1.6	2	2.5	3	3	4	4	5	8	8
GB/T 97.2—2002（A 级）	d_1	—	5.3	6.4	8.4	10.5	13	17	21	25	31	37	45	52
	d_2	—	10	12	16	20	24	30	37	44	56	66	78	92
	h	—	1	1.6	1.6	2	2.5	3	3	4	4	5	8	8
GB/T 95—2002（C 级）	d_1	4.5	5.5	6.6	9	11	13.5	17.5	22	26	33	39	45	52
	d_2	9	10	12	16	20	24	30	37	44	56	66	78	92
	h	0.8	1	1.6	1.6	2	2.5	3	3	4	4	5	8	8
GB/T 93—1987	d_1	4.1	5.1	6.1	8.1	10.2	12.2	16.2	20.2	24.5	30.5	36.5	42.5	48.5
	$S=b$	1.1	1.3	1.6	2.1	2.6	3.1	4.1	5	6	7.5	9	10.5	12
	H	2.75	3.25	4	5.25	6.5	7.75	10.25	12.5	15	18.75	22.5	26.25	30

注：1. A 级适用于精装配系列，C 级适用于中等装配系列。
　　2. C 级垫圈没有 $Ra3.2\mu m$ 和去毛刺的要求。

表 B-4 平键及键槽各部尺寸（摘自 GB/T 1095—2003、GB/T 1096—2003）

（单位：mm）

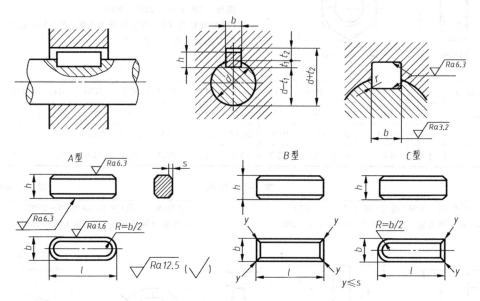

标记示例：

GB/T 1096 键 16×10×100（普通 A 型平键、宽度 b=16mm、高度 h=10mm、长度 L=100mm）

GB/T 1096 键 B16×10×100（普通 B 型平键、宽度 b=16mm、高度 h=10mm、长度 L=100mm）

GB/T 1096 键 C16×10×100（普通 C 型平键、宽度 b=16mm、高度 h=10mm、长度 L=100mm）

键		键 槽										
键尺寸 $b×h$	标准长度范围 L	宽度 b						深度				半径 r
		基本尺寸 b	极限偏差					轴 t_1		毂 t_2		
			正常联结		紧密联结	松联结		基本尺寸	极限偏差	基本尺寸	极限偏差	
			轴 N9	毂 JS9	轴和毂 P9	轴 H9	毂 D10					最小	最大
4×4	8~45	4	0 -0.030	±0.015	-0.012 -0.042	+0.030 0	+0.078 +0.030	2.5	+0.1 0	1.8	+0.1 0	0.08	0.16
5×5	10~56	5						3.0		2.3			
6×6	14~70	6						3.5		2.8		0.16	0.25
8×7	18~90	8	0 -0.036	±0.018	-0.015 -0.051	+0.036 0	+0.098 +0.040	4.0		3.3			
10×8	22~110	10						5.0		3.3			
12×8	28~140	12						5.0		3.3			
14×9	36~160	14	0 -0.043	±0.0215	-0.018 -0.061	+0.043 0	+0.120 +0.050	5.5	+0.2 0	3.8	+0.2 0	0.25	0.40
16×10	45~180	16						6.0		4.3			
18×11	50~200	18						7.0		4.4			
20×12	56~220	20	0 -0.052	±0.026	-0.022 -0.074	+0.052 0	+0.149 +0.065	7.5		4.9			
22×14	63~250	22						9.0		5.4		0.40	0.60
25×14	70~280	25						9.0		5.4			
28×16	80~320	28						10		6.4			
$L_{系列}$	8~22（2 进位）、25、28、32、36、40、45、50、56、63、70~110（10 进位）、125、140~220（20 进位）、250、280、320												

表 B-5　圆柱销　不淬硬钢和奥氏体不锈钢（摘自 GB/T 119.1—2000）（单位：mm）

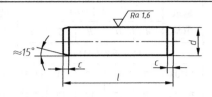

标记示例：
销　GB/T 119.1　10 m6×50（公称直径 d=10mm、公差为 m6、公称长度 l=50mm、材料为钢、不经表面处理的圆柱销）
销　GB/T 119.1　6 m6×30-A1（公称直径 d=6mm、公差为 m6、公称长度 l=30mm、材料为 A1 组奥氏体不锈钢、表面简单处理的圆柱销）

$d_{公称}$	2	2.5	3	4	5	6	8	10	12	16	20	25
$c\approx$	0.35	0.4	0.5	0.63	0.8	1.2	1.6	2.0	2.5	3.0	3.5	4.0
$l_{范围}$	6~20	6~24	8~30	8~40	10~50	12~60	14~80	18~95	22~140	26~180	35~200	50~200
$l_{公称}$	6~32（2 进位）、35~100（5 进位）、120~200（20 进位）（公称长度大于 200，按 20 递增）											

表 B-6　圆锥销（摘自 GB/T 117—2000）　　　（单位：mm）

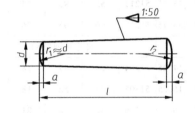

A 型（磨削）：锥面表面粗糙度值 $Ra=0.8\mu m$
B 型（切削或冷镦）：锥面表面粗糙度值 $Ra=3.2\mu m$

$$r_2\approx\frac{a}{2}+d+\frac{(0.021)^2}{8a}$$

标记示例：
销　GB/T 117　6×30（公称直径 d=6mm、公称长度 l=30mm、材料为 35 钢、热处理硬度 28~38HRC、表面氧化处理的 A 型圆锥销）

$d_{公称}$	2	2.5	3	4	5	6	8	10	12	16	20	25
$a\approx$	0.25	0.3	0.4	0.5	0.63	0.8	1.0	1.2	1.6	2.0	2.5	3.0
$l_{范围}$	10~35	10~35	12~45	14~55	18~60	22~90	22~120	26~160	32~180	40~200	45~200	50~200
$L_{公称}$	10~32（2 进位）、35~100（5 进位）、120~200（20 进位）（公称长度大于 200，按 20 递增）											

表 B-7　滚动轴承

深沟球轴承（摘自 GB/T 276—2013）	圆锥滚子轴承（摘自 GB/T 297—2015）	推力球轴承（摘自 GB/T 301—2015）
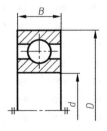	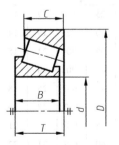	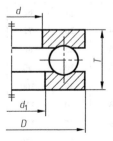
标记示例： 滚动轴承　6310　GB/T 276—2013 （深沟球轴承、内径 d=50mm、直径系列代号为 3）	标记示例： 滚动轴承　30212　GB/T 297—2015 （圆锥滚子轴承、内径 d=60mm、宽度系列代号 0，直径系列代号为 2）	标记示例： 滚动轴承　51305　GB/T 301—2015 （推力球轴承、内径 d=25mm、高度系列代号为 1，直径系列代号为 3）

(续)

轴承型号	尺寸/mm			轴承型号	尺寸/mm					轴承型号	尺寸/mm			
	d	D	B		d	D	B	C	T		d	D	T	d_1
尺寸系列[(0)2]				尺寸系列(02)						尺寸系列(12)				
6202	15	35	11	30203	17	40	12	11	13.25	51202	15	32	12	17
6203	17	40	12	30204	20	47	14	12	15.25	51203	17	35	12	19
6204	20	47	14	30205	25	52	15	13	16.25	51204	20	40	14	22
6205	25	52	15	30206	30	62	16	14	17.25	51205	25	47	15	27
6206	30	62	16	30207	35	72	17	15	18.25	51206	30	52	16	32
6207	35	72	17	30208	40	80	18	16	19.75	51207	35	62	18	37
6208	40	80	18	30209	45	85	19	16	20.75	51208	40	68	19	42
6209	45	85	19	30210	50	90	20	17	21.75	51209	45	73	20	47
6210	50	90	20	30211	55	100	21	18	22.75	51210	50	78	22	52
6211	55	100	21	30212	60	110	22	19	23.75	51211	55	90	25	57
6212	60	110	22	30213	65	120	23	20	24.75	51212	60	95	26	62
尺寸系列[(0)3]				尺寸系列(03)						尺寸系列(13)				
6302	15	42	13	30302	15	42	13	11	14.25	51304	20	47	18	22
6303	17	47	14	30303	17	47	14	12	15.25	51305	25	52	18	27
6304	20	52	15	30304	20	52	15	13	16.25	51306	30	60	21	32
6305	25	62	17	30305	25	62	17	15	18.25	51307	35	68	24	37
6306	30	72	19	30306	30	72	19	16	20.75	51308	40	78	26	42
6307	35	80	21	30307	35	80	21	18	22.75	51309	45	85	28	47
6308	40	90	23	30308	40	90	23	20	25.25	51310	50	95	31	52
6309	45	100	25	30309	45	100	25	22	27.25	51311	55	105	35	57
6310	50	110	27	30310	50	110	27	23	29.25	51312	60	110	35	62
6311	55	120	29	30311	55	120	29	25	31.50	51313	65	115	36	67
6312	60	130	31	30312	60	130	31	26	33.50	51314	70	125	40	72
尺寸系列[(0)4]				尺寸系列(13)						尺寸系列(14)				
6403	17	62	17	31305	25	62	17	13	18.25	51405	25	60	24	27
6404	20	72	19	31306	30	72	19	14	20.75	51406	30	70	28	32
6405	25	80	21	31307	35	80	21	15	22.75	51407	35	80	32	37
6406	30	90	23	31308	40	90	23	17	25.25	51408	40	90	36	42
6407	35	100	25	31309	45	100	25	18	27.25	51409	45	100	39	47
6408	40	110	27	31310	50	110	27	19	29.25	51410	50	110	43	52
6409	45	120	29	31311	55	120	29	21	31.50	51411	55	120	48	57
6410	50	130	31	31312	60	130	31	22	33.50	51412	60	130	51	62
6411	55	140	33	31313	65	140	33	23	36.00	51413	65	140	56	68
6412	60	150	35	31314	70	150	35	25	38.00	51414	70	150	60	73
6413	65	160	37	31315	75	160	37	26	40.00	51415	75	160	65	78

注：圆括号中的尺寸系列代号在轴承型号中省略。

附录 C 极限与配合

表 C-1 标准公差数值（摘自 GB/T 1800.1—2009）

公称尺寸 /mm		标准公差等级																
		IT1	IT2	IT3	IT4	IT5	IT6	IT7	IT8	IT9	IT10	IT11	IT12	IT13	IT14	IT15	IT16	IT17	IT18
大于	至	μm											mm						
—	3	0.8	1.2	2	3	4	6	10	14	25	40	60	0.1	0.14	0.25	0.4	0.6	1	1.4
3	6	1	1.5	2.5	4	5	8	12	18	30	48	75	0.12	0.18	0.3	0.48	0.75	1.2	1.8
6	10	1	1.5	2.5	4	6	9	15	22	36	58	90	0.15	0.22	0.36	0.58	0.9	1.5	2.2
10	18	1.2	2	3	5	8	11	18	27	43	70	110	0.18	0.27	0.43	0.7	1.1	1.8	2.7
18	30	1.5	2.5	4	6	9	13	21	33	52	84	130	0.21	0.33	0.52	0.84	1.3	2.1	3.3
30	50	1.5	2.5	4	7	11	16	25	39	62	100	160	0.25	0.39	0.62	1	1.6	2.5	3.9
50	80	2	3	5	8	13	19	30	46	74	120	190	0.3	0.46	0.74	1.2	1.9	3	4.6
80	120	2.5	4	6	10	15	22	35	54	87	140	220	0.35	0.54	0.87	1.4	2.2	3.5	5.4
120	180	3.5	5	8	12	18	25	40	63	100	160	250	0.4	0.63	1	1.6	2.5	4	6.3
180	250	4.5	7	10	14	20	29	46	72	115	185	290	0.46	0.72	1.15	1.85	2.9	4.6	7.2
250	315	6	8	12	16	23	32	52	81	130	210	320	0.52	0.81	1.3	2.1	3.2	5.2	8.1
315	400	7	9	13	18	25	36	57	89	140	230	360	0.57	0.89	1.4	2.3	3.6	5.7	8.9
400	500	8	10	15	20	27	40	63	97	155	250	400	0.63	0.97	1.55	2.5	4	6.3	9.7
500	630	9	11	16	22	32	44	70	110	175	280	440	0.7	1.1	1.75	2.8	4.4	7	11
630	800	10	13	18	25	36	50	80	125	200	320	500	0.8	1.25	2	3.2	5	8	12.5
800	1000	11	15	21	28	40	56	90	140	230	360	560	0.9	1.4	2.3	3.6	5.6	9	14
1000	1250	13	18	24	33	47	66	105	165	260	420	660	1.05	1.65	2.6	4.2	6.6	10.5	16.5
1250	1600	15	21	29	39	55	78	125	195	310	500	780	1.25	1.95	3.1	5	7.8	12.5	19.5
1600	2000	18	25	35	46	65	92	150	230	370	600	920	1.5	2.3	3.7	6	9.2	15	23
2000	2500	22	30	41	55	78	110	175	280	440	700	1100	1.75	2.8	4.4	7	11	17.5	28
2500	3150	26	36	50	68	96	135	210	330	540	860	1350	2.1	3.3	5.4	8.6	13.5	21	33

注：1. 公称尺寸大于 500 的 IT1 至 IT5 的标准公差数值为试行的。
　　2. 公称尺寸小于或等于 1 时，无 IT14 至 IT18。

表 C-2 轴的基本偏差数值

公称尺寸/mm		基本偏差												
		上极限偏差(es)												
		所有标准公差等级											IT5和IT6	IT7	IT8
大于	至	a	b	c	cd	d	e	ef	f	fg	g	h	js	j		
—	3	−270	−140	−60	−34	−20	−14	−10	−6	−4	−2	0		−2	−4	−6
3	6	−270	−140	−70	−46	−30	−20	−14	−10	−6	−4	0		−2	−4	—
6	10	−280	−150	−80	−56	−40	−25	−18	−13	−8	−5	0		−2	−5	—
10	14	−290	−150	−95	—	−50	−32	—	−16	—	−6	0		−3	−6	—
14	18															
18	24	−300	−160	−110	—	−65	−40	—	−20	—	−7	0		−4	−8	—
24	30															
30	40	−310	−170	−120	—	−80	−50	—	−25	—	−9	0		−5	−10	—
40	50	−320	−180	−130												
50	65	−340	−190	−140	—	−100	−60	—	−30	—	−10	0	偏差=±(ITn)/2,式中ITn是IT值数	−7	−12	—
65	80	−360	−200	−150												
80	100	−380	−220	−170	—	−120	−72	—	−36	—	−12	0		−9	−15	—
100	120	−410	−240	−180												
120	140	−460	−260	−200	—	−145	−85	—	−43	—	−14	0		−11	−18	—
140	160	−520	−280	−210												
160	180	−580	−310	−230												
180	200	−660	−340	−240	—	−170	−100	—	−50	—	−15	0		−13	−21	—
200	225	−740	−380	−260												
225	250	−820	−420	−280												
250	280	−920	−480	−300	—	−190	−110	—	−56	—	−17	0		−16	−26	—
280	315	−1050	−540	−330												
315	355	−1200	−600	−360	—	−210	−125	—	−62	—	−18	0		−18	−28	—
355	400	−1350	−680	−400												
400	450	−1500	−760	−440	—	−230	−135	—	−68	—	−20	0		−20	−32	—
450	500	−1650	−840	−480												

注：1. 公称尺寸小于或等于1时，基本偏差 a 和 b 均不采用。

2. 公差带 js7 至 js11，若 ITn 值是奇数，则取极限偏差 = ±(ITn −1)/2。

(摘自 GB/T 1800.1—2009) (单位：μm)

差 数 值		下 极 限 偏 差 (es)													
IT4 至 IT7	≤IT3 >IT7	所有标准公差等级													
k		m	n	p	r	s	t	u	v	x	y	z	za	zb	zc
0	0	+2	+4	+6	+10	+14	—	+18	—	+20	—	+26	+32	+40	+60
+1	0	+4	+8	+12	+15	+19	—	+23	—	+28	—	+35	+42	+50	+80
+1	0	+6	+10	+15	+19	+23	—	+28	—	+34	—	+42	+52	+67	+97
+1	0	+7	+12	+18	+23	+28	—	+33	—	+40	—	+50	+64	+90	+130
									+39	+45	—	+60	+77	+108	+150
+2	0	+8	+15	+22	+28	+35	—	+41	+47	+54	+63	+73	+98	+136	+188
							+41	+48	+55	+64	+75	+88	+118	+160	+218
+2	0	+9	+17	+26	+34	+43	+48	+60	+68	+80	+94	+112	+148	+200	+274
							+54	+70	+81	+97	+114	+136	+180	+242	+325
+2	0	+11	+20	+32	+41	+53	+66	+87	+102	+122	+144	+172	+226	+300	+405
					+43	+59	+75	+102	+120	+146	+174	+210	+274	+360	+480
+3	0	+13	+23	+37	+51	+71	+91	+124	+146	+178	+214	+258	+335	+445	+585
					+54	+79	+104	+144	+172	+210	+254	+310	+400	+525	+690
+3	0	+15	+27	+43	+63	+92	+122	+170	+202	+248	+300	+365	+470	+620	+800
					+65	+100	+134	+190	+228	+280	+340	+415	+535	+700	+900
					+68	+108	+146	+210	+252	+310	+380	+465	+600	+780	+1000
+4	0	+17	+31	+50	+77	+122	+166	+236	+284	+350	+425	+520	+670	+880	+1150
					+80	+130	+180	+258	+310	+385	+470	+575	+740	+960	+1250
					+84	+140	+196	+284	+340	+425	+520	+640	+820	+1050	+1350
+4	0	+20	+34	+56	+94	+158	+218	+315	+385	+475	+580	+710	+920	+1200	+1550
					+98	+170	+240	+350	+425	+525	+650	+790	+1000	+1300	+1700
+4	0	+21	+37	+62	+108	+190	+268	+390	+475	+590	+730	+900	+1150	+1500	+1900
					+114	+208	+294	+435	+530	+660	+820	+1000	+1300	+1650	+2100
+5	0	+23	+40	+68	+126	+232	+330	+490	+595	+740	+920	+1100	+1450	+1850	+2400
					+132	+252	+360	+540	+660	+820	+1000	+1250	+1600	+2100	+2600

表 C-3　孔的基本偏差数值

公称尺寸 /mm		基本偏																
		下极限偏差（EI）									上极限偏							
		所有标准公差等级									IT6	IT7	IT8	≤IT8	>IT8	≤IT8	>IT8	≤IT8	>IT8
大于	至	A	B	C	CD	D	E	EF	F	FG	G	H	JS	J			K	M		N	
—	3	+270	+140	+60	+34	+20	+14	+10	+6	+4	+2	0		+2	+4	+6	0	0	−2	−2	−4	−4
3	6	+270	+140	+70	+46	+30	+20	+14	+10	+6	+4	0		+5	+6	+10	−1+Δ	—	−4+Δ	−4	−8+Δ	0
6	10	+280	+150	+80	+56	+40	+25	+18	+13	+8	+5	0		+5	+8	+12	−1+Δ	—	−6+Δ	−6	−10+Δ	0
10	14	+290	+150	+95	—	+50	+32	—	+16	—	+6	0		+6	+10	+15	−1+Δ	—	−7+Δ	−7	−12+Δ	0
14	18																					
18	24	+300	+160	+110	—	+65	+40	—	+20	—	+7	0		+8	+12	+20	−2+Δ	—	−8+Δ	−8	−15+Δ	0
24	30																					
30	40	+310	+170	+120	—	+80	+50	—	+25	—	+9	0		+10	+14	+24	−2+Δ	—	−9+Δ	−9	−17+Δ	0
40	50	+320	+180	+130																		
50	65	+340	+190	+140	—	+100	+60	—	+30	—	+10	0		+13	+18	+28	−2+Δ	—	−11+Δ	−11	−20+Δ	0
65	80	+360	+200	+150																		
80	100	+380	+220	+170	—	+120	+72	—	+36	—	+12	0	偏差=±ITn/2,式中的ITn是IT值数	+16	+22	+34	−3+Δ	—	−13+Δ	−13	−23+Δ	0
100	120	+410	+240	+180																		
120	140	+460	+260	+200	—	+145	+85	—	+43	—	+14	0		+18	+26	+41	−3+Δ	—	−15+Δ	−15	−27+Δ	0
140	160	+520	+280	+210																		
160	180	+580	+310	+230																		
180	200	+660	+310	+240	—	+170	+100	—	+50	—	+15	0		+22	+30	+47	−4+Δ	—	−17+Δ	−17	−31+Δ	0
200	225	+740	+380	+260																		
225	250	+820	+420	+280																		
250	280	+920	+480	+300	—	+190	+110	—	+56	—	+17	0		+25	+36	+55	−4+Δ	—	−20+Δ	−20	−34+Δ	0
280	315	+1050	+540	+330																		
315	355	+1200	+600	+360	—	+210	+125	—	+62	—	+18	0		+29	+39	+60	−4+Δ	—	−21+Δ	−21	−37+Δ	0
355	400	+1350	+680	+400																		
400	450	+1500	+760	+440	—	+230	+135	—	+68	—	+20	0		+33	+43	+66	−5+Δ	—	−23+Δ	−23	−40+Δ	0
450	500	+1650	+840	+480																		

注：1. 公称尺寸小于或等于 1 时，基本偏差 A 和 B 及大于 IT8 的 N 均不采用。

2. 公差带 JS7 至 JS11，若 ITn 值数是奇数，则取极限偏差 $=\pm(ITn-1)/2$。

3. 对小于或等于 IT8 的 K、M、N 和小于或等于 IT7 的 P 至 ZC，所需 Δ 值从表内右侧选取。例如：18~30 段的 K7；

4. 特殊情况：250~315 段的 M6，ES=−9μm（代替−11μm）。

（摘自 GB/T 1800.3—1998） （单位：μm）

差 数 值												Δ 值					
差（ES）																	
≤IT7		标 准 公 差 等 级 大 于 IT7										标 准 公 差 等 级					
P至ZC	P	R	S	T	U	V	X	Y	Z	ZA	ZB	ZC	IT3	IT4	IT5	IT6	IT7	IT8
	−6	−10	−14	—	−18	—	−20	—	−26	−32	−40	−60	0	0	0	0	0	0
	−12	−15	−19	—	−23	—	−28	—	−35	−42	−50	−80	1	1.5	1	3	4	6
	−15	−19	−23	—	−28	—	−34	—	−42	−52	−67	−97	1	1.5	2	3	6	7
	−18	−23	−28	—	−33	—	−40	—	−50	−64	−90	−130	1	2	3	3	7	9
						−39	−45		−60	−77	−108	−150						
	−22	−28	−35	—	−41	−47	−54	−63	−73	−98	−136	−188	1.5	2	3	4	8	12
				−41	−48	−55	−64	−75	−88	−118	−160	−218						
在大于IT7的相应数值上增加一个Δ值	−26	−34	−43	−48	−60	−68	−80	−94	−112	−148	−200	−274	1.5	3	4	5	9	14
				−54	−70	−81	−97	−114	−136	−180	−242	−325						
	−32	−41	−53	−66	−87	−102	−122	−144	−172	−226	−300	−405	2	3	5	6	11	16
		−43	−59	−75	−102	−120	−146	−174	−210	−274	−360	−480						
	−37	−51	−71	−91	−124	−146	−178	−214	−258	−335	−445	−585	2	4	5	7	13	19
		−54	−79	−104	−144	−172	−210	−254	−310	−400	−525	−690						
	−43	−63	−92	−122	−170	−202	−248	−300	−365	−470	−620	−800	3	4	6	7	15	23
		−65	−100	−134	−190	−228	−280	−340	−415	−535	−700	−900						
		−68	−108	−146	−210	−252	−310	−380	−465	−600	−780	−1000						
	−50	−77	−122	−166	−236	−284	−350	−425	−520	−670	−880	−1150	3	4	6	9	17	26
		−80	−130	−180	−258	−310	−385	−470	−575	−740	−960	−1250						
		−84	−140	−196	−284	−340	−425	−520	−640	−820	−1050	−1350						
	−56	−94	−158	−218	−315	−385	−475	−580	−710	−920	−1200	−1550	4	4	7	9	20	29
		−98	−170	−240	−350	−425	−525	−650	−790	−1000	−1300	−1700						
	−62	−108	−190	−268	−390	−475	−590	−730	−900	−1150	−1500	−1900	4	5	7	11	21	32
		−114	−208	−294	−435	−530	−660	−820	−1000	−1300	−1650	−2100						
	−68	−126	−232	−330	−490	−595	−740	−920	−1100	−1450	−1850	−2400	5	4	7	13	23	34
		−132	−252	−360	−540	−660	−820	−1000	−1250	−1600	−2100	−2600						

Δ=8μm，所以 ES=(−2+8)μm=+6μm；18～30段的S6，Δ=4μm，所以 ES=(−35+4)μm=−31μm。

表 C-4 优先选用的轴的公差带（摘自 GB/T 1800.2—2009） （单位：μm）

代号 公称尺寸 /mm		c	d	f	g	h				k	n	p	s	u
		公差等级												
大于	至	11	9	7	6	6	7	9	11	6	6	6	6	6
—	3	−60 −120	−20 −45	−6 −16	−2 −8	0 −6	0 −10	0 −25	0 −60	+6 0	+10 +4	+12 +6	+20 +14	+24 +18
3	6	−70 −145	−30 −60	−10 −22	−4 −12	0 −8	0 −12	0 −30	0 −75	+9 +1	+16 +8	+20 +12	+27 +19	+31 +23
6	10	−80 −170	−40 −76	−13 −28	−5 −14	0 −9	0 −15	0 −36	0 −90	+10 +1	+19 +10	+24 +15	+32 +23	+37 +28
10	14	−95 −205	−50 −93	−16 −34	−6 −17	0 −11	0 −18	0 −43	0 −110	+12 +1	+23 +12	+29 +18	+39 +28	+44 +33
14	18													
18	24	−110 −240	−65 −117	−20 −41	−7 −20	0 −13	0 −21	0 −52	0 −130	+15 +2	+28 +15	+35 +22	+48 +35	+54 +41
24	30													+61 +48
30	40	−120 −280	−80 −142	−25 −50	−9 −25	0 −16	0 −25	0 −62	0 −160	+18 +2	+33 +17	+42 +26	+59 +43	+76 +60
40	50	−130 −290												+86 +70
50	65	−140 −330	−100 −174	−30 −60	−10 −29	0 −19	0 −30	0 −74	0 −190	+21 +2	+39 +20	+51 +32	+72 +53	+106 +87
65	80	−150 −340											+78 +59	+121 +102
80	100	−170 −390	−120 −207	−36 −71	−12 −34	0 −22	0 −35	0 −87	0 −220	+25 +3	+45 +23	+59 +37	+93 +71	+146 +124
100	120	−180 −400											+101 +79	+166 +144
120	140	−200 −450	−145 −245	−43 −83	−14 −39	0 −25	0 −40	0 −100	0 −250	+28 +3	+52 +27	+68 +43	+117 +92	+195 +170
140	160	−210 −460											+125 +100	+215 +190
160	180	−230 −480											+133 +108	+235 +210
180	200	−240 −530	−170 −285	−50 −96	−15 −44	0 −29	0 −46	0 −115	0 −290	+33 +4	+60 +31	+79 +50	+151 +122	+265 +236
200	225	−260 −550											+159 +130	+287 +258
225	250	−280 −570											+169 +140	+313 +284
250	280	−300 −620	−190 −320	−56 −108	−17 −49	0 −32	0 −52	0 −130	0 −320	+36 +4	+66 +34	+88 +56	+190 +158	+347 +315
280	315	−330 −650											+202 +170	+382 +350
315	355	−360 −720	−210 −350	−62 −119	−18 −54	0 −36	0 −57	0 −140	0 −360	+40 +4	+73 +37	+98 +62	+226 +190	+426 +390
355	400	−400 −760											+244 +208	+471 +435
400	450	−440 −840	−230 −385	−68 −131	−20 −60	0 −40	0 −63	0 −155	0 −400	+45 +5	+80 +40	+108 +68	+272 +232	+530 +490
450	500	−480 −880											+292 +252	+580 +540

表 C-5 优先选用的孔的公差带（摘自 GB/T 1800.2—2009）　　（单位：μm）

代号		C	D	F	G	H				K	N	P	S	U
公称尺寸/mm		公差等级												
大于	至	11	9	8	7	7	8	9	11	7	7	7	7	7
—	3	+120 +60	+45 +20	+20 +6	+12 +2	+10 0	+14 0	+25 0	+60 0	0 −10	−4 −14	−6 −16	−14 −24	−18 −28
3	6	+145 +70	+60 +30	+28 +10	+16 +4	+12 0	+18 0	+30 0	+75 0	+3 −9	−4 −16	−8 −20	−15 −27	−19 −31
6	10	+170 +80	+76 +40	+35 +13	+20 +5	+15 0	+22 0	+36 0	+90 0	+5 −10	−4 −19	−9 −24	−17 −32	−22 −37
10	14	+205 +95	+93 +50	+43 +16	+24 +6	+18 0	+27 0	+43 0	+110 0	+6 −12	−5 −23	−11 −29	−21 −39	−26 −44
14	18													
18	24	+240 +110	+117 +65	+53 +20	+28 +7	+21 0	+33 0	+52 0	+130 0	+6 −15	−7 −28	−14 −35	−27 −48	−33 −54
24	30													−40 −61
30	40	+280 +120	+142 +80	+64 +25	+34 +9	+25 0	+39 0	+62 0	+160 0	+7 −18	−8 −33	−17 −42	−34 −59	−51 −76
40	50	+290 +130												−61 −86
50	65	+330 +140	+174 +100	+76 +30	+40 +10	+30 0	+46 0	+74 0	+190 0	+9 −21	−9 −39	−21 −51	−42 −72	−76 −106
65	80	+340 +150											−48 −78	−91 −121
80	100	+390 +170	+207 +120	+90 +36	+47 +12	+35 0	+54 0	+87 0	+220 0	+10 −25	−10 −45	−24 −59	−58 −93	−111 −146
100	120	+400 +180											−66 −101	−131 −166
120	140	+450 +200	+245 +145	+106 +43	+54 +14	+40 0	+63 0	+100 0	+250 0	+12 −28	−12 −52	−28 −68	−77 −117	−155 −195
140	160	+460 +210											−85 −125	−175 −215
160	180	+480 +230											−93 −133	−195 −235
180	200	+530 +240	+285 +170	+122 +50	+61 +15	+46 0	+72 0	+115 0	+290 0	+13 −33	−14 −60	−33 −79	−105 −151	−219 −265
200	225	+550 +260											−113 −159	−241 −287
225	250	+570 +280											−123 −169	−267 −313
250	280	+620 +300	+320 +190	+137 +56	+69 +17	+52 0	+81 0	+130 0	+320 0	+16 −36	−14 −66	−36 −88	−138 −190	−295 −347
280	315	+650 +330											−150 −202	−330 −382
315	355	+720 +360	+350 +210	+151 +62	+75 +18	+57 0	+89 0	+140 0	+360 0	+17 −40	−16 −73	−41 −98	−169 −226	−369 −426
355	400	+760 +400											−187 −244	−414 −471
400	450	+840 +440	+385 +230	+165 +68	+83 +20	+63 0	+97 0	+155 0	+400 0	+18 −45	−17 −80	−45 −108	−209 −272	−467 −530
450	500	+880 +480											−229 −292	−517 −580

参 考 文 献

[1] 邱卉颖，刘有芳. 机械制图与计算机绘图 [M]. 北京：中国水利水电出版社，2013.
[2] 郭建尊. 机械制图与计算机绘图 [M]. 北京：中国劳动社会保障出版社，2009.
[3] 刘力. 机械制图 [M]. 北京：高等教育出版社，2008.
[4] 及秀琴. 工程制图 [M]. 北京：北京交通大学出版社，2007.
[5] 郭君，陈秋霞. AutoCAD 机械制图 [M]. 武汉：武汉大学出版社，2013.
[6] 姜勇，姜军. AutoCAD2009 中文版辅助机械制图项目教程 [M]. 北京：人民邮电出版社，2009.
[7] 张永茂，王继荣. AutoCAD 机械绘图 100 例 [M]. 北京：海洋出版社，2011.